MCKINSEY'S MARVIN BOWER:

遠見者

麥肯錫之父
馬文・鮑爾的領導風範

VISION, LEADERSHIP, AND THE CREATION OF MANAGEMENT CONSULTING

吳慕書—— 譯
伊莉莎白・哈斯・伊德善—— 著

ELIZABETH HAAS EDERSHEIM

目錄

Part 2

領導者中的領導者　147

序 言

馬文．鮑爾既是偉大的領袖，也是偉大的導師。他不認為領導風範可以向外傳授，卻相信可以對外學習。我曾有幸觀察到，他強烈深沉的個人魅力接二連三地影響商界人士與合作同儕。接二連三，那就是他的方式。

我掌管哈佛商學院時，導入了師法於馬文．鮑爾的經驗：將投資人才與想法視為首要之務，成為知識創投者；打造生氣勃勃、養分充足且充滿人性化的環境與氛圍，這樣對每一個人的好處都遠大於自私地各自逐利。正如馬文所說：「如果讓每個人從事自己真正感興趣的工作，自然會創造最佳成績、付出最大貢獻，而且還會成就最親愛的大家庭……」

一九三三年，馬文加入麥肯錫（McKinsey），當時誰也不知道管理顧問這一門專業的前景如何。商業與科學大不相同，因為任誰也無法在四十八小時內完成實驗，甚至五年都還要打個問號。當馬文用自己的方式定義麥肯錫的專業與特色時，實際上是打造出一門新行業；爾後他憑著遠見與勇氣大膽聘用哈佛等名校高材生，讓他們與商業領袖共事，等於再造這個產業。他證明了，不必然非得延請退休執行長為資深高階管理者提供建言不可——年輕、聰穎、受過良好培訓，而且正直有為，還能極富效率完事，如此便綽綽有餘，男女皆然。這可是一大變革。

二〇〇三年一月，這位導師和產業先鋒溘然長逝。馬文的理念奠基於根本的人性，即尊重他人與自尊自強。他之所以成為產業先鋒，在於採用全新手段，把基本價值帶進商業界，協助領導者建立價值觀，指引自身領導力的方向。他珍視年輕人的想像力，也了解新想法的威力強大；他懷抱無比堅定的信念，而且深切關懷自己的「學生」；他從未停止創新、學習或教誨。

正如天下所有偉大的導師，他的教誨持續影響著後人，遠超越他九十九年半的生命歷程。每一位馬文的弟子都承襲衣缽，歌詠「馬文的故事」，並傳授他人。我衷心相信，他的故事值得完整流傳後世。他的想法、遠見和價值觀至今依然適用，一如一個世紀前他出生那一天。時間將會證明它們有多麼禁得起考驗。

——約翰・H・麥克阿瑟（John H. McArthur）
哈佛商學院院長
一九八〇～一九九五年

致謝

在撰寫本書的兩年間，對於各方人士分享他們的故事，並提供鼓勵、洞見和指教，我銘感在心，無以為報。由於多方協助不及備載，我僅在此列舉幾位最常求教的對象，無法一一細數，尚請各位見諒。

為我引介馬文的人士：

我的父親，他介紹我這位傳奇人物。

史帝夫・華萊克（Steve Walleck）寫下自己的故事，為本書內容添枝加葉。迪特瑪・梅爾西克（Dietmar Meyersiek）與佛瑞德・格魯克（Fred Gluck）亦然，他們提供我進入麥肯錫與他們及馬文共事的機會。

協助我寫作的人士：

蘇・雷曼（Sue Lehman）鼓勵我撰寫這本書，並且為我聯絡麥肯錫。顧磊傑（Rajat Gupta）為我開放麥肯錫的檔案。比爾・普萊斯（Bill Price）在我辭別麥肯錫十年後，護送、陪伴我造訪全球各地分公司，並幫助我蒐集資料。

感謝每一位受訪者付出時間、熱情和精神，特別是以下六位人士：

華倫．坎農（Warren Cannon）告訴我哪些地方寫得好、哪些地方寫得差，而且還耐著性子聽我把文稿從頭念到尾。

昆西．漢希克（Quincy Hunsicker）很看重這本書，休假時仍撥冗與我會面。

瓊．卡然巴哈（Jon Katzenback）受訪後不忘來信補充，外加來電解釋，而且總是願意分享他與馬文共事時的使命與驕傲感。

亞伯特．高登（Albert Gordon）提供我無比珍貴的說明，揭櫫馬文對哈佛大學與旗下商學院的強大影響力。他回憶三十年前細節的能力令人嘆為觀止，而且我相信，他鉅細靡遺地閱讀馬文傳記，甚至比讀自己的故事更通透。

麥克．史都華（Mac Stewart），盡在不言中。

榮恩．丹尼爾（Ron Daniel）從未停止提供各種想法、建議和修改意見，一如馬文本人。

我也得感謝以下人士大力促成本書誕生：

狄克．鮑爾（Dick Bower）鼓勵並讚許我的努力。吉姆．鮑爾（Jim Bower）寬宏大度地容忍我打擾他的生活，還提出獨特觀點深究他的父親。

瓊安．威爾遜（Joan Wilson）經常為了遣詞用字，陪我工作到午夜。吉姆．韋德（Jim Wade）和佩奇・辛貝坎普（Paige Siempelkamp）閱讀、質疑我的書稿，並且提出修改建議，使這本書更完善。莎拉・羅奇（Sara Roche）許久以前就讓我明白編輯的價值，並且總是讓我連連稱奇。

馬克・麥克洛斯基（Mark McClusky）、榮恩・布魯默（Ron Blumer）和凱文・麥克修（Kevin McHugh），在我信心動搖時閱讀我的書，鼓勵我堅持下去。

布倫德・德菲利普斯（Brande Defilippis）、艾美莉亞・歐麥莉（Amelia O'Malley）、史蒂芬妮・尼爾森（Stephanie Nelson）和凱特・韓德莉（Kate Handley），在馬文最後的歲月裡無微不至地照護他。

馬文的助手麥姬・妮爾（Maggie Neal）和他與克蕾歐（Cleo）的管家瓊安・華萊士（Joan Wallace），從來不對我下逐客令。

馬文和海倫（Helen）的長年摯友茱麗葉・戴夫利（Juliette "Lilita" Dively），她有許多喬治和馬文的故事，講都講不完，而且總是讓我能笑看人生。

我的鄰居豪爾（Howard）與蘇珊・卡明斯基（Susan Kaminsky）聽過我一頭撞在牆上的響聲，因而負起確保馬文的故事終能出版的責任。我的經紀人艾莉絲・傅萊德・瑪泰兒（Alice Fried Martell）對這本書充滿信心。

艾倫・哈維（Ellen Harvey）不僅接過一張又一張的筆記與草稿，既愉快又熟練地打成書稿，更進一步擔起除錯、校對與建議的責任。

艾爾文（Alvin）和薇樂特（Violet）接受一套比平時更可怕、更瘋狂的時間表，卻仍大力支持。艾爾文定期問起我的書稿進展；薇樂特則持續提出一同會見馬文的要求，最近對我解釋說，五年級報紙快不行了，因為層級太多，大家都覺得不好玩了。

史帝文（Steven）從不抱怨我沒用在商言商的心態做生意，還老是對我說很好啊，哪怕其實一點都不好。他一如既往地提出彌足珍貴、極富遠見的建議。

無論我所書、所寫，所有上述相關人士都不應為我的作品負責；但我不能省略感謝他們為我提供的靈感源泉。

最後，感謝家母賜我無比勇氣與諄諄教誨：投入自己確信是重要的大事時，絕不讓恐懼或習慣阻礙前進之路。

PART 1

化願景為事實

僅有創意猶為不足，因為不能持久。必須把創意落實為行動。

——馬文·鮑爾，二〇〇一年

1 價值觀的養成

一九〇三年：哈佛大學尚未成立商學院；《紐約時報》（*New York Times*）只賣一美分；四十五個州中，僅兩州婦女擁有選舉權；萊特兄弟完成人類史上第一趟動力飛行；湯瑪斯．愛迪生（Thomas Edison）發明的電燈泡已經問世二十四年。

二〇〇三年：九千名申請者競相爭取哈佛商學院九百個名額；《紐約時報》賣一美元；五十個州中，四十二州的登記選民逾半是女性；第一架超音速商用飛機協和號服務滿二十四年後，從英國航空（British Air）退役；問世已達一百二十四年的電燈泡則與當年無異。

一九〇三年，馬文．鮑爾出生在一個電燈裝配齊全的家庭。在當時的美國，有電燈的家庭相當罕見。近一百年後，馬文在佛羅里達州與世長辭，他在商業界、管理界的地位之崇高，堪比愛迪生之於科技界。兩人都獲選進入商業名人堂（Business Hall of Fame）。當鮑爾獲知殊榮加身時卻說：「一定搞錯了。我又不是生意人，我是專家！」[1]

他所謂的專業就是自己發明的全新職種：頂尖的管理顧問業務。馬文把麥肯錫從一家瀕臨死亡邊緣的會計與管理工程事務所，改造成卓越超凡的顧問公司，專為商界高階管理者與少數政府要員提供建言。他的資歷輝煌，自一九三三年至一九九二年以八十九歲高齡正式退休，為麥肯錫整整服務五十九年。

馬文・鮑爾與眾不同之處，在於他格外重視價值觀和人品。二〇〇三年一月，馬文去世，約翰・拜恩（John Byrne）曾在《商業週刊》（*Business Week*）一篇文章中寫道：

> 鮑爾是麥肯錫的大祭司，把合夥制變成管理顧問業的黃金定律……他堅信，諮詢顧問就該比照最頂尖的醫生或律師，客戶的利益永遠是第一要務，時時恪守道德準則，而且總是實話實說，絕不逢迎拍馬。[2]

鮑爾的道德感和價值觀可以直溯早期的童年時光。他是卡洛妲（Carlotta）與威廉・鮑爾（William Bower）的長子，成長在俄亥俄州的克里夫蘭市，家道殷實。鮑爾一家不虞匱乏，重視為人正直、受人尊敬遠甚於金錢。馬文兩歲時，大弟比爾（沿用父親威廉・鮑爾之名，比爾是威廉的暱稱）呱呱墜地。

鮑爾一家注重學習，這就是馬文童年的生活重心，指定讀物包括小說和詩歌，父親還會持續追蹤兄弟倆的讀書進度。馬文熟讀兩遍馬克・吐溫的所有小說，每次讀完就會在書頁簽下自己的姓名縮寫。

馬文的父親是完美的行為榜樣，因為他的工作是處理複雜的土地所有權轉讓，既需要智力，也需實務經驗，不僅涉及技術和法律專業，亦得具備敏銳的商業眼光，遵循超高規格的道德標準。威廉在業內享譽全國，多年後他的兒子也名滿天下。威廉・鮑爾經常帶著馬文兄弟去參觀克里夫蘭市內各處工廠，讓他們親身見識不同類型的工廠。這些行程趣味盎然、意義非凡，令馬文記憶深刻，因為有時父親甚至請一整天假，陪伴馬文和比爾參觀工廠。[3]不難想像，馬文之所以渴望從實踐中學到實用、重要的知識，正是來自父親的鼓舞。每當他們走出工廠時，父親總會問：「你們學到了什麼？」

表面上看來，這是一個保守的中西部家庭，但鮑爾一家卻不像當時大多數家庭那樣實行家長制。

威廉・鮑爾的治家手法相當民主，每逢重大決策都會尋求家庭成員意見。馬文記憶猶新，有一回全家正考慮是否遷居到克里夫蘭市另一頭，他也參與討論。事實上，這場討論留在馬文心中的印象遠比搬家本身更深刻。

他回憶道：「家父從此一直讓我們兄弟參與家庭決策，這一點很了不起。當然啦，我的發言內容不必然會影響家庭決策，我甚至也不記得自己說過什麼，但從那一回以後，每次我受邀參與討論都能暢所欲言。」[4]這些討論可能是馬文與非層級制管理體系的第一次接觸。馬文從小就展現出思想獨立的天性。他在中學時結識日後結褵的海倫・麥克勞琳（Helen McClaughlin）。回想當年父親不准兩人相戀的情景，他說：「父親和我真的唇槍舌戰了一番，直到最後他終於明白，我會在這件事堅持到底。」[5]

他對那段時期的記憶，還包括一位影響深遠的英文老師、辦校刊，以及暑期兼了好幾份零工。即使到九十九歲高齡，他依然牢記高中英文老師蘿拉・愛德華對自己和海倫的影響：

> 蘿拉・愛德華寓教於樂，我們都很喜歡她，沒多久她就要求我們彼此直呼名字……其他老師不會這樣。說來好笑，我們單單只是直呼彼此名字就覺得關係更緊密了……她用輕鬆愉快的方式，教導我們得到好成績以便如願進入大學。我想大家都把她的教誨銘記在心。她是卓越超群的老師，海倫因為她的潛移默化也進了教師這一行。我和海倫搬離克里夫蘭後，每次回老家都會順道探望她。多年來我們一直通信保持聯絡。[6]

從此馬文養成直呼他人名字的習慣，對同事與客戶皆然。所有人都稱他「馬文」，而且如果有人尊稱他「鮑爾先生」，他還會改正對方。

馬文中學時就嶄露與人溝通的能力，條理清晰、論理有效。當時他創辦了名為《家釀》（*Home Brew*）的校刊[7]，但當時美國正處於禁酒時期，因此校方不同意這個刊名。然而，馬文作了一份超水準的報告說服當局，原刊名因而得允使用。這也算是啟蒙性的一課，讓馬文見識到良好溝通技巧的強大威力。

每年夏天，父親都會幫馬文找工讀機會，他曾經擔任過測量員的助手、送冰員、工廠作業員。第一次世界大戰期間，童軍營地人手短缺，他也支援當過輔導員。馬文回憶：「那是很好的歷練。我得確實擔起部分責任，而且我又有很優秀的指導老師，所以，儘管那時才十五歲，我獲益良多，還因此攢了一大筆錢，父親教我如何存錢。」[8]日後，馬文．鮑爾的作為，證明了他無論對自己的錢還是客戶的錢，都很精打細算。

馬文不僅勤勉節約，也勇於冒險。有一年夏天，他和朋友約翰．漢彌爾頓做了一趟自行車旅行，目的地是水牛城。[9]他們一開始認為，這種活動有益於橄欖球訓練，但很快就覺得枯燥乏味，因為沿途盡是山路和蚊子作伴，遠非當初預期。他們就這樣無聊地騎了三天以後，偶然遇上慢速行駛的卡車，於是伸手抓住車身。當時駕駛不知道有人搭便車，開始加速前進，馬文和約翰只好趕緊鬆手，結果一起摔向人行道，幸好兩人都毫髮無傷。幾天後，他們騎抵賓州伊利市，隨即啟程回家。隔年夏天，執著的馬文和約翰再度前進水牛城，但這次他們打算走水路，因此自己做了一艘划艇，掛上威廉．鮑爾的舷外馬達就出發了。結果伊利湖颳起狂風暴雨，舷外馬達掛點，馬文和約翰被沖上一個小島。他們奮力游回岸上，打電話回家，並通知海岸警衛隊，這兩名中學生的駕船冒險就此告終。再隔一年，馬文還是念念不忘水牛城，但這次他採取比較實際的作法：央求父親帶他去水牛城過暑假。

一九二一年，馬文．鮑爾高中畢業後，聽從祖父建議進入布朗大學（Brown University），直到一九二五年畢業。追溯布朗大學的那段生涯，馬文提到生命中少有的幾處遺憾：「我過度局限自己安於學生聯誼會的小圈子，未曾善用機會在校園裡結交各方人士。」[10]他不僅在布朗大學結識麥爾坎．史密斯（Malcolm Smith），兩人成為終生摯友，還研究哲學與經濟學。以當年時空來看，經濟學算是一門相當新穎的學科。

有兩位教授在馬文心中烙下深刻印象。其中一位是經濟學教授巴頓，引用馬歇爾（Marshall）的課本教授經濟學原理，讓學生記憶深刻；另一位是非常擅長處理人際關係的哲學教授，在傾聽與人際方面馬文從他身上獲益良多。[11]

馬文從布朗大學畢業以後，接受父親建議進入哈佛大學法學院，他的好友麥爾坎．史密斯則進了哈佛大學商學院。馬文回想當年：

> 進入哈佛不難……我的在學成績算是差強人意，並未特別出色，不過，在那時候進入哈佛法學院不需要數一數二的成績，真正難的是留下來，因為他們會淘汰劣等生。[12]

馬文能自己支付攻讀法學院的費用，因為他把暑假打工賺來的錢都存下來，而且到一九二五年為止，他投資股市已頗有斬獲，應付學費綽綽有餘。[13]一九二〇年代，幾乎每一名股民都賺錢，但二十二歲的年輕人就懂得用心投資實屬少見。

從一九二五年起連續四年，馬文都把暑假花在為克里夫蘭的湯普森、漢因與佛羅利律師事務所（Thompson, Hine & Flory，TH&F）工作。[14]第一年暑假，他的任務是替事務所的客戶——主要是克里夫蘭的五金批發商催收帳款。一開始，批發商自家的推銷員會先向零售商催款，不成的話就由批發商出面寫信催收，如果還是討不回錢，他們就把壞帳轉交給TH&F。馬文很快就發現，他本人上門討債比寫信管用多了。他的個人風格很適用，足以說服很多零售商乖乖還錢。接下來三年暑假，TH&F都請他接這項工作。

一九二七年暑假，馬文攻讀法學院的生涯即將進入最後一年，他和青梅竹馬海倫步入禮堂。[15]七十年後，馬文依然記得婚禮當日諸多細節——租一頂教堂遮陽棚要多少錢、租禮服遇到哪些麻煩、海倫如何盛裝打扮，當然還包括哪些朋友前來觀禮。《克利夫蘭新聞》（*The Cleveland News*）最後評論這是「本週最具代表性婚禮」。[16]

他們自己駕車蜜月旅行，那可是一輛「簇新」的二手車。[17]蜜月旅行遵循馬文一貫的冒險作風，事前並未規畫具體路線。這對新人很晚才啟程，第一晚就在伊利市過夜。當時美國還沒有州際高速公路，不過多數穿越人口密集區的道路好歹都鋪整過。他們原本打算去加拿大的諾瓦斯柯西亞省（Nova Scotia），結果實際上卻亂逛一通，哪裡好玩就哪裡去，一路上還結識形形色色的陌生人。兩星期後，他們返抵麻州劍橋市，正好趕上馬文開學返校。

馬文從法學院畢業以後，決意要加入能讓自己深感光榮的公司。他相中克里夫蘭當地深受尊敬的眾達律師事務所（Jones, Day, Reavis & Pogue）。據馬文說，他的法學院成績不夠出色，眾達不會聘用他，所以他決定進入才剛創立的哈佛商學院鍍金。他的朋友麥爾坎．史密斯早就覺得商業更有意思，而且深信商界比司法界更有創造性。

打從一九二八年進入商學院的第一天起，馬文就證實自己早先的猜想無誤，他確實喜歡商業。他成為《哈佛商業評論》（*Harvard Business Review*）編輯團隊一員，對行銷、策略、財務及公用事業管理特別感興趣。

馬文攻讀商學院時，海倫執教（最終還成為麻州梅菲爾德學校校長）養家，學費則是以他們在股市的投資獲利支付。在就讀商學院兩個學年之間的那段暑假裡，馬文為紐約的達維律師事務所（Davis Polk）工作。當時適逢麥爾坎・史密斯外出，馬文借住在他位於布朗克斯維爾市（Bronxville）的公寓。馬文的策略奏效了，一九三〇年他從商學院畢業後，終於如願加入眾達律師事務所。

一九三三年，馬文離開服務三年的眾達，他徵詢過克里夫蘭老鄉喬治・戴夫利（George Dively）的意見後，決定棄法從商。後者剛好也是麥爾坎・史密斯在哈佛商學院的同窗。馬文加入當時芝加哥大學會計系教授詹姆士・奧斯卡・麥肯錫（James O. McKinsey）開辦的會計與管理工程事務所。六年後他把這家公司買下來，並一路看著它蛻變成管理顧問這個全新行業的先驅。

馬文・鮑爾一頭栽進商界，對全球商業管理產生深遠影響。他成功建立一間聲名卓著的公司，因此造就一個全新行業，同時也深遠影響成千上萬名領導者。在他一生職涯中，始終以人為本、關注客戶成功、傳播重要思想，並謹守道德準則。在他近百年的人生旅程中，商業從二流、甚至很多人認為根本不入流的行業，變成全球經濟的發動機。馬文親身經歷整個轉變過程，預見並構想未來，找出並滿足高階企業管理者的需求，協助他們因應這個瞬息萬變的世界帶來的巨大挑戰。

馬文投身管理顧問業時，有幸與許多率先簡化組織層級的領導者共事，並提供建言，其中包括：通用汽車（General Motors）總裁艾佛瑞德·史隆（Alfred Sloan）、通用食品（General Foods）總裁查爾斯·莫提默（Charles Mortimer）、杜邦（DuPont）總裁克勞佛·葛林華特（Crawford Greenwalt）、通用電氣（General Electric）執行長羅夫·科迪納（Ralph Cordiner）、皇家荷蘭殼牌集團（Royal Dutch Shell）董事長約翰·羅登（John Loudon），以及IBM總裁小湯瑪斯·華森（Thomas J. Watson Jr.）。甚至美國總統杜懷特·艾森豪（Dwight D. Eisenhower）也在馬文協助下大幅精簡白宮的幕僚人員，並賦予核心幹部極大自主權。[18] 當時，共和黨已經二十年未能如願入主白宮，共和黨全國委員會（Republican National Committee）認為，有必要全面檢視白宮幕僚職能，於是艾森豪做出前無古人的舉動：找來管理顧問業的「局外人」，探究他和幕僚群接任後會遭遇什麼問題。艾森豪決定把馬文的麥肯錫小組請進白宮，全因那些他廣徵意見的商界領袖再三推崇馬文。到了一九五〇年代，馬文已經牢牢建立起自己的專業地位，成為諮詢業的金科玉律，更因為致力於滿足客戶需求，博得毫無保留的信任與尊敬（見圖1-1）。

馬文從不信奉為賺錢而賺錢，對客戶、合夥人及自己的承諾始終不

Survey Helped Eisenhower to Fill U. S. Jobs

Study of Policy Positions Ordered Months Ago to Speed Appointments Now

A scientific survey of qualifications required for policy-making jobs in the Federal government is guiding top-rank members of the Eisenhower administration in filling these jobs, a management consultant revealed yesterday.

Marvin Bower, a managing partner of the firm of McKinsey & Co., management consultants, said his firm was retained before Gen. Eisenhower's nomination for President last July to undertake the survey. The firm was given the assignment by a "group of forward-thinking Republicans under the leadership of Harold E. Talbot, Gen. Lucius D. Clay and Herbert Brownell jr. . . . to aid the Republican administration in selecting competent individuals for key positions—to get the right persons for the important jobs," Mr. Bower said.

Data Wanted Earlier

He explained that the objective was to make information about the positions available early to facilitate the filling of these posts in the short period between election and inauguration.

Gov. Sherman Adams, of New Hampshire, who will be Assistant to President Eisenhower after Jan. 20, confirmed last night that the Eisenhower organization has accepted the services of "selected research groups and management consultants who are preparing studies on the executive branch of the Federal government."

Gov. Adams said the studies are "directing careful attention to the current organization" of the executive department, its personnel and existing relationships between departments.

Immediate Gains Sought

Indicating that the studies are designed to make immediate improvements in the President's administrative set-up, as distinguished from the long-range reorganization study to be conducted by Temple University in conjunction with a special commission headed by Nelson A. Rockefeller, Mr. Adams said the studies are adapting recommendations of the Hoover report to present needs.

The studies also are "preparing further suggestions for realigning and reorganizing the agencies in the Executive department for more efficient and productive results," he said.

Gov. Adams and Arthur H. Vandenberg jr., the President-elect's secretary, will visit the White House at 2 p. m. today for consultation with John R. Steelman, assistant to President Truman, and Matthew J. Connelly, the President's secretary.

圖1-1　調研工作有助於艾森豪上任（《紐約時報》，一九五三年一月一日）

渝。他堅信，一家優秀的服務機構不僅奠基於技能與經驗，最重要的是成員的言行舉止。他走在自己與我們的時代前方。一九三五年，當時他加入公司兩年，寫了一份備忘給詹姆士・奧斯卡・麥肯錫，直指一家公司不可以同時從事諮詢和會計業務，因為兩者必然會發生利益衝突。[19]在一九五〇年代末期到一九六〇年代初期，當其他服務性企業紛紛上市，合夥人因而大撈一筆之際，馬文卻把自己的股份按帳面價值賣給他的合夥人，犧牲迅速提升個人財富的大好機會。他相信，服務性企業一旦上市就要向股東負責，無法始終把客戶的利益放在第一位。他決定，企業若想生存與發展，所有權必須分散。由於他執著高標準，因而成為四代領導人的榜樣；他不僅與高階管理者建立起一對一的工作關係，還善用自己的高超技巧與全世界管理者溝通。

一九六六年，馬文寫了第一本著作《管理的意志》（*The Will to Manage*），探討他如何實踐許多革命性的創意，協助管理階層在日新月異的世界中有效領導企業。一九七五年，此書出版商麥格羅・希爾公司（McGraw-Hill）知會馬文，《管理的意志》已經成為社方創立以來銷量最高的商業類圖書之一。[20]二〇〇二年，本書更被參考書《商業辭海》（*Business: The Ultimate Resource*）列入有史以來最重要的一百本商業類書籍。[21]

整體而言，馬文堅守承諾，致力提升商界與全世界的福利，包含親身參與許多商業和社團服務。一九五五年，他接受經濟學教育聯合會（Joint Council on Economic Education）主席一職。馬文相信，談到經濟學教育這項議題，美國教育體系力有未逮，連大學也不見得高明。但事實上，每個人都應該懂一些經濟學。當時這個聯合會成立才六年，旨在透過各州分會和大學內設的教育中心，提供最先進的經濟學教育。馬文連任三屆主席，影響頗為深遠，連接班人路易士・葛斯納（Louis Gerstner）

都不斷被問到：「馬文近來可好？」[22]

馬文還接下哈佛商學院的顧問職，並擔任校友會會長兼主席，而且，在這五十年間都與哈佛商學院五任院長保持密切聯繫。

馬文建議院長唐納・大衛（Donald K. David），偕同法學院開辦聯合課程；當年的哈佛商學院同窗史丹利・蒂爾（Stanley P. Teele）當上院長後，馬文就擔綱非正式顧問；在喬治・貝克（George Baker）院長任內，馬文研究學院的組織架構；勞倫斯・佛雷克（Lawrence Fouraker）接手院長後，馬文加入顧問委員會；對約翰・麥克阿瑟院長而言，馬文則是重要的顧問與諮詢者。除此之外，馬文也是凱斯西儲大學（Case Western Reserve）校董會的活躍分子，更是當初推動凱斯理工學院和西儲大學合併成單一大學的領導者之一。

馬文把提升美國各地的教育水準視為己任。他擔任紐約布朗克斯維爾中學校董會成員時就決定，延請局外人質疑學校內部一些陳年規定實屬重要。[23]馬文和海倫在布朗克斯維爾創辦一間專門機構，肩負著教育青少年遠離毒品的使命，堪稱如今廣為普及的拒絕藥物濫用教育計畫（Drug Abuse Resistance Education，DARE）的前身。馬文也鼓勵所有人努力回饋自己的社區，他本身則積極參與並支援「志願諮詢團體」（Volunteer Consulting Group），這個機構提供非營利慈善組織免費的專業協助。最後，馬文七十多歲時，還成為布朗克斯維爾歸正教會（Bronxville Reformed Church）長老。[24]

馬文和海倫共有三子：彼得出生於他們還留在波士頓時，理查是馬文加入麥肯錫公司第一年出生的，三年後又生了詹姆士。三名兒子成長期間，馬文・鮑爾的大部分時間都花在麥肯錫公司，或許因為這樣，所以他與家人團聚時，總是對三個小蘿蔔頭關愛有加。舉例來說，每到計畫全家的夏季假期時，馬文總會問其中一個兒子那一年想做什麼。有次詹姆士回答：「來一趟大峽谷之旅。」全家就這麼說定了，然後真的騎上驢子穿越大峽谷。[25]狄克（理查的暱稱）有一次用短路點火的方式發動家裡的凱迪拉克轎車，馬文才明白這孩子熱中冒險，或許還連帶想起自己年少輕狂時遠征水牛城卻遭遇不測的往事，因此罰狄克禁足兩星期。馬文對家人忠貞不二、毫無保留——自從一九五六年彼得加入金寶湯公司（Campbell's Soup）後，馬文就再也沒有碰過其他品牌的湯。

馬文有六名孫子女、九名曾孫子女。他是孫兒輩眼中的好爺爺，每年耶誕節期間都會帶著娃娃屋搭火車探望他們，喜歡和他們一起看電視劇《明斯特一家》（*Munsters*），而且常為他們的工作和生活加油打氣，還總是寄送他認為他們可能感興趣的文章。

一九八五年，海倫去世，享年八十一歲。沒多久，馬文寫信給全家族：

她尊重每一個人……如果你們更深入了解海倫的特質，無論是從血脈相連的性格，或以身作則的榜樣，也許可以從中獲得一些啟示。我收到繁不勝數的弔唁信，可能有二百五十封之多，這個數字可說是對她的超高評價。許多信中都鉅細靡遺地描述她的特質，正好是你們所傳承的性格，日後也將因此繼續受益……且容我舉例與各位分享。多年前，當我還擔任經濟學教育聯合會主席一職時，有一次會長與我偕夫人一同前往華盛頓。事後他寫信給我：

「尊夫人海倫在我心中留下最深刻的印象是不流於俗，能與她結識，實屬榮幸。你當記得，華盛頓舉辦年會之際，學生團體正在白宮外遊行，海倫和露意絲也離開下榻飯店，加入遊行隊伍。有人問起『為何』這麼做，海倫的回答是『我兒子也在裡面』。她對家人的呵護展現了至高的勇氣和力量。

在我眼中，尊夫人堪稱美國婦女的楷模。」26

馬文接著寫道：「無論形式為何，顯然你們已深感她的慈愛，並從此繼承她的優秀特質。再也找不到比她更好的榜樣了。我們共同感受到的悲傷永遠無法完全平復，但是海倫肯定希望我們能自我調適，一如她面對現實的精神。」

一九八九年，馬文再婚，迎娶布朗克斯維爾的鄰居兼老友克蕾歐・史都華（Cleo Stewart），婚後就搬去佛羅里達州德拉海灘（Delray Beach）。二〇〇一年，馬文九十八歲生日當天，克蕾歐辭世。她在生前照顧馬文無微不至，還給了他一項任務，那就是撰寫回憶錄。

正當馬文將屆九十九歲生日，二子狄克來電叮囑我，說馬文只想安安靜靜地與一家人吃頓晚餐就好。兩天後，馬文的祕書卻致電邀請二十一位賓客參加他為自己舉辦的九十九歲生日派對。當天場面熱鬧盛大，與會來賓包括：吉姆・艾倫（Jim Allen）的遺孀法蘭（Fran Allen）——前者是博思艾倫顧問公司（Booz • Allen & Hamilton）共同創辦人，電信大亨喬治・戴夫利的遺孀茱莉葉，班寧頓回轉接電發明人傑克・班寧頓（Jack Bennington）——他也是馬文的週日早餐之友，麥克・史都華，備受馬文疼愛的曾侄輩蘇珊與比爾・鮑爾（Suzanne and Bill Bower），麥肯錫的老友，還有二子狄克與夫人妮莉（Neely）。九十九歲高齡的馬文依然主宰自己的生活，他要用自己的方式慶生。而這也是他人生中最後一個生日。

縱觀馬文漫長的一生，發明大王愛迪生的語錄中有一句話似乎很貼切：

「我的創意無限，但時間有限。我想，活個一百來歲也就夠了。」

2 願景

人類是一種能夠解決問題、運用技能的社會性動物。一旦人類擺脫飢餓，有兩種體驗就變得至為重要。最深刻的需求之一就是運用技能，不論是哪方面都好，完成挑戰性十足的任務，並從中獲得無比痛快的感覺，像是打出一記好球，或是漂亮解決一道問題；另一種需求就是與一群人建立起有意義、有溫度的關係，像是愛人與被愛、分享體驗、互敬互信、同舟共濟。

——諾貝爾經濟學獎得主赫伯特·賽門（Herbert Simon），一九六五年[1]

馬文·鮑爾一手打造並領導麥肯錫這家管理顧問公司，讓它從一間僅有十八名員工的小公司，茁壯成永續經營的大企業。截至一九六七年馬文卸任董事總經理（Managing Partner）一職時，麥肯錫已擁有超過五百位諮詢顧問；到一九九二年馬文正式退休時，諮詢顧問更達二千五百位。[2]與此同時，管理顧問業已發展成一門獨特生意，投入者眾，僱用人員超過五十萬人，總收入則達數十億美元，與當年產業先驅屈指可數的時代早已不可同日而語。在此期間，馬文·鮑爾大膽地對權勢人物直言不諱，像是與哈佛大學前校長德瑞克·伯克（Derek Bok）議論哈佛商學院的使命，與高露潔（Colgate）總裁羅伊爾·理特（Royal Little）爭辯傾聽員工心聲的必要性。馬文的事業成功，公司賺錢，都來自他那股勢不可當的領導意志，加上商業價值觀、強力領導技能，及冷靜超然的邏輯思維。

一九三〇至一九三三年，馬文·鮑爾尚在眾達律師事務所擔任律師，這時的他已開始展現遠見與熱情，這兩者正是他口中所謂「管理顧問」領域所需的特質。

一九三〇年，事務所發現，他們的主要業務是清理那些飽受大蕭條蹂躪的公司，除了替銀行處理發行工業債券的相關法律事務，也要協助解決傷腦筋的債務人權責相關問題。銀行業者透過債券持有人和債權人委員會，實際掌握許多企業的所有權。他們請眾達協助重組這些公司，或至少從殘羹剩飯中搾取一些價值。

這些工作涉及更多管理層面而非法律事務，超乎律師事務所尋常的業務範圍。當時年僅二十七歲的馬文．鮑爾，是第一批同時擁有哈佛大學商學和法學雙學位的員工，律師事務所便順理成章地指派他負責善後工作。

馬文的商業學位確實為自己和僱主掙足了面子。在往後三年裡，他擔任共有十一位成員的債權人委員會祕書，其中包括湯普森產品公司（Thompson Products Inc.）、米德蘭鋼鐵產品公司（Midland Steel Products Company）、奧的斯公司（Otis & Company）與史都貝克公司（Studebaker Company）。[3]債權人委員會接管了這些欠債企業董事會的權力，而馬文擔綱的祕書職位則賦予他強大的權力。

馬文的職責是先深入研究它們的潛在獲利能力，然後向銀行業者與投資銀行提出重組資本架構的建議方案。他通常會先造訪這些倒閉公司的執行長，然後找幾位能提供深刻見解的員工談話，包括企業倒閉的可能原因、從災難中恢復的能力等問題。日後馬文對當年這種幼稚的作法頗不以為然，但實際上仍產出頗具意義的結果。馬文因而明白，根本癥結不在於這些倒閉公司的執行長蠢不可及，事實上這十一位領導人都聰明過人，真正的問題是，他們缺乏做出正確決策的必要資訊。

馬文第一手調查完這十一家企業後，他認定，這些執行長被阻隔在那些原本可能救公司一命的資訊之外。他堅信，如果這十一家公司高層都能掌握符合實情的報告與資料，其中十家本可安然挺過大蕭條。罪魁禍首就是層級制度，員工根本沒膽往上呈報真實情況。執行長這種高處不勝寒的處境，加上馬文對此結果氣憤難當，讓他常與海倫徹夜長談。

這次經歷也強化馬文所抱持的信念，亦即主管從前線員工獲取資訊至關重要，因為他們才是實地銷售或在廠區製造產品的部隊。多數時候，執行長必須了解的關鍵事實都能在前線找到。

馬文歸結出這項見解後，便展開一項協助執行長提高效能的任務，亦即讓他們明白打破企業層級制度的必要性，因為它們嚴重阻撓企業內部搜索與發掘知識。馬文發現，關注基本政策或策略的企業執行長，身邊往往缺乏客觀、獨立的顧問可以求助。有法律問題，他們可以找律師事務所，若想募集資金，可以找投資銀行，但如果希望尋求組織、經營企業的建議，卻遍尋不著優質的專業公司。

馬文將這門企業所需的專業領域命名為：管理顧問（management consulting）。不過，日後他說，但願當初取名為「管理事務顧問」（consulting on managing），因為聽起來更貼切。[4] 一九三三年，當時商業顧問只有兩種型態：會計與管理工程事務所，以及個人專家。雖然這個領域已有幾家最先起跑的公司，像一九一四年成立的愛德恩・博思公司（Edwin Booz & Company，今為博思艾倫顧問公司），一九二六年成立的麥肯錫，還有一九一八年成立的史帝文森、喬丹與哈理森（Stevenson, Jordan and Harrison，已停業）[5]，但業務還很不成熟，而且都以會計與管理工程事務所自居。[6] 當時，最優質、專業的高層管理顧問服務，都來自個人專家如富萊迪克・泰勒（Frederick Taylor），而非專門機構。事實上，直到一九五〇年，博思艾倫才在行銷素材中改稱自己為「管理顧問公司」，幾年後，亞瑟．理特（Arthur D. Little）也開始說他們從事的是「顧問業」。[7]直到一九六〇年代才有波士頓顧問公司（Boston Consulting Group），而班恩公司（Bain & Company）、摩立特集團（Monitor Group）、因代世公司（CSC Index）更遲至一九七〇年代才創立。

當馬文．鮑爾遇上詹姆士．奧斯卡．麥肯錫

正值馬文四尋開創新行業的落腳處之際，哈佛商學院院長華萊士．布萊特．唐漢（Wallace Brett Donham）建議他找詹姆士．麥肯錫聊聊。麥肯錫讀過馬文就讀哈佛商學院時期所寫的論文，而且還去電唐漢詢問相關問題。

一九八三年，海倫．鮑爾、克里夫蘭辦公室合夥人史帝夫．華萊克和我，正好湊在一起談話，她記得那些促成馬文加入麥肯錫的活動：

> 當時馬文和我就住在夏克廣場（Shaker Square）邊緣地帶，窩在一間沒有電梯、只供冷水的三層樓小公寓。那時他從商學院畢業已經一年，搬到克里夫蘭，服務於他景仰已久的眾達律師事務所。
>
> 那時正好是一九三一年，大蕭條才剛走到半路而已，所以馬文多數時間都在處理企業破產和重組事宜。不知怎地，他寫給一家服飾製造商客戶的文章，輾轉傳到麥克（James O. McKinsey暱稱）手中。可能是百貨業者馬歇爾．菲爾德（Marshall Field）的人脈所致，畢竟他是麥克最大的客戶。麥克來函邀請馬文赴芝加哥面試一項職務。

無論如何，我根本不想去芝加哥，因為聽說滿街是黑幫，還有人告訴我，當地的天氣比克里夫蘭糟。所以馬文就把來信擱在一旁。我猜想他是回信婉拒了。

馬文只是初級律師，我則是新手教師，我們的生活只能算是勉強過得去。我記得大概是在九月時，接到眾達通知下個月起全員減薪百分之二十五。我們算了算，然後想出打平的作法。馬文開始覺得法律事務有點無聊了，滿心想要協助生意人實現他們的需要。

於是我們就走去夏克廣場轉角一家冰淇淋小店商討對策。那時實在花不起錢上館子。至今我仍記得，店裡擺著鑄鐵的椅子和印花圖的紙質桌布。

對馬文和海倫來說，這一刻是個轉捩點，但根據海倫的回憶，當時他們遲遲下不了決定。如果，最終馬文．鮑爾沒有接受麥肯錫的提議，今日的管理顧問業恐怕是另一番完全不同的風景了。

兩年後，馬文翻出麥克的邀訪函，說他想跑一趟芝加哥會會麥克，看他的公司能開出什麼樣的條件。我不放心他一個人出遠門，因為，芝加哥除了有黑幫，我們的《克里夫蘭據實報》（*Cleveland Plain Dealer*）還說當地爆發瘟疫，街上屍體橫陳。不過，當我們抵達當地，卻連死屍的影子都沒看到。

問題是，我們湊不出足夠的錢買兩張車票。但我對馬文說，我要是去不成，他也別想去。我們的解決方法是：兩人共享一頂頭等臥鋪。在那個年代，這種事稱得上傷風敗俗，即使夫妻也一樣。不過，馬文總是很能搞定麻煩。

到了芝加哥，馬文把我安頓在火車站附近的旅館，隨後就去見麥克，並說一、兩個小時就會回來。

兩小時、四小時，過了六小時還是沒見人影。我正打算上街找他的屍首，卻見他回來了，笑到合不攏嘴。

「我們找到工作了！」他大叫。

「是你談到工作了。」我回他，「快告訴我經過。」就這樣，我們又共享一頂頭等臥鋪回家，不過這一趟感覺好多了。

我們又來到夏克廣場轉角的冰淇淋小店。馬文思若泉湧，興奮到不行。他說，專業領域的事務所在商業界有成長空間，業務性質類似眾達為客戶提供法律問題諮詢，這種機構專門為企業領導人提供解決商業問題的諮詢。他還說，和麥克合作既能讓他在哈佛商學院受的訓練派上用場，又能發揮他的法學專業。

他接著又說起自己對法務工作同時有喜歡和討厭的地方，然後強調麥克對他說：「不如加入我們的陣容，為自己喜歡的工作全力以赴。」麥克開出的條件差強人意，雖然沒有好過馬文當時的工資，但至少沒有被砍價，所以我們就同意了。接著就是準備搬去芝加哥。[8]

海倫一邊回顧一邊納悶：「如果麥肯錫那幫小夥子知道，這麼重要的人生決定竟然是在一家小冰淇淋店裡做成，不知會怎麼想！」「我也很想知道，」史帝夫．華萊克說，「如果他們得自掏腰包買機票來面試，而且我們非但不請他們喝酒、吃飯，還只給一份香蕉船，究竟會有多少人肯來。」

那一刻，海倫剛好閉著眼睛，我不禁懷疑她是否有聽到。隨後她睜開雙眼，對我笑道：「香蕉船也沒什麼不好，我還是喜歡坐火車旅行，不喜歡搭飛機。特別是如果跟對了好公司，吃住就無關緊要了。」

事實證明，海倫對芝加哥的恐懼是杞人憂天，因為，馬文遷居芝加哥只是過個水，然後就被派往紐約分公司。[9]一年後，他成為紐約分公司的負責人。

一九三三年，馬文加入麥肯錫，創辦人是詹姆士・奧斯卡・麥肯錫，曾在芝加哥大學會計系擔任教授，堪稱前瞻的思想家，在結合會計與管理領域扮演重要角色。麥肯錫約莫創立於一九二六年或一九二七年，確切時間似不可考，開業地點是芝加哥，一九三二年設立紐約分公司。[10]麥肯錫定義自己的新事業是「會計與管理工程事務所」，建議客戶如何善用財務數據，當作高效的管理工具和管理決策依據。麥肯錫早期員工裡有兩名工業工程師，但沒半個人受過正規的管理訓練。

一九三五年，詹姆士・奧斯卡・麥肯錫決定短暫加入馬歇爾・菲爾德公司，以便落實他的某些建議，並「暫且」把麥肯錫與一家名叫斯科維爾─威靈頓（Scoville, Wellington）的會計事務所合併起來。就馬文看來，這一次合併並不成功。

麥肯錫─威靈頓時期讓我們付出極高的代價，因而學到最重要的一課就是：任何私人企業，都禁不起合夥人之間同床異夢的考驗；也就是說，所有合夥人都要與公司及其他人同心協力，否則不可能壯大。意見不一對公司有益，因為如果所有人都帶著善意解決分歧，就能做出更好的決策。可是，一旦連指導原則、根本目的、理念、政策、價值觀和態度，於情於理都無法協調一致，多數派最好乾脆把異議分子請走。[11]

之後沒多久，接近一九三七年底，詹姆士．奧斯卡．麥肯錫突然染上肺炎猝逝（見圖2-1）。馬文在回憶錄中記述這一段經過：

> 一九三七年十月，他巡視馬歇爾．菲爾德各處工廠，旅途中舟車勞頓，回程時得了重感冒，隨後還轉成肺炎。因為當時沒有專門的抗生素可以治療那一型肺炎，十天後他就撒手人寰，時間是十一月。所有人都錯愕不已，我也不例外。我心目中的英雄就此辭世。我敬他、愛他的程度無以復加，最佳證明就是海倫和我以他之名，將隔年一月出生的三子命名為詹姆士．麥肯錫．鮑爾。於私，我失去了景仰的對象；於公，我向這位導師學習的時間甚至不到兩年。[12]

James O. McKinsey Dead at 48; Head of Marshall Field & Co.

Director in Many Firms, Former Professor and Author of Business Texts

By The Associated Press

CHICAGO, Nov. 30.—James O. McKinsey, chairman of the board of Marshall Field & Co., died of pneumonia Tuesday. Mr. McKinsey, who was forty-eight years old, contracted a severe cold recently and entered a hospital a week ago.

Made Chairman of Board

Before he became chairman of the board and senior executive officer of Marshall Field & Co., in October, 1935, Mr. McKinsey had been management counsel for many of the largest corporations of the country. He was the author of several works on business administration and accounting and from 1926 to 1935 was professor of business policies at the University of Chicago.

He was the organizer of the management counsel firm of James O. McKinsey & Co., which he headed from 1925 until his assumption of the Marshall Field post ten years later. At Marshall Field's he succeeded James Simpson, who had resigned in 1932 to become chairman of the Commonwealth Edison Company. Under Mr. McKinsey's direction Marshall Field reported a net income of $1,280,907 for the nine months ended last September 30, as compared with a profit of $225,510 in the corresponding period in 1936. This 1937 net did not include normal Federal income taxes or a credit of $313,929 paid to Mr. McKinsey.

Mr. McKinsey had been chairman of the board of directors of the American Management Association. During his years on the faculty of the University of Chicago, he lectured frequently at Columbia University on accounting.

He was born in Gamma, Mo., June 4, 1889, the son of James Madison and Mary Elizabeth Logan McKinsey. He obtained his Pd.B. degree from the State Teachers College, at Warrensburg, Mo., in 1912; an LL.B. from the University of Arkansas a year later, and a Ph.B. from the University of Chicago in 1916. He also received a master's degree from Chicago in 1919, two years after he had joined its faculty.

In 1919 Mr. McKinsey became a certified public accountant. Besides heading Marshall Field, he was a director of the Chicago Corporation, the Kroger Grocery and Baking Company, Selected Shares Corporation and other companies. He also was a member of the board of trustees of the Armour Institute of Technology, a member of the board of managers of the Chicago Young Men's Christian Association, a director of the Central Y. M. C. A. College and a member of the transportation committee of the Chicago Association of Commerce.

He was a member of the American Institute of Accountants and the National Association of Cost Accountants. Other memberships included Delta Sigma Pi, Phi Kappa Sigma and Delta Theta Phi fraternities, and the Chicago, Attic, Racquet, Saddle and Cycle and Chicago Golf Clubs, of Chicago, and the Rookery, of New York.

During the World War Mr. McKinsey served as a lieutenant in the ordnance department of the Army.

Mr. McKinsey's books included "Bookkeeping and Accounting," "Budgetary Control," "Managerial Accounting," "Business Administration" and "Accounting Principles." He also was the author of pamphlets published by the American Management Association.

In 1930 Mr. McKinsey married Alice Louise Anderson, of Sioux City, Iowa. They had twin sons, Robert and Richard McKinsey.

Underwood & Underwood photo
James O. McKinsey

圖2-1　詹姆士．奧斯卡．麥肯錫逝世，時年四十八（《先驅論壇報》*The Herald Tribune*，一九三七年十二月一日）

幾乎就在麥肯錫去世同時，公司為美國鋼鐵（U.S. Steel）所做規模最大的諮詢專案也剛好結案。麥肯錫—威靈頓頓時陷入無米可炊的窘境。就在此時，馬文帶領一群人出資把麥肯錫公司從合併公司手中買回來。（圖2-2）

馬文與合夥人買下麥肯錫公司

一九三九年，馬文·鮑爾以新手之姿加入麥肯錫才僅僅六年，他和另外三位合夥人買下這家擁有十八名員工的會計和管理工程事務所。三位合夥人分別是蓋伊·克拉格特、狄克·佛萊契與尤恩·「吉普」·萊利。

當年的麥肯錫只是一方之霸（主要是美東），雖有十三年歷史，但眼前經濟拮据，連麥肯錫這個名稱都很少發揮作用。馬文就此接手，執掌麥肯錫直到一九六七年。[13]截至二〇〇三年去世為止，他一直很積極維護並擴展自己所認同的願景。

當時，年僅三十五歲的馬文·鮑爾，只是這家新合夥企業的菜鳥成員，究竟是如何說服另外三位共同投資人[14]（其中兩位甚至年過花甲[15]），放棄他們在成熟企業中的職

1926	詹姆士·奧斯卡·麥肯錫建立麥肯錫會計與管理工程事務所
1929	湯姆·科尼（Tom Kearney）加入麥肯錫，成為第一位合夥人
1933	馬文·鮑爾離開眾達，加入麥肯錫擔任諮詢顧問
1935	馬文·鮑爾成為麥肯錫紐約分公司經理 詹姆士·奧斯卡·麥肯錫「暫時離開」，出任馬歇爾·菲爾德董事長 麥肯錫與斯科維爾－威靈頓會計事務所合併，稱為麥肯錫－威靈頓公司
1937	馬文·鮑爾撰寫《基本培訓指南》（*Basic Training Guide*），其中闡述事務所目標和專業準則 詹姆士·奧斯卡·麥肯錫去世
1939	馬文·鮑爾、蓋伊·克拉格特（Guy Crockett）、狄克·佛萊契（Dick Fletcher）與尤恩·「吉普」·萊利（Ewing "Zip" Reilley），從麥肯錫－威靈頓公司和詹姆士·奧斯卡·麥肯錫的遺產中買下麥肯錫公司（以及名稱使用權，但中西部地區除外） 宣告公司旨在提供「管理諮詢」
1947	馬文·鮑爾和三位合夥人從麥肯錫－科尼公司（McKinsey, Kearney & Company）手中買下「麥肯錫公司」這個名稱專有和全部的權利 麥肯錫－科尼公司改名為A·T·科尼公司

圖2-2　馬文·鮑爾收購麥肯錫公司進程表

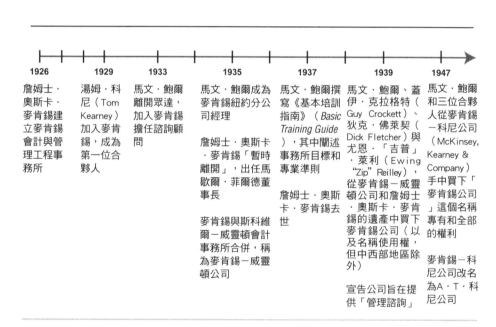

業生涯，賭上家當踏上新旅程，目的不只是創辦一家新公司，而且還是前所未聞的管理顧問業呢？[16]馬文之所以說得動合夥人加入這趟冒險之旅，全在於他為這門專業描繪出一幅清晰的願景。

馬文擷取麥肯錫的一些看法，像是讓高階管理者看見事實、人才培訓的重要意義，及渴望為顯赫的客戶服務，但其他部分則遠遠超越麥肯錫的創始想法，而且是奠基在令人信服、互相授受的經驗、價值觀和邏輯之上。馬文打從掌握主導權那一天起，直至一九九二年正式退休為止，未曾或忘這幅願景，而且總是身體力行，同時又勇於聽取他人意見，嘗試全新創意。

馬文離開麥肯錫已經十二年，如今可以公允地說，他身為一家企業創辦者、一門行業締造者和一位領導者中的領導者，風範足為眾多行業提供寶貴的借鑑，而且，歷久彌新，一如一九三九年。

3 管理顧問專業與麥肯錫公司

我們樂觀看待未來的態度，乃基於堅信社會需要我們發揮能力提供這類服務。我們看見自己工作的價值，也發現客戶的高階管理者體認到這種價值……儘管我們未曾宣告自己的目標，但總是持續討論遠大的志向。確實，如果我們不曾具備這等雄心、信心和遠見，恐怕根本無法備足勇氣，成就這番事業。

——馬文・鮑爾，一九五七年[1]

四位合夥人帶著超樂觀精神，以及開創管理顧問這一行業的清晰願景，踏上他們的征途（見圖3-1）。

專業：管理顧問

打從一開始，馬文和他的三位合夥人就畫出了清晰的願景：締造一門全新的專業，亦即日後所說的管理顧問業。這一行的從業者須保持獨立、公允姿態，建立良好聲譽以吸引企業執行長延攬他們提供服務。無論從哪一個角度檢視，這都是革命性的願景。

當時，管理顧問尚是前所未聞的概念。公司早期十五名成員中，某一名員工之妻露絲・紐康（Ruth Neukom）回憶當年這家新公司和新行業所面臨的挑戰：

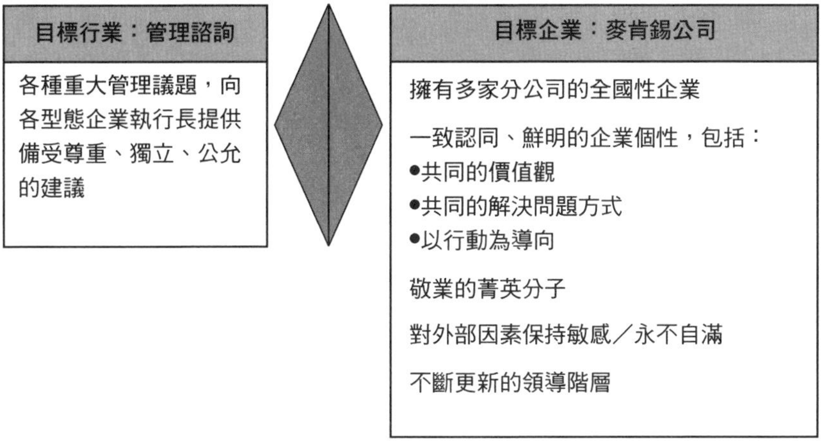
目標行業：管理諮詢
各種重大管理議題，向各型態企業執行長提供備受尊重、獨立、公允的建議
目標企業：麥肯錫公司
擁有多家分公司的全國性企業
一致認同、鮮明的企業個性，包括：
●共同的價值觀
●共同的解決問題方式
●以行動為導向
敬業的菁英分子
對外部因素保持敏感／永不自滿
不斷更新的領導階層

圖3-1　打造一家企業：鮑爾的目標願景

你知道，在一九三〇、四〇那些年代，根本沒有人聽過「管理顧問」這個字眼。好些年來，人們還覺得這玩意兒似乎有點像是邪門歪道。他們會說：「哦，效率專家嘛。」這種說法會讓麥肯錫人氣得跳腳。[2]

尤有甚者，當時很多美國人認為，經商比當律師或醫生等專業工作低人一等。對此成見，一九五〇年代後期，馬文．鮑爾和吉百利史威士公司（Cadbury Schweppes）的艾吉安．吉百利（Adrian Cadbury）在一場紐約餐會中的交談流傳甚廣。吉百利說：「我從商是因為沒多少正當行業會僱用貴格教派（Quaker），而且我又是家中的老三。我就和多數探險家一樣，都是家裡的老三——老大從軍，老二從政，老三無處可去，只好到處去探險。可是呢，現在連皇室都不肯出錢資助探險了，我只能摸摸鼻子做生意去。那些比較受尊敬的行業離我遠得很。」[3]馬文聞言大笑反駁道：「正當做生意也同樣高尚。」

彷彿這些挑戰還不夠艱難似的，難道執行長真的會洗耳恭聽外人的建言嗎？在那個時代，鮮有資深管理者願意與第三方討論自家最關鍵的商業問題，除非已面臨災難性的商業事件，或是需要會計、工程或法律專家協助的特殊問題。

然而，馬文滿心相信，美國的執行長們千真萬確存在一種還未被滿足的需求——聽取政策和管理建言，因此會樂於接受外人協助，只要他們的觀點足以深入了解問題，並且能持續展現高水準的專業。

馬文任職眾達和買下麥肯錫之前的六年裡，諸多經歷讓他親身證實，一位外部專業諮詢顧問以獨立公允的立場看待企業全局，將贏得珍貴價值和敬意。馬文經常舉當年在眾達經歷的某事件，說明立場獨立的價值和力量，以及他從中學到的寶貴教訓。

當時，某家地方性的大投資銀行負責人，請眾達協助完成他期望已久的合併案，買、賣雙方是伯利恆鋼鐵（Bethlehem Steel）和楊斯頓鋼鐵（Youngstown Iron and Steel）。他預計政府可能會提出反托拉斯訴訟，希望眾達能代理訴訟案。眾達的執行董事金恩（Ginn）研究案情後，相信這起合併案確實會違犯反托拉斯法，所以婉拒請託。那位投資銀行家坦言，光律師費用就可能高達上百萬美元，他也做好了敗訴的準備，如果眾達拒接，案子就會轉給克里夫蘭另一家著名的律師事務所。但是金恩仍然敬謝不敏。

馬文說：「這樁消息在內部傳開了，對我們這些即將被減薪（隨後成真）的年輕律師來說，印象格外深刻。特別是另一家律師事務所接手後，官司纏訟多年終究敗訴。這項結果像野火一般傳遍商界。如果說，在此之前，眾達的獨立性和專業水準尚未獲業界普遍公認，這回金恩先生睿智而勇敢的決定則漂亮地達到了這個目的。」[4]

馬文記憶猶新，詹姆士．奧斯卡．麥肯錫也是對客戶採取公允、獨立態度的典範：

麥克研究客戶的專案時，總會敏於察覺客戶組織內部的員工狀況和觀點。他明白，人們並非單純以理性決定是否採行某項建議，但我最欣賞他在客戶面前展現的超然立場。他會直言自己親眼目睹的真實情況，哪怕得冒著影響雙方關係的風險。不過我發現，客戶非常讚賞他的坦誠。對我而言，這種獨立性意義重大，因為它符合我的觀念，亦即顧問公司也應具備眾達所堅守的獨立性。我看出這種獨立性對律師事務所客戶的價值，我相信它對顧問公司的客戶也具備同樣價值。我以前就覺得麥克是個超然獨立的人，他的所作所為果然未曾讓我失望。[5]

馬文堅信，若想與客戶建立良好關係，必須直接找執行長合作。如果執行長沒有參與，便意味著所謂的問題根本不重要。如果客戶不是執行長，重要資訊可能就無法傳達給關鍵的決策者：「執行長是統籌企業全局的人。如果我們能夠從他的立場出發，就可以從他的觀點統籌解決問題。」馬文的顧問生涯始終秉持這個理念，未曾忌憚堅持這項要求會帶來什麼影響。一九八二年時，打從一九六一年就加入麥肯錫的約翰．史都華（John Stewart）聊起一件事：

通用汽車不喜歡諮詢顧問。他們不請諮詢顧問，而且自覺比諮詢顧問或任何其他公司都強得多。

這只是一種機構的傲慢。雖然個人本身都不自大，但全公司上下確實存在一種機構的傲慢。他們有點擔憂，於是執行長羅傑・史密斯（Roger Smith）就約馬文談談。馬文預先調查通用汽車時約談了六十四人，然後報告羅傑・史密斯，當他詢問，通用汽車針對日本進口車特別採取何種策略時，六十四人裡有六十三人都聲稱沒有因應策略。唯一說有的人就是羅傑・史密斯自己，其他六十三人幾乎都在狀況外。羅傑對這種溝通鴻溝深感憂心，於是請馬文著手重組北美地區的業務工作。他說的不是企業員工，不是海外業務，也不是研發單位，而是北美地區的業務……

北美地區業務全向總裁吉姆・麥當勞（Jim McDonald）報告，所以當馬文去找吉姆解釋，他將如何開展這項工作時，吉姆說：「沒問題，你們直接向我報告就好。」馬文卻說：「這不是我們的作法。我們只為執行長工作，但你是總裁。我們會向羅傑・史密斯報告。」後來吉姆・麥當勞經常搖著頭說：「不知道有多少人，一聽到以後只要直接向通用汽車總裁報告就樂翻天，但這傢伙卻拒絕向我報告，只為執行長工作。」吉姆對馬文的尊敬並未因此或減，因為他的真性情反而讓原本可能備感冒犯的人生出敬意。

馬文和吉姆的故事讓我們與通用汽車打交道時容易許多……他們並未抗拒協助，因此我們工作起來比當初預期輕鬆多了。事後才聽他們說起這回事。[6]

多年來，馬文始終堅守他和合夥人一九三九年開展管理顧問業時預想的基本前提，上述故事只是其中一例。日後馬文曾向我坦言：「如果通用汽車執行長未曾承諾支持和參與，我根本不會展開任何動作。」[7]

馬文加入麥肯錫初期，曾目睹未能解決策略問題而一敗塗地的例子。例如，麥肯錫曾以包商的第三方身分參與美國鋼鐵的一項專案，而且還動用了大批人手，結果卻無法解決執行長層級所關心那些更迫在眉睫的問題。[8]

馬文堅持，麥肯錫就該直接與執行長合作，這樣才更有可能使公司專注於解決真正的「重大問題」，這是他對專業機構的重要洞見。然而，正如一九五三年他對全體員工發表年度演說所言，這是一個高度挑戰的長期目標：

一九三三年，我加入這家企業，我們付出大部分時間協助高階管理者解決重大的管理問題，審計僅占我們一小部分業務。實際上，一九三〇年代中期，我們幾乎所有業務都在協助銀行、債權人委員會及企業董事成員，研究企業如何獲利。

正是在這段期間，我們了解產業趨勢、競爭地位和其他外部經濟因素的基本重點。這些研究提供我們原始資料，為我們後來形塑的「高階管理層」作法打下基礎。

一九三九年歐洲爆發戰爭，隨後美國也捲入第二次世界大戰，技術變成我們的主要業務，因為在此期間，我們自然地全神貫注於解決所有類型、所有層面的生產問題。

出於種種原因，我們不再那麼積極把時間用於解決重大的管理問題……我們若想把所有工時用在重大的問題上，還有長路要走。我們應該花個十年至二十年建立起聲譽，以期日後收入領先業界，如此便能把不涉及重大問題的項目拒之門外。

我相信，唯有將這個目標當作企業性格總體發展中一項組成部分，才有可能實現它。為此，我們必須鼓足更多信念、決心、勇氣和技能分辨輕重，並排除那些例行或無關緊要的問題。[9]

馬文不僅僅是出一張嘴而已，許多逸聞趣事都與他如何採取斷然措施以維持獨立性，並確保公司聚焦解決重大管理問題有關。例如，他曾拒絕與實業家霍華．修斯（Howard Hughes）合作，因為他認定，修斯提出的問題稱不上迫在眉睫，[10]而那些在馬文看來真正關鍵的問題，他也不相信修斯願意費事解決。不過，他們之間的關係也非就此打住，修斯當時正在尋找財務顧問，馬文便建議他和自己在布朗大學兄弟會的朋友麥爾坎．史密斯聊聊。接下來十五年，麥爾坎都在修斯麾下服務。

芝加哥有一位常與美強生（Mead Johnson）合作，看似相當成功的合夥人，一九六三年遭馬文解僱，此舉無異是一道強烈訊息，用以昭告全體同仁：解決重大商業問題才是麥肯錫專業精神的核心。[11]事實上，那位合夥人被解僱的重要原因之一就是，他為美強生花費過多時間，而且合作內容都未達「重大問題」標準。解僱的決定一公布，全體員工一目了然，同時也馬上得知背後原因。這種舉措有多不尋常？一般來說，服務性機構解僱員工的理由正好相反，全是因為他們未能帶進足夠的業務或收入。馬文的行動昭告全員，維護麥肯錫公司的願景和聲譽便意味著抵抗誘惑，不能不惜一切代價追求業務或收入。

馬文傳達專業願景時，遣詞用字頗為精確，而且他還特別明確闡述箇中原因。一九五三年，馬文在一次報告中指出：

正所謂人如其言，我們說出口的話便決定我們的形象。我們有的不是顧客（customer），而是客戶（client）。我們不屬於哪一門行業（industry），而是自成一門專業（profession）。我們不是一家公司、一種業務，而是一所企業。我們沒有員工，而是擁有個人尊嚴的公司成員和同事。我們沒有商業計畫，而是遠大志向。我們沒有規則，而是價值觀。我們就是諮詢顧問，不是經理人、業務員，也不是營造商。我們也不再為高階管理者獵人頭。一九三九年，我們專注本業大有斬獲，與當時還是單純受理審計業務的斯科維爾—威靈頓事務所脫離關係。自此我們就不再自稱「管理工程師」，而率先使用「諮詢顧問」的稱謂。一九三九年以來，我們抵抗種種偏向轉業的誘惑，而且深刻、明確地堅守對自家企業個性方面的信念。[12]

多年來，即使出現一些或許有利可圖的機會，馬文．鮑爾始終堅守管理顧問這條道路。他認為，任何偏向或轉業都會在旦夕之間就摧毀麥肯錫的聲譽，往後再也無法以公允獨立的顧問之姿繼續為客戶服務。

前任伊利諾州共和黨主席蓋瑞．麥克杜格（Gary MacDougal），如今也是馬克控制公司（Mark Controls）的退休董事長兼執行長，一九六三至一九六九年曾任麥肯錫合夥人，猶記得一九六五年馬文如何拒絕了一個大好機會：

那一年洛杉磯分公司接獲全國五大合併案其中兩樁……於是我們真的就像其他投資商一樣，建立一套評估收購能力的電腦模型，包括現金流之類。那套模型很成功，連基得．皮博帝證券公司（Kidder Peabody）都願意出五萬美元收購。結果馬文說不行，我們不是軟體業者，而是只為公司董事會提供策略諮詢的公司。如果我們把為了服務客戶而開發的軟體轉手賣給別人，那就會產生衝突。[13]

因為管理顧問業這個目標行業的願景充滿革命性，諮詢顧問必須先掙得崇高聲譽，這一行才能普遍得到認可與尊重。這個要求似乎有點陷入雞生蛋、蛋生雞的循環。如果一家專業服務機構和企業高階管理者密切合作，成功解決重大管理問題，當然就會帶來卓著聲譽；但如果這家專業服務機構並未建立良好聲譽，也就不太可能有機會接近企業高階主管。

馬文為免麥肯錫陷入此一窘境，在職期間不遺餘力地為這家企業樹立聲譽。[14]例如，一九三九與一九四〇年，他撰文數篇，論述美國企業當時正苦於應付組織結構和財務問題，包括〈鬆綁企業〉（Untangling the Corporate Harness）、〈鬆綁百貨業——一個百貨業組織結構的務實理念〉（Unleashing the Department Store- A Practical Concept of Department Store Organization）、〈超越經理人市場〉（Beating the Executive Market）及〈授信的管理觀點〉（The Management Viewpoint in Credit Extension）。一九三九年，他出席十多家專業機構發表演說，和許多潛在客戶打高爾夫球，把握每一次與企業高階管理者共進午餐的機會，並鼓勵麥肯錫每一名員工有樣學樣。

馬文在麥肯錫的早期經驗告訴他，優秀的諮詢顧問不必然是出色的業務員；然而，即使是最優秀的業務員，推銷服務也非易事。詹姆士．奧斯卡．麥肯錫曾僱用過一批優秀的業務員，雖然他們都能亮出成功推銷實體產品的良好紀錄，推銷專業服務時卻都顯得無能為力。馬文並不認為這是什麼不得了的問題，因為他曾經目睹眾達的金字招牌所產生的吸引力。

一九五一年，馬文在一次培訓課程中解釋：

我們打從接觸新客戶開始，就必須真心誠意地採用專業手法。我們的政策是不招攬客戶或為自己的服務打廣告，這並非出自道德原因，而是因為這麼做無法與我們的專業手法一致。我們不可能一邊為自己的服務打廣告或招攬客戶，另一邊卻毋須承諾客戶我們能做到什麼地步。但因為一開始我們根本就不知道自己究竟能做到什麼地步，所以這種許諾就不符合我們崇高的專業標準。

再者，我們採用專業手法吸引客戶，就能促使客戶採納我們的建議行事。如果我們是應客戶請求提供幫助，而且我們也做出適當安排，他們就會覺得有責任協助我們完成工作，並採納我們的建議。主動向我們求助的客戶和被「成功推銷」的客戶，兩者看待我們時，心態上確實有些差異，後者往往會擺出一副「眼見為憑」的態度。[15]

簡而言之，馬文視管理顧問為一門專業，而不是一門生意。他相信，麥肯錫就該像醫師和律師那樣，把客戶的利益放在第一位，時時遵循道德準則，僅接受自己確信可為客戶創造價值的專案，而且自始至終都對客戶講真話，以期保持獨立超然，美譽與客戶自然就會上門。

不過，管理顧問業發展初期的從業者並非全都如此。一九四九至一九八八年在麥肯錫擔任董事的華倫·坎農就說，馬文「選擇這些原則，並非認為這些原則乃神授天賜，而是因為他真心相信。就我所看到的每一種情況而言，他絕對是對的。這些原則確實符合這家企業的長遠利益。」[16]

企業：麥肯錫公司

在馬文的早期職涯中，曾目睹許多知名機構崩垮，也見證眾達的強大威力，在大蕭條的慘澹歲月裡，這家優秀的專業服務機構尊重自家員工，提供他們成長機會，讓他們創造出色業績。鮑爾知道，如果麥肯錫想要賦予員工同樣的能力，必然不能設立層層階級，因為這種制度正是大蕭條時期諸多企業倒閉的根源，也是影響所有重要資訊上傳至執行長的障礙。

然而，一九三九年時，幾乎所有組織都是「指令加控制」架構而成。馬文體認到，必須在內部創造一種環境，讓資歷最淺的菜鳥在不認同主管的意見時也勇於說真話，甚至是不敢不說實話。馬文牢記這種要求，在他心中所描繪的專業服務機構願景是：

- 分公司遍及全國，在許多地區設立分公司。
- 擁有一致認同的鮮明企業個性，包括：共同的價值觀（包括提出異議的權利和義務），解決問題的共同方式，還有以行動為導向的理念。
- 高水準、敬業的菁英分子加入公司共創大業，他們願意積極參與，體現公司的個性，因而獲取一定水準的收入。
- 敏於察覺外部因素／永不自滿。
- 領導層不斷更新，以免公司的生存發展依賴於某一代領導班底。

分公司遍及全國

立志在全國廣設分公司堪稱創舉，因為當時根本沒有專業服務機構開設地區分公司。在全國廣設分公司是基於兩個層面的思考。[17]

首先，在馬文心目中，若想在專業上贏得尊敬，必得與所在社區密不可分。因此，麥肯錫公司若想投身重要社區，就必須設立地區分公司。其次，在當時，大企業這類目標客戶也正在拓展規模，走向全國，如果麥肯錫就近設立分公司，當然就能為它們提供更好服務。若以僅此一家、別無分號的思維，卻想要服務全國市場，勢必得頻頻派出諮詢服務小組前往客戶所在地，不僅浪費時間，也可能讓重要的諮詢顧問心力交瘁。馬文總是把人力資產視為實現願景的關鍵，自然不允許這類情況出現。

事實上，馬文一心一意要在全國廣設分公司，這正是一九三九年他與湯姆．科尼分道揚鑣的主要原因，後者是詹姆士．奧斯卡．麥肯錫的第一位合夥人，也是芝加哥分公司負責人。

湯姆認為，不論客戶遠在何方，公司應該以芝加哥為中心，派出團隊到客戶所在地。儘管馬文敬重湯姆，但他不願為這個問題妥協。

鮮明的企業個性

在馬文的專業服務機構願景中，確立、打造並一致認同恰如其分的企業個性，絕對是關鍵基石。一九五三年他在一場員工大會上說：

就一家專業服務機構而言，獨特而吸引人的個性是卓著聲譽的關鍵所在；而且，除了員工之外，良好聲譽就是一家專業服務機構最寶貴的獲利資產。[18]

馬文指出，一家專業服務機構的「個性」就如同個人的性格，即是這家公司留給那些前來接觸或耳聞目睹者的總體印象，主要取決於兩項要素：一是所有個人留給他人的印象總和；二是指導所有個人工作處事、行文及言談溝通的公司目標、主要政策及工作方式等。

接著馬文又說：

因此，我們培養的企業個性取決於幾大面向：一、我們挑選諮詢顧問和營運人才的技能；二、我們制定目標、政策和工作方式的技能；三、我們對所有員工傳達這些目標、政策和工作方式，並說服他們在日常行動中遵循上述要點所產生的效果。

我們知道，全公司上下留給客戶的個人印象都很正面，那麼，我們的主要任務就是溝通與領導。不妨想像，如果我們每一個人、每一天都遵循相同的目標、政策和工作方式行事，整家公司將會發展出何等威力。日復一日，從東岸到西岸，我們所有人齊心協力，全都秉持相同理念行文發言。既然我們的客戶——高階管理者與董事——都是美國商界、政界最有影響力的人物，我們很快就會成為一股更強大的力量，進一步改進管理效能。

我們每年度都召開員工大會，根本目的就是為了推進這個永無止境的統一目標，所以今天我們齊聚一堂，共同深化我們對於企業個性的信念，繼而統一我們的行動，使企業個性能在日常工作中行之有效。[19]

此後的歲月裡，馬文愈來愈堅信統一的企業個性具備強大威力。一九七四年他所寫的這段文字足為佐證：

任何一群人共事多年後，總會形成一股理念、一項傳統與一套共同的價值觀。領導學中最高成就之一就是塑造這些價值觀，以期推動公司邁向成功。從最現實的角度檢視，這種管理價值體系的好處，就在於指引我們這個大帝國裡各地區、各層級員工的行動，進而產生良好的自控與自律效果。我們這一行所提供的產品唯有服務，多數專業人員又都是新手，所以，一種能夠指導人們行動的強力文化就顯得格外重要。我們留給後人的資產就是那些一直引導我們命運的思想。[20]

在馬文的麥肯錫公司，企業個性主要體現在以下幾大面向：

- 全體奉行一套奠基於專業價值觀的領導方式。儘管馬文負責確定政策方針，並不斷強化攸關公司成功的政策，盡力促使外界接受「管理顧問」確為商業管理領域中難能可貴的補充作法，但馬文並不是「高高在上的國王」，反之全體員工都擁有領導權。
- 擁有一套共同的解決問題方式，能迅速直指核心，提出有見地、有力量的解決方案。
- 擁有持久的推動力（並對客戶產生拉動力），得以採取有意義的措施，促使客戶公司大步邁向成功。

馬文花了很多心思，讓每一位新加入麥肯錫公司的諮詢顧問認同企業個性。克萊頓．杜比利．萊斯投資公司（Clayton, Dubilier & Rice）董事長兼執行長唐．高戈（Don Gogel），曾在一九七六至一九八五年間任職麥肯錫，他回憶第一次會見馬文時的情景：

一九七三年夏天，我回法學院前，受邀和馬文共進午餐。他經常邀約新進諮詢顧問共餐。馬文對我們陳述公司理念。他言語清晰，幾乎讓你懷疑他是不是拿著演講稿照本宣科。但事實上，他從來不用演講稿。他逐一講述那些使得麥肯錫公司與眾不同的因素，以及他為什麼認定它們非常重要。

那是我第一次聆聽這位創辦人講述企業一體經營的理念，始終把客戶利益放在第一位究竟有何意涵，為什麼語言如此重要，我們如何描述自己與客戶之間的關係，並告訴對方，我們的諮詢項目對他來說十分重要等等。他不喜歡其他顧問業者使用粗俗的商務語言，把客戶稱為顧客。他也非常討厭「我在幫通用汽車打工」之類的說法。他覺得，這種描述有損專業機構與客戶之間的優質關係。

他還詳盡說明團隊精神對內部的重要性，並解釋麥肯錫之所以壯大，就是因為專案小組精於團隊協作。他確實為我闡明任職於一家專業機構的真諦。這是很棒的收穫。[21]

奠基於專業價值觀的領導方式

專業價值觀不同於個人價值觀，兩者的本質與目的都截然不同。例如，在法律行業的九大準則

THE NEW YORK TIMES, SUNDAY, JULY 23, 1967

Personality: Consultant Who Also Manages

Bower of McKinsey & Co. Gives Views on Giving Advice

By ROBERT E. BEDINGFIELD

The consultant is the man who helps the businessman with all the problems he himself has avoided by becoming a consultant.

That is the classical definition.

Marvin Bower acknowledges there may be something to it, saying that not all consultants would make good executives. Mr. Bower is both consultant and executive, because he is managing director of McKinsey & Co., the big management consulting concern.

Mr. Bower has been getting a great deal of mileage in recent months from a book he wrote last winter on his particular specialty. Its title, "The Will To Manage," suggests half of Mr. Bower's philosophy of management:

The executive must be determined to make his enterprise succeed regardless of outside conditions.

•

The other half of Mr. Bower's basic thesis, as it emerged in his book, as well as in a recent interview, is that the enterprise itself must have a formal structure. This, he explained in great detail, allows everyone to do his own job to the best of his ability, without stopping all the time to consider whether he is stepping into someone else's territory.

Mr. Bower's hero is the executive in the widget business in 1929, with 8 per cent of the market, who finds the widget market down by three-fourths in 1932 and goes after 32 per cent of what's left—or a little more. The Economist of London, in a review of Mr. Bower's book, intimated sadly that too many British corporations were satisfied with chief executives who would just tell the stockholders: "Sorry, chaps, people just aren't buying widgets."

•

As befits one who tells others how to do their jobs, Mr. Bower has the manner of a man well pleased with the way he has done his own. He does not flinch from a share of the credit for the considerable success the McKinsey organization has enjoyed. Thrust, on behalf of his new book, into the apparently unaccustomed role of interviewee, he did not fight the impulse to play consultant to the interviewer.

Mr. Bower has headed McKinsey since 1950. He was born in Cincinnati in 1903, but grew up in Cleveland, where his family moved while he was a youngster. He went to public grade school and high school in Cleveland and was graduated from Brown University in 1925.

At graduation, he had no fixed idea of how he wanted to make a living. His father, who was deputy county recorder of Cuyahoga County, Ohio, persuaded him to study law.

His wife, the former Helen McLaughlin, whom he had married in 1927, had been a classmate in high school.

•

"She was willing to work my way through college, so when I had my law degree and decided in 1928 to become a corporation lawyer, I felt a knowledge of business was necessary. I entered Harvard Business School, from which I got my M.B.A. in 1930."

Mr. Bower began his career with the Cleveland firm of Jones, Day, Cockley & Reavis. It was a fortunate time to start out, he recalled, because of the considerable activity in corporate law as a result of the number of corporate reorganizations that developed with the Depression.

With his business school education, his employers recommended him as secretary of a number of bondholder protective committees they represented. "Being the secretary of a bondholders' committee, I had plenty of opportunity of talking with the top officers of a leading corporation in reorganization," Mr. Bower remarked. He added that he was in a good position to determine why a corporation had gotten into trouble, "and I was able to help them reorganize their capital."

"In doing so, I found many corporations were operating without advisers at their top management level on some most serious management problems. I realized that many top corporate executives needed someone on the outside in whom they could place their trust and with whom they could discuss problems which they couldn't talk over with their own people because of career problems."

By 1933, Mr. Bower said he was convinced there was a future for him as a consultant. He got an interview with the late James O. McKinsey and got a job as the third man with the McKinsey firm's New York office. His initial assignment was to come up with recommendations for the bondholders' committee of the former Savoy Plaza Hotel here.

"I was doing exactly what I thought should be done—working on the management problems of the hotel corporation rather than its legal problems," Mr. Bower said. He told how he made an exhaustive study of the hotel's operations, how the hotel could be restored to profitability and how much of a capital structure a reorganized hotel company could hope to sustain.

•

Mr. Bower's second assignment with the McKinsey firm required his returning to Cleveland to help with the merger of three steel companies—Republic, Corrigan McKinney, and Otis. In the summer of 1934, he got his third assignment, which was to help prepare a study for Marshall Field & Co.

"By then, I was Mr. McKinsey's first lieutenant," Mr. Bower recalled. The firm, in its study, recommended the liquidation by Marshall Field of its wholesale business and the sale of some of its mills as well. Marshall Field invited Mr. McKinsey to carry the program through as chairman.

In 1937, after Mr. McKinsey died, Mr. Bower was made manager of the McKinsey New York office. He has held the largest participation in the partnership since 1940. He is now 63 years old, but Mr. Bower says he has absolutely no plans for retirement.

"We have an architectural plan for succession of management here," he said. "It's all on our drawing board. From age 65 to 70 each partner must be re-elected at the end of each year for the next year and at 70 we are required to retire. But I don't plan to retire from business. I will be a consultant as long as I can."

•

[illegible] three sons having long ago grown up and established homes of their own, Mr. Bower and his wife live by themselves in a comfortable home in Bronxville, N.Y.

The one art object that he owns is integrated into his business. It is an abstract painting he bought several years ago in a London flea market. What persuaded him to buy it was the fact that the artist had titled it "Forces at Work."

It hangs in his office and Mr. Bower says that when he looks at it, he doesn't see a lot of graceful strokes of the brush. Instead, it reminds him, he said, "that there are a great many forces at work within and without" the corporation he advises. And he sets forth each day to make those forces work for him instead of against him.

Marvin Bower, managing director of McKinsey & Co., before abstract, "Forces at Work"

圖3-2　人物：從事管理的諮詢顧問（《紐約時報》，一九六七年七月二十三日）

中，有五條攸關保密、建立信任、避免不當舉止、把當事人的利益放在第一位及自身能耐，其他四條則與創建行業、免受競爭衝擊有關。然而，馬文・鮑爾的例子卻使我們看到，如果一個人看待商業價值觀一如個人價值觀，將嚴格與正直視為自己生活的準則，便可能產生強大威力。他相信，商業價值觀會形成一種心態，指引人們制定決策、採取舉動。它們提供準則，讓企業確定目標及參與競爭、服務客戶的方法，因為企業的長期收益有賴於這些價值觀。它們要求企業精心選擇實現目標的手段，並在過程中發揮指引作用（見圖3-2）。

專業價值觀不同於財務目標。正如馬文經常掛在嘴上的說法，雖然財務考量不能視而不見，但企業的目標不該利益掛帥，否則就無法提供客戶優質服務，最終賺不到大錢。

馬文將商業價值觀，連同奠基於價值觀的思維與信念，融入他與各家執行長的合作中，融入分析和解決商業問題中，融入創建麥肯錫公司這家自我更新機構的過程中。許多商界領袖一再談起，他們從馬文身上學到商業價值觀對領導方式的重要性。

一九五四至一九七〇年，安卓．皮爾森（Andrall Pearson）任職於麥肯錫，之後進入百事公司（Pepsico）擔任十四年總裁兼營運長，最終創辦百勝餐飲集團（Yum! Brands），推崇馬文教會他工作環境的重要性，因此後來他非常注意百事和百勝的工作環境。[22] 英國審計委員會（English Audit Commission）前任主席約翰．班漢爵士（Sir John Banham），盛讚馬文傳授他的知識，影響他創建、掌管委員會期間做出的幾乎所有決策。[23] 資誠聯合會計師事務所（Price Waterhouse）前資深合夥人喬伊．康納（Joe Connor）則嘉許，一九八〇年代早期，資誠得以避免淪於安達信會計師事務所（Arthur Anderson）一夕瓦解的下場，原因之一就是馬文提供他們中肯的建言。[24]

當企業的決策者都能根據一套基本原則做出商業決策，指的是對企業而言真正重要，而且企業也從善如流的行事原則，那麼這家企業就是一間奠基於專業價值觀，不依賴單一領導者的機構，也正是馬文常說的：「在這裡，我們就是這麼辦。」

馬文很早以前就堅信，正直不可或缺，所有企業決策者也都應當遵循一種奠基於互相尊重的商業價值觀，我們可以從他家中的行為榜樣窺見一、二。至於他的商業價值觀，具體形式和內容細節則源自一九三〇年代初期的大蕭條，他在此期間與倒閉企業打交道，再加上當年他在眾達工作、在麥肯錫擔任諮詢顧問前幾年所學到的經驗。

馬文這種奠基於價值觀的領導特性備受推崇、仿效，主要可以歸納成六大要點，其中有幾項要點看似相互矛盾，但馬文卻能在領導時求取巧妙的平衡，進而把零星片段拼接成一幅和諧連貫的領航圖。如果世界通訊（WorldCom）、安能（Enron）與其他在二十一世紀初倒閉的企業，能將馬文的價值觀當作行動方針，它們或許就不會把自己搞垮了。馬文與追隨者所實現的成功，源自以下這幾項奠基於價值觀的領導特性。

一、把客戶的利益放在第一位，公私分離。一九六七年，艾森豪在一封評論領導才能的信中，評價馬文之前提供的建議為「我衷心景仰的前輩諄諄忠告」。艾森豪寫道，馬文曾對他說：「看待工作要如履薄冰，看待自己要如履平地。」[25]這種能耐讓馬文看清自己的優、缺點，而且能為客戶做出最有利的貢獻。

例如，如果某位客戶特別敏感，不肯正視「被事實打敗」的結果，或者行事風格心高氣傲，馬文就會承認，自己不是最適合的人選，反而會讓兩位早期合夥人艾佛特·史密斯（Everett Smith）或卡爾·霍夫曼（Carl Hoffman）接手處理這段關係；但另一方面來說，這並非最符合客戶利益的作法——馬文從不隱瞞客戶實情。

退休的美國運通（American Express）董事長哈維·葛魯伯（Harvey Golub），曾在一九六六至一九七三年、一九七七至一九八三年兩度任職麥肯錫。他回想起一九六六年剛進入麥肯錫的日子，如果有什麼事非得時時刻刻銘記於心，肯定是好好服務客戶：

我正式報到以後，有一天和榮恩．丹尼爾一起外出吃午飯。當時他是紐約分公司的部門主管。用餐時我問他：「榮恩，請問一下，我該怎麼做才能在這裡吃得開？」其實我想問的是，工作要點是什麼。他回答：「長期提供客戶優質服務。」我說：「得了吧，榮恩。快告訴我，你究竟是怎麼混出這麼好的名堂？」然後他說了一些話，像是：「如果你相信什麼旁門左道，你不可能成功。」他沒說如何提供優質服務，也沒告訴我旁門左道是什麼，但是我信他了。他是跟誰學來的？當然是馬文、吉爾．克里（Gil Clee，原為執行董事，後來接替馬文擔任下一任董事總經理），和其他早期的合夥人。

要知道，鮮少執行長能夠創造影響力深遠的理念，即使自己離職多時依然未曾改變。艾佛瑞德．史隆和愛迪生都算，但也就這幾個。[26]

二、貫徹始終卻心胸開放。馬文．鮑爾一貫堅持自己所構思的價值觀、文化和使命，堅持尊重他人。他很清楚自己是什麼樣的人、信奉什麼，也知其可為與其不可為。在馬文．鮑爾漫長的一生中，每個人看到的他從未或變。馬文．鮑爾永遠不會曲意逢迎，對管理界層出不窮的花招總是視若無睹；然而，每一名了解他的人都說，他從不會忽視真正的變化，而且總能從中學到教訓，然後嫻熟掌握。

亞伯特．高登曾在一九三二至一九九四年任職基得•皮博帝，並在一九五七至一九八六年擔任董事長，他眼中的馬文是「善於從傾聽中學習的人，希望知曉所有的事實和觀點，以便更深入了解情況。他不是想聽出話裡的漏洞，而是想學到經驗。」[27]另一個人的說法則看似自相矛盾：「他既稱得上非常保守，卻又可說是心胸開放。但他真的就是這樣。」[28]

在一九五〇年代初期的一次培訓活動中，馬文解釋自己的哲學觀：「我們若想抓住眼前的機會，首要之務或許就是要求麥肯錫的所有成員都保持開放、寬容、靈活的態度。我們內部抗拒變革的阻力有時真是讓人又氣又惱。雖然我們理應避免倉卒決策與輕舉妄動，卻也必須培養出勇於嘗試新事物和新方法的積極心態。」[29]

三、解決問題要以事實為根據，從第一線出發。馬文注重事實的風格堪稱業界傳奇。他總是堅持匯總包括外部事實在內的基本事實，以便爬梳企業行為的背景脈絡，分析事實方向，依據事實追根究柢。他會確保捕捉適切的事實，並採用一種相當有說服力，而且又以行動為導向的方式，完善編排相關概念與細節。在這些方面他堪稱大師。

他還發現，解決商業問題經常涉及外部推動的變革，而最先明白變革必要性的人，往往是站在第一線的員工，比如直接與顧客打交道的業務員，被複雜的設計或過分的維修要求搞得焦頭爛額的機器操作員，他們才能真正實現變革。一九九二年，馬文為麥肯錫公司提供價值宣言的修訂版建議時，第一件事就是訪談第一線的諮詢顧問，以便了解他們如何看待價值觀及其他相關問題。

四、從綜觀大局脈絡和後續行動的角度看待問題與決策。儘管馬文非常注重事實，但他也相信，單靠互不相干的事實無法形成解決方案，相反地，想像力與掌握事實背後的來龍去脈，才有助於想出解決方法與途徑。馬文服務麥肯錫五十九年，他參加的業務會議中，沒有一場不是從詢問某個問題與大背景之間的關係開始，然後就接著問，這種關係應該如何體現在行動計畫中。如果諮詢顧問的分析和建議都被束之高閣，管理顧問的價值和聲譽都會受損。因此，馬文身為這門行業的創造者，始終致力於確保客戶採取相應的行動，它們應該符合企業的使命，並且能夠迅速取得情感與財務回報。

五、激勵並要求所有人做出最佳成績。馬文有一種本事，能讓全體成員感覺到，公司和工作極為重要。對大多數人來說，這種感覺成為工作生涯中的頭等大事。馬文為此所做的貢獻無人能及。他從未停止使用各種方法，努力營造這種環境，無論是隨口的評論、培訓課堂上的宣講，抑或親自撰寫的備忘錄。與此同時，馬文也會表現得不留情面，例如，他認為，連片刻時間都不可以浪費，諮詢顧問就是應該利用午餐時間會見並聯絡老客戶或潛在客戶。紐約的麥肯錫諮詢顧問都不敢找朋友一起去馬文可能光顧的餐廳，萬一被他撞見，搞不好他會提醒所有辦公室同仁，午餐不是社交時間，是大家有效利用時間的機會；之後還可能把你當成時間管理的反面範例，提出來說明一番。

六、反覆溝通公司的價值觀，確保每一個人都能理解、接受並落實為行動。馬文精力旺盛、堅持不懈地宣導構成企業個性的價值觀，但不會讓這些訊息變成陳腔濫調。華倫．坎農說：「他從來不會讓我覺得嘮叨或無聊，因為他會抓住一個又一個事例，闡述訊息的力量，說明開展工作的方法，或是指出我們所犯下的錯誤。大多數情況下，他都是宣揚好消息，公布幸運兒大名。他絕不會放過慶祝成功的機會。每次有同事採取他認為恰當的方式談成一項專案，他知道後都會公諸於眾，而且大加褒揚。如果有同事甘冒失去客戶的風險，只為謀求客戶的最大利益，他知道後也會源源本本講給大家聽。」[30]

如果有人違背公司根本的價值觀，馬文會迅速果斷地採取行動。一九五九年，他就曾藉機將這個訊息傳達全公司上下。退休的艾克美．克里夫蘭公司（Acme Cleveland）董事長查克．艾姆斯（Chuck Ames），除了也是克萊頓．杜比利．萊斯投資公司的合夥人，一九五七至一九七二年更曾任職麥肯錫，他回憶當年的場景：

當時辦公室裡業績最好的諮詢顧問是格里．安林格（Gerry Andlinger）。這傢伙天資聰穎，是當紅炸子雞。當時他正與史壯伯格．卡爾森公司（Stromberg Carlson）合作一項最高管理階層組織專案。他建議客戶展開組織變革、新設一項主管職位，而且還自告奮勇擔綱這份新職。我想他大概沒有提出書面要求，只是在和客戶討論時毛遂自薦。正好大當家道斯．畢比（Dawes Bibby）是馬文的好朋友，他打電話給馬文……說出這件事。馬文求證格里是否屬實，格里說：「沒錯。」於是馬文就說：「你有三十分鐘可以打包走人。你被開除了。如果你需要大樓管理員幫你搬運家當，我很樂意幫忙。你另謀高就吧。」事情就這麼成定局了。

在這家公司裡，格里就算不是第一把或第二把交椅，也是最聰明的幾個人之一。他離開絕對是公司的損失，但馬文根本不為所動。他的立場就是：遵守底限，否則走人。馬文決心昭告所有人，格里的作為不符合我們公司的經營之道。我記得那天是星期五，當晚格里還辦了一場派對，內人和我都去參加。我說：「格里，我聽到消息後，為你感到遺憾。」格里說：「不，他做得對。我違反原則被抓包，活該被開除。」[31]

很多人對此事仍記憶猶新。一九七六至一九八八年擔任麥肯錫董事總經理的榮恩．丹尼爾，現在是哈佛公司成員，至今仍與麥肯錫往來密切，他表示：「我永遠記得，就在公司求才若渴之際，馬文竟然毫不猶豫就把一位頂尖人才趕出家門。他做出這個決定時，連考慮五秒鐘都不必。當我問起這項損失，馬文回答：『你若是不盡全力遵守原則，訂定原則就毫無意義了。』」[32]

早期合夥人艾佛特．史密斯描述他聆聽馬文講話的情景：「我常坐在位子上一邊說：『這傢伙，又來那一套了！』他有一種讓你乖乖聽話的魅力，雖然是老調重彈，就是能讓這些小夥子渾身帶勁地出門去，我也不例外。漸漸地，我就吃這一套了，開始會這麼說：『他提出願景，我們來實現。』」[33]

馬文很能與種種看似矛盾的現象共處，還獲得幾乎所有認識或曾與他共事的人滿心尊敬與信任。一九八七年加入麥肯錫的傑克．鄧普西（Jack Dempsey）如此形容馬文：

他絕頂聰明，極富個人魅力，但我最敬重他的地方是他那說服力超強、不帶一絲情感的邏輯，還有他的真誠，讓人完全消除戒心；他直來直往，不摻雜一點個人私利；他也絕不裝腔作勢、咬文嚼字。（我也很欣賞他）溝通時展現令人難以置信的精確，可是遣詞用字卻很簡單，幾乎都是家常白話……言簡意賅，措詞精準。最後你只會留下一個印象，那就是，馬文絕對是時時刻刻都在思考，如何讓我們更進步。[34]

當今，這種奠基於正直的商業價值觀，以及遵循這些價值觀的規範，比以往任何時候都更重要。隨著企業朝向跨越、連接不同文化和國度的方向發展，溝通的範圍和速度也一再變化，因此，遵循一套有意義、歷久彌新的商業價值觀，指引企業在充滿挑戰和日益複雜的形勢中保持正確方向，其重要性和影響力日益提升。

正如約翰．杜威（John Dewey）在一九〇八年出版的《倫理學》（*Ethics*）（馬文去世之際，書架上還擺著這本書）所說，就語源學而言，倫理和文化是相通的：「『倫理』（ethics）和『合乎倫理』」（ethical），這兩個字都來自希臘語ethos，本意為習俗、用法，特別是指只屬於某些群體，與其他群體迥異的習俗、用法。日後這個字眼被用來表示秉性、特點。」[35]可見，商業價值觀正是創造一家公司文化的來源，而且，正如歷史所示，企業的文化決定它的成敗。

解決問題的共同方式

企業的價值觀維繫著企業個性，始終把客戶的利益放在第一位更是凌駕一切。制定解決問題的共同方式時，必將客戶的最大利益銘記於心。

若想提供執行長最佳服務，就必須站在高階管理者的格局看待關鍵的外部因素，同時還要深入發掘企業內部種種高階管理者通常無法獲知的資訊。唯此，諮詢顧問才能聚焦正確問題並依序解決。

一九四一年，馬文在一次培訓課程中說：

採取高階管理者解決問題的方式必須考慮外部因素，像是產業趨勢、競爭地位等。我們若想建立解決重大管理問題專家的聲譽，就必須能夠明辨、評估各種經濟、社會乃至政治趨勢有何影響。我們提出政策和組織的相關建議時，必須考慮這些因素。

由此看來，採取高階管理者解決問題的方式有幾項基本特點：

一、在確定解決具體問題的方法之前，必須妥善診斷整體情況。

二、必須確定解決問題的先後順序，亦即盡力說服客戶同意按照我們的排序進行。

三、解決問題的過程中得整合各種作法，而且必須體認：1.外部因素在內部問題的解決方案中往往相當重要；2.鮮少有問題能在企業或政府的某個單一部門內獲得解決。[36]

馬文是想要避免一家機構在問錯問題的情況下還說對答案的結果。他總是叮囑麾下諮詢服務小組，務必確保對方問對問題，然後才給出答案，絕不要只治標不治本。他說：「企業倒閉最常見的原因不是針對正確問題給出錯誤答案，而是針對錯誤問題給出正確答案。我見過許多企業屢次建立錯誤的假設基礎，卻據此做出看似最佳的決策，結果是『一步一腳印』，把自己逼進死角。」[37]

馬文也不斷提醒下屬，身為諮詢顧問，他們經常比客戶內部員工更容易找出正確的問題。內部員工比外部諮詢顧問擁有一定優勢，因為了解其中的權力架構，不過，有時也是劣勢，因為往往會認真看待一些實際上只是假設的前提。[38]

麥肯錫若想協助客戶免遭倒閉厄運，找出正確的問題至關重要。早年馬文在眾達和麥肯錫時，就曾親眼目睹一連串企業倒閉的慘狀。他相信，企業倒閉源於高階管理者嚴重脫離現實，不僅包括來自第一線員工釋放出重大差錯的信號，也包括外部的變化和趨勢。每當馬文強調外部因素的重要性時，常會提到車商皮爾斯．雅樂（Pierce Arrow）的故事：

一九三四年，大約是我加入公司一年後，奉命參加一項皮爾斯．雅樂汽車公司的專案。這家車廠已經破產關門。債權人堅持要求我們完成專案，以便確定是否繼續投資。

當時的皮爾斯．雅樂就好比當今的勞斯萊斯，設計出眾、風格獨特，而且深受好評。我們很快就摸透它倒閉的原因，即定價遠高於市場的接受能力，推出較低價產品的時間又太晚，以至於無力回天。我們建議客戶認賠出清，但水牛城當地的銀行卻又注資一百萬美元，結果公司最後還是樹倒猢猻散。

……我近距離觀察企業巨人的痛苦死亡，這過程在我的記憶中烙下深刻印記，讓我這管理學初學者領悟到一個別人早已明白的道理：

任何企業想成功，都必須隨時有效因應環境變化。[39]

馬文看到，外部變化的速度不斷加快，為眾多企業帶來嚴峻挑戰。一九五〇年代，馬文經常引述查爾斯・斯諾爵士（Sir Charles Snow）所著《兩種文化與科學革命》（*The Two Cultures and the Scientific Revolution*）中的一段話：

整部人類歷史走到本世紀為止，社會變化的速度都相當緩慢，以至於個人未曾留意，自己的一生究竟有什麼變化。以後不會繼續這樣下去了。變化的速度已經快到我們的想像力跟不上的地步。在未來十年中，社會變化將創下空前紀錄，被影響的人口也一樣。到了一九七〇年代，肯定還會出現更多變化。[40]

外部變化不斷加速所造成的商業問題，必須採用集大成的方式解決。馬文的集大成理念主要源自詹姆士・奧斯卡・麥肯錫，後者的著作《預算的控制》（*Budgetary Control*）被譽為預算會計的開山傑作，他視會計為一種整體式、整合式的企業管理輔助機制，也就是總體調查題綱。這是麥肯錫首創的諮詢工具，用以預先了解企業的整體情況，然後才著手解決具體問題。[41] 林德爾．福恩斯．厄威克（Lyndall Fownes Urwick）在講述頂尖管理者生活和工作的《管理備要》（*The Golden Book of Management*）中，如此描繪麥肯錫：

他（麥肯錫）參透這項一統化的原則之後，其思想水準就遠遠超越同一時代大多數管理人士，這些人接受工程學訓練，但他卻吸收法學和會計學教育，因而能將企業視為一個整體。他具備這種對企業整體性的認知，加上他身為諮詢顧問的實際經驗，因此能對管理思想和實踐做出獨特貢獻。[42]

以行動為導向

馬文提倡的解決問題方式，核心便是從正確的角度出發，解決正確的問題。然而，一旦解決方案被束之高閣，就算內容再精采也於事無補。這正是馬文加入麥肯錫公司後沒多久就遇上的事件，讓他從此絕不再忘記推動客戶採取行動：

回顧一九三三年，我搭夜間火車從克里夫蘭出發，第二天要到紐約報到。我在車上巧遇一家在地銀行當時的副總裁艾姆斯．科尼（Aims C. Coney），不過現在他是匹茲堡梅隆銀行（Mellon Bank）副總裁，而且是兩家客戶企業的董事。當時他問我要去哪裡，我就說我加入一家管理工程事務所。這是當時管理顧問的叫法。

艾姆斯的評論至今我記憶猶新。他說：「管理工程師的通病就是，他們寫好裝訂精美的改進計畫書，然後就轉向其他案子。我的桌上至少就擺著六份報告，內容看來都是很好的建議，可是沒有人接手執行。如果你的這家新公司能讓客戶切實執行建議，那肯定前景無量。」

很自然地，第二天一早我進公司報到後就開始研究，我們自己執行建議的情況，結果令我大失所望，一樣沒什麼值得說嘴的地方。實情是，外界的批評一點也沒錯。[43]

要想讓客戶採行建議，最好這個建議就是出自客戶自己的手筆。基於此，與客戶成為夥伴共同工作的概念於焉誕生。如果客戶覺得諮詢顧問的努力跟他一點關係都沒有，不論建議有多麼正確可行，很可能都會被認定問題重重或不夠中肯。哈維．葛魯伯記得當年還是麥肯錫的合夥人時，為了與海灣石油公司（Gulf Oil Corporation）建立正確的工作模式而毫不讓步：

我受邀造訪匹茲堡的海灣石油，拜會名叫湯米．李（Tommy Lee）的總裁。他想著手一項策略專案，那是海灣石油四大主要業務之一……他指出，那項業務當時的主管再幹個一年左右就退休，會有其他人選接任。屆時，在策略底定的情況下，新主管可以好整以暇地掌握未來藍圖。我告訴湯米，不該這麼做……而是先想好接班人，然後指派他參與專案小組工作，如此一來，將來這項策略就歸屬於他，自然會貫徹執行。可是湯米說他覺得不妥，他不想照辦。

我很失望，然後就回紐約了。馬文問起過程，我解釋前因後果。他聽完後毫不猶豫地對我說：「幹得好。」然後，他寫了一份備忘錄寄給全公司，解釋為什麼不接海灣石油的專案是正確之舉。差不多過了三個月，我接到湯米來電。他說他們重新考慮過了，認為我說得對。他還說，他們已經選好接班人，問我現在是否願意加入那項專案，好讓接班人以專案經理的身分和我一起工作。我說：「當然，我們已經開始了。」我又把這件事告訴馬文，他說：「太棒了！」然後他又寫了一份備忘錄，劈頭就說：「想必你們還記得，三個月前我提到哈維和海灣的事情，現在我將後續情況報告如下。」[44]

馬文一再強調，要敦促客戶採取實際行動。他在一九五〇年代的一場演講中說：

> 未來二十年裡，改善我們企業個性的最佳機會就是，加快腳步，敦促客戶具體落實我們的建議。就這方面而言，我們還有許多學習空間，而在培養談判與說服的技巧和勇氣方面，則是差得更遠。[45]

優質又敬業的菁英人才

馬文早年在眾達的專業工作經歷使他堅信，就一家專業機構而言，最重要的資產莫過於良好的聲譽，以及員工的素質與專業水準。當然，這兩項資產相輔相成，因為良好的聲譽，在很大程度上取決於公司每一名成員留給他人的個人印象總和。

馬文要建立一家能吸引並留住優秀人才的企業，培養並發揮他們的專業技能，讓他們為企業博得良好聲譽。這樣不僅可以提高企業外部聲譽、擴大客戶基礎，還可以增強麥肯錫公司持續吸引優秀人才的能力。

若想吸引並留住最優秀的人才，就有必要打造一家讓聰明人為文化、職務內容及商界影響力深感驕傲的企業，還要讓他們自覺是一家正當合法、備受尊敬的企業裡的一分子。馬文預見，大力投資培訓工作，並把自己的時間花在公司員工身上，公司成員將不會短視近利，而會真正為後繼者關注公司的生存和永續發展。

當然，諮詢顧問也應該享有合理的收入——不是像企業家那麼有錢，但應該和律師或醫生不相上下，足以使他們生活富足。此外，馬文還需要創造一個幹勁十足的最佳人才庫，不單是個人素質高，還必須能夠採取符合企業個性的方式高效協同合作，並與客戶合作無間。這意味著，他們必須直接走進校園招募人才，而不再是找已經有粗淺經驗的「專家」。根據馬文在法律業中所見所聞，他認為想像力遠比經驗重要。

與公司價值觀／文化一致

馬文求才對象要能與上自執行長、下至第一線工人相處融洽，而且必須相信並堅守企業的價值觀：它們愈是能被闡明和應用，就愈能夠吸引到優秀的新員工和優質的新客戶。

馬文在一九五四年的一場演講中，串連起文化和人的關係：

如果資深合夥人和合夥人在工作時能恰如其分地展現專業，就能大幅降低員工流動率。所謂專業，體現在以下方面：

一、看到「高手」漂亮地完成工作，會讓其他人信心大增。

二、如果諮詢顧問看到公司憑藉出色業績，因而實實在在地成長，就會對公司產生信心，也就不會輕易跳槽了。

三、全心全意地關注「專業作法」，會給公司帶來真正的「格調」，有助於提高全體員工士氣。

四、婉拒雙方談不攏的專案可以體現公司本身的自信，而且也有助於提高士氣，留住諮詢顧問。[46]

事實上，為了留住人才，令他們甘願獻身於麥肯錫，獻身於這門既新，早年又毫無建樹的行業，文化／價值體系至關重要。約翰．史都華曾有這樣一段經歷：

我一進麥肯錫，就加入研究哈里斯打字機公司（Harris Intertype）與伊特克公司（Itek）可能合併的專案，三、四個星期後，我們走進馬文的辦公室，圍坐在他的圓桌展開討論。

我們首先討論草稿。我那時只是實情調查員，根本談不上什麼經驗。以前我也經歷過企業合併，但沒有真正經手過。不過，當馬文說明伊特克時，我覺得他說錯了。只是因為我以前待過層級分明的公司，所以不會出言反駁不熟的人。不過，我也聽說了，在麥肯錫可以直言無諱。我一邊靜坐著聽他花一個小時與其他小組成員重新推敲觀點，一邊蒐集正確事實。

最後馬文說：「都沒問題了吧？」這時我才說：「鮑爾先生……」他馬上打斷我，要我叫他馬文。我惶恐地說：「不，先生，我覺得有問題。」接著解釋為什麼我們應該得出一個不同的結論。馬文說：「是這樣啊，謝謝你。」然後他就劃掉剛剛寫下來的筆記內容。我當時心想：「哇塞，不一樣就是不一樣。」這一切至今歷歷在目，我的印象太深刻了。想想，那是一九六一年的事，距今已經四十一年了，我還記得清清楚楚。因為他真的說到做到，而且為一名年輕的諮詢顧問以身作則，展現這家企業的風範。真的是讓人印象深刻。[47]

佛瑞德・格魯克曾於一九八八至一九九四年擔任麥肯錫的董事總經理，至今仍為麥肯錫提供建言，他描述自己在一九六七年如何體認麥肯錫的價值觀，並且深深為它折服：

我曾參與玻璃纖維公司歐文・康寧（Owens Corning）的策略開發研究小組，當時小組未能為客戶創造正確價值。有一晚我正往外走時巧遇馬文，他問我工作進展，我就據實以告。隔天早上八點，我一進辦公室就看到桌上擺了張字條，要我去見馬文。我心想：「天啊，我要丟飯碗了。」我走進馬文的辦公室時，他正和負責專案的合夥人羅德・卡內基（Rod Carnegie）通電話，討論後續的正確作法，最後決定，當天以前的服務都不收費，往後幾個月則是要修正我們的工作。當我走出辦公室時，心裡想著：「這才是我願意效命的好公司。」[48]

麥克・史都華是在一九五二年加入麥肯錫，他覺得，麥肯錫人有很多獨特之處：

第一個讓我開心的經驗是沒有上司，也沒有下屬。我曾經在軍中服役六年，然後進了廣告代理商，接著又在造紙廠擔任高階主管，就屬這裡讓我打從心底開心，因為沒有上司。還有就是每個人都有表達異議的義務。這是馬文的原則，他直接下令。如果你解讀他的原則就會發現，他從自己接下第一項專案就開始表達異議，因此奠定這些原則的基礎。有膽量表達異議的人簡直是鳳毛麟角。49

馬文不僅尊重表達異議的權利，還願意放手讓同僚試驗他不認同的作法，讓他們自己從經驗中學習。一九六三年加入麥肯錫的退休資深董事昆西．漢希克，舉了一個很有說服力的例子：

> 當年羅德．卡內基還是一位新手合夥人，曾和我一起提議向一家正在重組的企業收取股票當作報酬，而非服務費。馬文對此很開明，他說：「我不會這麼做，因為我覺得我們這一行不該這樣做。我反對，但如果你們覺得沒問題，想試試看的話，那就試試看。」他真是了不起，因為他生性十分保守，卻願意冒巨大風險。他的想法是，就算你失望而歸，至少也學到教訓。如果我先告訴你後果，還阻止你嘗試，你肯定學不到這麼多經驗。當時的情況尚可掌控。最後的確行不通，我們倆也都學乖了。不論你自以為多聰明，總有些事情辦不到，所以，千萬別高估自己，以為有創造奇蹟的能耐。50

顯然，員工覺得麥肯錫公司這種沒有層級的架構很新奇，因而激勵了他們。馬文取得公司所有權時就宣揚，他要「招募那些具備我們欠缺的知識、比我們優秀的人才」。大衛．赫茲（David Herts）是經營研究領域的先驅之一，他回憶一九六二年被馬文錄用的情形：

> 馬文有一點畏懼科技，而我專門搞技術。他意識到有必要開發一些解決問題的工具。我們第一次碰面時，馬文想明白所謂的經營研究是什麼玩意兒。馬文是個好奇寶寶，我們一下就聊開了。他很

想知道我到底懂些什麼、怎麼懂的，哪些我懂的知識也是他應該懂的，然後這些知識對管理有什麼幫助……[51]

馬文的私人培訓

馬文不僅致力發掘比自己員工更優秀的人才，而且還大力培養人才，除了正規培訓，更利用個人時間提供幫助。

馬文一九三三年加入麥肯錫時，公司只有一項正式的培訓工具，即詹姆士・奧斯卡・麥肯錫的總體調查題綱（General Survey Outline）。不過麥克（即詹姆士・奧斯卡・麥肯錫）很注重培訓。事實上，當時多數人與麥肯錫公司的第一次接觸就是在培訓課堂上。馬文還記得他正式上班前，為期三週的總體調查題綱使用方法培訓：

> 我依稀還看到、聽到詹姆士・奧斯卡・麥肯錫為我們講解商業問題的複雜性和相關性，以及如何使用總體調查題綱解決這些問題。我清楚記得，當時我全神貫注，唯恐麥克會點我回答個案問題。雖然當時我只是新手諮詢顧問，但不會因此就被忽略。[52]

這些早期訓練可不是隨便說說而已，馬文和很多老麥肯錫人總是先使用這套工具全面分析客戶當前的狀況與潛力，然後才著手定義手邊的問題。

在擴大設計培訓課程的內容時，總體調查題綱依然扮演核心作用。正如一九四一年馬文在一場培訓課程所說：

若想採取高階管理者解決問題的方式，總體調查題綱依然是首選工具。順著總體調查題綱的思考架構就會考慮到各種外部因素，而且不會在通盤考量政策與組織問題之前就開始解決程序問題。[53]

一九四九到一九五七年，月度培訓課程的重點都聚焦在實現變革。馬文堅持，那是必學的最關鍵能力，彼得．杜拉克（Peter Drucker）也經常參加，而且帶領其中一部分培訓課程。根據幾年後成為麥肯錫培訓主管的哈維．葛魯伯說，內部培訓區分為若干階段，足以把一名完全生手培養成合格的諮詢顧問，更進而成為諮詢顧問的主管，乃至於諮詢顧問的領導者。這就是培訓的重點。但培訓的內容不僅止於此，過程中還得反覆灌輸公司的價值觀，讓你無論到公司何處，大家都採取相似的模式思考，漸漸地你也會接受這種思考方式。也就是說，就算你來自紐約分公司，派到日本的麥肯錫分公司接案，你還是像在原來的地方工作，而不是去了一家採取日本作風的分公司。那等於是用同樣方式做事的同一家公司。但所謂相同不是機械式的，而是相同的廣泛思考方式。這正是麥肯錫的力量之源。正如哈維所說：「培訓課程不僅發展技能，更是一個文化傳承的過程。麥肯錫的慣例之一是讓公司的領導者親身教學，我在美國運通也比照辦理。我們的培訓課程至少是由高階管理者發動，而且最初幾堂課也由他們起頭。」[54]

馬文衡量培訓是否成功的關鍵指標之一就是文化傳承過程，或稱為「組織社會化」（organizational socialization），這個概念來自麻省理工學院著名的組織行為學家艾德．施恩（Edgar H. Schein）：

組織社會化就是「熟練訣竅」的過程，亦即接受灌輸與培訓的過程，可說是學到組織內最重要事務的過程……這個概念指的是，新成員學習組織或群體認為他必須學習的價值體系、各種規範和行為模式的過程。新成員必須經過這種學習，才會被接受為組織成員。[55]

教學不只發生在正式的培訓課堂上。馬文隨時都願意提供指導，他也鼓勵別人這樣做。正如下述故事，他非常願意花時間在自己人身上。飛機製造商瑞克夫（Rekkof，前身為Fokker福克公司）董事長卡雷爾．鮑維（Carel Paauwe），一九七〇至一九九八年曾在麥肯錫工作，至今仍清楚記得二十年前的一件事。當時麥肯錫合夥人在荷蘭舉辦一場大會，其間他因病住院。儘管那時馬文高齡八十，但每次召開這種大會時，他說什麼也要參加。鮑維見到馬文竟從一百公里外的會場趕到病房來探望，著實大吃一驚。馬文熱情問候他，還祝他早日康復，隨後問他當時誰負責招聘，情況如何等。

馬文待了一個半小時，強調招聘工作對麥肯錫的未來至關重要，還叮嚀我，這項工作不能交給資歷粗淺的員工。妙的是，他……更對著我條理分明地解說徵才工作的十大戒律。他說，你有沒有想過這麼做？試試看。恰好全都是我們今天認為理所當然的事情，像是招聘的重要性、拒絕不合適人選的重要性及拒絕的方式，再加上做決策時需要注意些什麼事項等。隔天上午，馬文送了一張親筆撰寫的條子，特別強調前一天討論的要點，還針對幾處詳加說明。[56]

鮑維意識到，這次拜訪帶有另一層深意：

他親自示範什麼是真正的關心，我切切實實感受到那種溫暖和關懷；但另一方面，我也明白，這份關心會索求回報。那天我們討論的都是正經事，他不只是前來表現友好關切之意而已。他的作為帶有目的，隱含其中的意思就是：沒錯，我很關心你，但我也會要求你拿出表現。無論是執行專案、吸收知識或體認公司價值觀。他的一舉一動都帶有超級強烈的目的性。[57]

成就事業的機構（Career Firm）

若想在麥肯錫飛黃騰達，就得相當程度地投入、認同公司本身與企業個性，還要有打定主意扎根發展事業的心態。馬文說這源自詹姆士．奧斯卡．麥肯錫。他認為，麥肯錫清晰地洞見到：唯有找進充滿幹勁的人才，願意把握機會在麥肯錫發展事業，才能打造出最棒的企業。[58]

馬文信奉這個理念，久而久之，公司的人事政策和方案隨之強化，而自身的經濟實力也持續增強上述理念的功效。馬文曾無比驕傲地說：「我敢說，在我們這一行，沒有其他公司像我們這樣，真正致力於打造事業機構或經營這個理念。」[59]有趣的是，儘管如此，每六名新進員工中，只有一名會在麥肯錫工作超過五年（這家企業有一項業界周知的「不晉升就出局」政策）。有些合夥人推估，如今，加入麥肯錫公司的新手中，八成以上半年後會將這家公司視為事業。[60]

綜觀當今的商業環境，各行各業都在爭搶優秀人才，麥肯錫能創造高員工投入程度堪稱難能可貴。正如馬文所強調，投入是雙方相對的。員工加入麥肯錫時，很自然會期望在此功成名就；如果員工決定離開，也希望他們能和麥肯錫保持終生聯繫。另一方面，這種高投入程度的員工幹活時往往也特別賣力。馬文總是希望，離開麥肯錫的前同僚都能找到好工作。[61]

健全的經濟

健全的經濟是創建事業機構並維持長盛不衰的關鍵，但是馬文・鮑爾在關於企業的願景中從未明確提到這個特點，箇中原因馬文自有考量。他認為可以依靠良好聲譽和傑出人才，但如果依賴財務目標，會影響公司保持獨立的能力，也就無法為客戶提供最有價值的服務。一如既往，馬文終身貫徹這項信念。

一九九〇年，高齡八十七歲的馬文參加一場麥肯錫資深董事大會，其中一位資深董事提起改善經濟狀況和麥肯錫的業務體系。馬文向當時的董事總經理佛瑞德・格魯克說：「我不是資深董事，但我可以說幾句話嗎？」[62]佛瑞德說：「當然可以。」馬文站起來說：「一間專業機構怎能有什麼業務體系呢？我認為，敝公司的合夥人之間不應該討論改善經濟狀況這類問題，反之，應該討論的唯一主題就是提供客戶更好服務的作法。如果我們辦得到，收入就不虞匱乏了。但如果我們一心只向錢看，不僅跑了客戶，也別想有收入。」說完馬文立即就坐。佛瑞德・格魯克回憶：「……討論就此打住，因為他一語中的。」[63]智慧流科技（Smart Stream Technologies）董事長諾曼・布萊威爾勛爵（Lord Norman Blackwell）在一九七八至一九九五年曾任職麥肯錫，他回憶：「這件事深深烙印在我的腦中。當時整個業界，乃至麥肯錫的許多重點和同行壓力，都聚焦在經濟狀況和業務層面。開始討論有關業務體系時，我雖然覺得怪怪的，但又覺得好像沒有資格反對。當馬文挺身而出，我心裡為他叫好。他三、兩下就釋放了會議室裡的壓力。我備受鼓舞。」[64]

儘管馬文渴望創造一套價值體系，把提供客戶優質服務當成衡量成功最根本、最重要的標準，但他也很腳踏實地。當他和合夥人買下麥肯錫時，麥肯錫的經濟狀況並不好。曾與馬文共同參與幾個客戶專案的前麥肯錫資深董事史蒂夫．華萊克回憶說，馬文很注重經濟的穩定性。他問馬文為什麼不把公司改名叫鮑爾公司，馬文怯怯地笑說：

當初麥克離開麥肯錫，轉戰馬歇爾．菲爾德擔任董事長時，也把錢帶走了。銀行戶頭裡的錢不夠付下個月的工資，而且房租也該交了。我想不起來當時的客戶情況如何，但記得不算好。合夥人和我得一家家登門造訪，拍胸脯保證，儘管臺柱離開了，但一切沒問題，請客戶繼續和我們合作下去。雖然我不姓麥肯錫，但身為一家之主，非得帶進一些新業務不可。

當時我就下定決心，絕不讓我的接班人費事解釋，為什麼這家公司不以他的姓氏命名，所以我們一直沿用原來的招牌。我從未因此後悔。[65]

在捉襟見肘的情況下，馬文只得快馬加鞭穩定財務狀況。與此同時，他還要注意維護公司的獨立和其他重要的價值觀。馬文接手麥肯錫公司還不到一年，就建立以價值為基礎的收費方式，並據此向客戶收取服務費。這種作法與當時主流的按日計酬方式相左，但是馬文覺得，按照客戶所獲得的價值計費才是公平之道。如此一來，公司就能有效管理費用，而諮詢顧問則被要求把客戶的錢當成自己的錢一樣精打細算。

馬文在眾達時就發現以價值為基礎的計費方式行之有效，麥肯錫是一家專業機構，也理當如此。

一九八五年，馬文解釋道：

一九三九年，我們起步時採用按日計費，這是當時會計和其他諮詢公司的通行作法，只要把天數乘上費率就是應收金額了。一九四一年前後，我說：「這種作法太荒唐了，我們得改過來。你不能按照時數計算價值。律師不是這樣計價的，我們也不應該這麼做（至少當時確實如此）。如果我們花了大把時間卻創造不出價值，怎麼可以向客戶收錢。」結果我們合夥人之間爭論了許久，究竟要改成按雙方約定的總額收費，還是改成預估時程、按月收費，廢行每日費率。採用雙方預先約定的總額收費方式風險很大，因為我們不知道過程中會碰到什麼問題，但爭論完後，我們總算取消按日計費的方式。

有些合夥人擔心客戶不喜歡這種方式……但事實證明是瞎操心。這種作法考驗諮詢顧問的勇氣、合夥人對價值、對自己的信心問題。它來自於法律界。

當今法律界已經退步到按時數而非天數收費了，但是當年我在眾達執業時，我的導師金恩就說：「你為工業人造絲公司（Industrial Rayon）做了不少工作，這是總工作時數，按年計費的話大約是八萬美元。你要收多少？」我說：「我們這也做、那也做，最後結果對他們很有價值，我覺得根本無法用時間衡量。」他說：「言之有理。那不然你就開個數字吧。」我說：「我開九萬美元。」他說：「這一點就錯了，得開十萬美元。」然後他就開出十萬美元帳單，說：「如果他們來了……對金額有意見，」他會說，「你們就拿筆把最下面的總數劃掉，填入覺得合適的金額，如果合情合理，我們就接受。要是你們填個二萬五千美元，我們就會說再也不為你們服務。但只要這個數字是你們真正認為公平的，那就是你們說了算，我們絕無二話。因為我們希望客戶滿意我們的收費，並認為我們值得那筆錢。」果然沒幾個人真的會提出異議。66

馬文始終奉行這種按價值收費的規則，也總是很留意客戶是否覺得費用合理。約翰．史都華還記得，有一次，馬文和喬治．戴夫利（哈佛校友、哈里斯打字機公司董事長）談判，過程清楚體現了馬文的這項理念：

喬治和馬文之間的談判大概是這樣進行：「這樣吧，馬文，你能否在未來兩、三個月內告訴我該不該與伊特克合併？」「沒問題，喬治。」「那你要收我多少錢，馬文？」「算算看，我們得派幾個人進行，外加一位合夥人。這項工作很有價值，所以我想這項專案可能得收一萬美元。」喬治說：「哇！馬文，我以為五千美元就綽綽有餘。」馬文說：「不然這樣好了，喬治，我們各退一步，七千五百美元。」當時我就想，這真是太妙了。我和陸軍導彈司令部（Army Ballistic Missile Command）談判時也從沒這麼輕易就讓步，不過我可能也不敢喊出那麼高的價格。67

馬文以一種非常務實的方式確保公司成功管理費用，即刻意僱用具有成本意識的員工，尤其是艾佛特．史密斯。大家都很尊重他，他會要求你解釋每一筆費用的名目。還有吉爾．克里，他有財務方面的背景，當一九五六年麥肯錫改制為私人持股的公司時，他花了許多功夫設計財務架構。

此外，馬文會把握每一次機會，提醒諮詢顧問有責任為客戶降低成本。唐．高戈提起一次新人午餐會上的趣事，當時唐還是麥肯錫的暑期實習生。

馬文說：「大家都記住，和客戶一起用餐時，點特惠餐對你、對公司都好。」他接著說：「記住，雖然我們會區分專業服務費和相關雜費，但客戶看的是總額帳單。當然，我們創造的價值愈高，客戶付出的總成本就愈低。所以，如果你和客戶一起吃飯，菜單上正好有合適的特惠餐，那你就絕對不該點貴的東西。」結果，當然所有人都會翻遍菜單尋找最便宜的餐點，即使根本沒有客戶在場。我看過的菜單即使沒有幾千份，恐怕也有幾百份，但每一次點餐時都還是會想起馬文，然後就去找特惠餐，一邊還會問自己：「馬文會怎麼說？」「點特惠餐就是了。不要看什麼多佛鰈魚，太貴了。」68

以價值為基礎的計費方式，加上有效的費用控制，結果證明是頗為成功的作法，讓麥肯錫的成員獲取合理的收入，又不需被迫犧牲公司的自由和獨立。正如馬文常說，雖然公司必須打好一定的經濟基礎才能生存，但是過分追求收入目標、盲目接受無法為客戶創造價值的專案，反而會引發嚴重的負面影響。具體而言，這麼做會破壞公司聲譽，損及公司未來的員工，甚至斷送大好前途。其實，這種作法不僅對管理顧問公司很有道理，放諸各行各業皆準。

麥肯錫也讓奧美廣告公司（Ogilvy & Mather）創辦人之一大衛・奧格威（David Ogilvy）獲益匪淺：「馬文・鮑爾……認為每一家公司都應該白紙黑字寫下一整套原則和目的，所以我也草擬一份，然後請馬文賜教。我在第一頁寫下七大目的，第一條就是『年年實現獲利成長』。馬文把我臭罵一頓，還說，任何一家服務機構如果把獲利看得比服務客戶更重要，那就活該關門大吉。於是我就把利潤改放到第七條去了。」[69]

永不自滿

馬文曾經目睹許多大企業因為驕傲自滿，又與日新月異的外部現實環境脫節，終至走向絕路，他知道麥肯錫必須避免前車之鑑。一九六〇年他寫道：

我們這一行不是一成不變，因此得不斷推動管理技術進步，這是我們的利益之所在。這樣我們不僅能確保自己具備提供優質服務的能力，還可以為自己帶來興奮感和滿足感，並啟動我們的思維。我們是管理界理論與實踐之間的天然橋梁，必須善加利用這個獨特的地位。[70]

絕不故步自封，意味著要放開胸襟，勇於面對批評。資深董事克雷．多奇（Clay Deutsch）曾在一九九三至一九九九年執掌克里夫蘭分公司，二〇〇一年執掌芝加哥分公司至今，他記得：

有一次馬文赴克里夫蘭拜訪凱斯西儲大學。雙方淵源頗深，他們很崇拜馬文。他說想進辦公室到處看看。我就說：「馬文……我想召集所有合夥人，大家一起共進晚餐。我希望他們都有機會像我這樣直接傾聽你的想法……你可以分享領導力、工作熱情的重要性，如何才能把一家公司帶得更好，如何建設並領導一家分公司等。」就這樣，我們說定了。他說：「好，就這麼辦。」

說巧不巧，他來的那天，《華爾街日報》（*The Wall Street Journal*）登了一篇無中生有的負面報導，說我們公司迅速成長，日益複雜化、國際化，可能會因此失去自己的價值觀，導致官僚主義抬頭，聯繫薄弱與離心傾向將可能損及公司的一體經營。我覺得，文章的字裡行間甚至暗示我們的商業化趨勢和業務壓力一再加劇。

我到機場去接馬文，沒多久他就提起我們應該如何看待這篇文章的問題。我當時還沒有認真想清楚。然後我們進了一家很高雅的餐廳，所有合夥人都已經到齊，正端著雞尾酒相互交談。餐會開始大約十分鐘後，馬文說：「先生們，請注意。我相信各位都已經拜讀過今天《華爾街日報》關於我們公司的那篇報導。說實話，我們今天晚上要辦正經事。大家請就座，我們馬上開始。」房間裡頓時鴉雀無聲，大家各自就座。這是我最佩服他的一點，他沒有反唇相譏那篇文章，而是認真地聽取每條意見。他的大意是：「先生們，我們對於這篇文章應該是有則改之、無則勉之。對於他們所描述的種種風險，我們應該非常積極警醒、防微杜漸。所以我認為，我們得商討對策，應當如何挺身而出指引方向，不僅要起身抵制，而且要帶領大家擺脫層級制和商業化的傾向，秉持我們的價值觀和一體經營的理念。」

他的根本主張是，你若是麥肯錫的合夥人，唯一義務就是讓公司變得更好。我們要保持麥肯錫永續經營，不僅僅是每日開張而已。若想永續經營，每一位合夥人都必須努力讓公司變得更好。

領導層換血

馬文．鮑爾很重視領導層換血，這一點就和他願景中的許多組成元素一樣，也是來自職涯早期正、反方面的經驗。正面經驗是，他深知提供他人領導機會的好處，因為早年他在眾達就親身領受過，而且詹姆士・奧斯卡・麥肯錫也給了他同樣的機會。反面經驗是，他曾目睹許多企業凋零的原因，正是缺乏足以擔當大任的新領導層，好比許多律師事務所在開辦人辭世後也跟著步入歷史。

馬文累積豐富經驗，深知麥肯錫若想生存、茁壯，隨時培養全新領導隊伍有其必要，為此必須擬定一套因應機制。華特曼集團（Waterman Group）董事長鮑伯・華特曼（Bob Waterman）曾於一九六四至一九八五年任職麥肯錫，他在共同著作《追求卓越》（*In Search of Excellence*）中說：

> 馬文具備非凡的遠見，這一點可能和他的法律背景及經驗有關，因為他親眼目睹許多合夥制企業如何自取滅亡：往往是一位或一群合夥人把持過多控制權或財富，捨不得放手往下傳承，於是代表企業未來的年輕一代心懷不滿。這是屢見不鮮的致命問題。馬文明智地在麥肯錫制定出一套組織制度，包括馬文自身在內的任何人都不可能獲得過多控制權。公司每三年改選董事總經理（這個職務相當於一般企業的執行長）；除了限制個人的任職屆數，也限制任何單一個人所能擁有的股數。這種作法催生了菁英治理的制度，即使看似高高在上的資深董事，也別想尸位素餐吃閒飯。這裡的企業文化注重業績，不看誰得寵，馬文、吉爾・克里和其他幾位老臣建立這一切，自己也付出不小的代價。我一直牢記，榮恩・丹尼爾強烈要求我們，將根本策略與自我管理的方式緊密結合。這些話聽在我們很多人耳裡有點索然無味，但它與馬文的思想一脈相承，而且說得對極了。[72]

事務所若想為客戶創造正當價值，實際上就必須變成一間領導家工廠，保證接受諮詢的企業能培養出未來所需要的新一代領導者。所以，馬文很自然地把培養、支持領導者這件事，視為企業經營中最重要的任務之一。一九六〇年他寫道：

> 領導技能是相當個人的特質，而且極罕見，所以討論起來頗有難度。當然，真正的領導者都非常謙卑，不會自稱為領導者；而且，領導能力並非職權，無法傳授他人。主管往往不願意明白告訴下屬，他們的問題在於無法展現一種自身可能根本不具備，或是無法培養的個人技能。因此，雖然領導能力是所有企業最重要的資源，這些微妙的因素卻往往使它得不到足夠的關注，除非現任最高領導人為此發起有組織的行動。[73]

根據馬文的經驗，培養領導能力的任務雖然艱鉅，但是如果能從合適的菁英人才著手，將會容易很多。他相信，傑出的管理者培育自強健的幼苗，他們必須得到在健康工作環境中成長的機會。

馬文接著指出，另一項關鍵因素就是企業得經營順暢，強健幼苗才會處處湧現。他相信，運行得當的企業無須特別著力，自然就能產生優秀的管理者，而特別花費心思培養則是增加產出優秀管理者的數量，並加快他們的成長速度。管理人才的成長動力主要來自於：

一、感受監督和履行職責的真正重要性。
二、良好的領導與指導，包括直屬長官的指導。
三、運行得當的企業氛圍，本身就能鼓勵管理人才的成長與發展。[74]

馬文總是不遺餘力地為他人提供領導機會，不管是領導分公司、諮詢業務，還是領導眾所矚目的大會或分公司內的簡單專案。他在這個方面總是敢於冒險。他願意把寶押在合適的人身上，並且積極為符合公司願景的活動提供支援。比如當羅德．卡內基必須回澳洲時，吉爾．克里想要馬文批准羅德在澳洲開設第一家麥肯錫分公司，馬文一口就答應了，而當時羅德還只是一個任職三年的諮詢顧問。一九六二年，安迪．皮爾遜想要成立一個行銷組，馬文鼓勵他放手去做。安迪和新成立的行銷組與通用食品合作，先是創造出直接產品盈利性的概念，後來又開發出現在無所不在的通用產品代碼系統。馬文當初雖然懷有疑慮，但是仍然很支持他們的工作，他覺得這就是把舊的工業方法移花接木到消費類產品上去。結果這個系統大獲成功，到四十年後的今天仍在使用。在這兩個事例中，馬文原本都是持懷疑態度的，但是一旦批准之後，他對羅德和安迪都積極支持，不僅做他們精神上的堅強後盾，而且鼓勵最優秀的人才加入他們的工作。

無論是培養麥肯錫的新一代領導人，還是社區或其他組織的領導人，馬文總是事必躬親。唐．高戈說，馬文在這一方面非常執著：

我離開麥肯錫後，轉戰投資銀行基得．皮博帝。馬文聽說我要搬到布朗克斯維爾市……這就是馬文的作風，他打電話給我：「唐，我聽說你要搬到布朗克斯維爾市去，我們找個機會聊聊布朗克斯維爾市吧。」（馬文曾經在那裡住了五十多年。）於是我們找了一天共進午餐，當然是特惠套餐。「我告訴你一些布朗克斯維爾市的背景吧。」然後他就為我介紹了一番。他說：「我想告訴你一些我覺得你和嫂夫人應該在布朗克斯維爾市發揮作用的領域。」他才不會問些「你會想投身社區服務嗎」、

「你對哪些方面感興趣」這種問題，反而是假設：你肯定會參與社區生活，而且你當然要在最重要的領域中出一分力。管你對什麼感興趣，我來告訴你什麼才是最重要的事，你照做就是了。你怎麼可能拒絕得了馬文呢？……他說：「你或嫂夫人應該參加學校管理委員會。但是不必操之過急，可以先等幾年，摸熟社區的情況後再說。」於是在我們搬到布朗克斯維爾市五年以後，內人進入學校管理委員會服務了六年，其中有三年擔任布朗克斯維爾市學校管理委員會理事長。馬文說的沒錯，布朗克斯維爾市圍繞著學校運作。

馬文說，對布朗克斯維爾市的未來而言，當務之急是，鎮上的各個領導群體都要吸收年輕一代，讓他們通盤了解社區服務和公益精神。因為這些事務與觀念都需要代代傳承。馬文並不是因為自己古道熱腸，所以覺得別人也應該向他看齊，而是他對公益事業如何支持我們運作，而我們又該如何支持公益事業的確有一套想法。我覺得，我能在布朗克斯維爾市這樣的社區取得一點成績，主要是因為人們都認真對待馬文所提的那番道理。他們把年輕十歲的下一代吸收進來，參與學校、教堂和聯合基金等事務，所以這裡兩代人之間的共同活動比其他許多地方都多。馬文肯定是注意到了這一點，而且他也鼓勵我們參與。[75]

一九五五年，馬文在一場演講中，簡潔說明他如何看待優秀領導力：

如果我們的領導者把領導力與控制欲混為一談，那麼協同合作與真正的領導能力將不復存在……穩健經營企業就意味著要培養管理者……學會穩健經營企業所帶來的好處，不僅是讓你能承擔艱難的工作、獲得高薪，也不僅是得到一個有利於管理者成長的氛圍，還包括企業自身的成長，亦即在競爭地位、規模和利潤方面的成長。[76]

馬文深知，如果老一代領導者不願退下、讓出職位，新的領導層就無法成長，如果老一輩領導層戀棧貪權，企業就無法遵循新接班領導層的指引。所以，一九六七年，馬文快滿六十四歲時，儘管全體合夥人都認為，不可能再找到像馬文這麼合適的人才，所以亟欲馬文繼續連任，但他不顧其他合夥人反對，毅然引退董事總經理一職。馬文退居二線後，積極支持吉爾．克里的領導工作，並支持限制擔任麥肯錫董事總經理的年齡和任期，以及限制個人持有股份的時間長度，以便確保其他人也能擔任領導職務。唯有為接班人創造機會，馬文才能證明其他合夥人都是杞人憂天。

馬文經常舉出當年林肯的一個小故事為例。有一名年輕人問林肯，若想成為律師，最佳途徑是什麼？林肯表示，只要具備「堅定的決心」，就能取得一半的成功。馬文也算是具有這種堅定的決心。他要創立一套獨特的服務模式，並以聘用卓越人才為基礎，打造一間專業機構。一九五〇年代晚期，馬文指出：

> 專業事務所有一個巨大的優勢，亦即讓人們可以突破常規束縛，自由工作。我們的諮詢顧問只要能履行自己對客戶和公司的職責，就可以自由行動、獨立思考，並且有機會開展自己感興趣的專業活動。這和尋常的企業、政府形成了鮮明的對照，在這些機構裡，多數人的任務和許可權都已預先制定好框架。

隨著我們不斷擴大公司規模，因此必須特別費力保證，我們的諮詢顧問依然享有專業人士的基本自由。我們不會用「控制」取代行動自由，因為這種自由是奠基於諮詢顧問對客戶和公司的高度責任感之上。

為此，最好的辦法就是確保每一位諮詢顧問始終具有高度的責任感。我們期望，我們的諮詢顧問為自己制定比公司要求更高的執業標準、自律精神和負責態度。這是我們的傳統。我們絕不能用公司紀律取代自我約束。[77]

馬文．鮑爾設立明確的價值觀，在自己漫長的專業生涯中貫徹始終，並在合夥人共同協助下挑戰當時的世俗成見，因而創造了一門新的行業與新的企業。馬文當年的願景，最終成就並延續了管理顧問這門全新行業，以及麥肯錫公司這家新生企業。對此，麥克．史都華下了結論：

這些指導原則都是為了使我們與眾不同，提升我們的服務品質和聲譽，使我們獲致成功。這些價值觀都是為了贏得客戶信任，使我們的諮詢顧問鬥志高昂、全力以赴。企業若缺乏客戶的信任，就不會有像樣的客戶；若少了員工的投入，就不會持續發展。[78]

麥克．史都華進一步闡述馬文與麥肯錫早期的合夥人，如何在投入與信任的氣氛中並肩工作：

馬文就像噴射引擎，是全公司的動力。他推動飛機始終迅速向前，有時候速度飛快，但並非總是如此。他知道什麼時候該放慢速度，尤其當其他人都忙著公司上市時。

艾佛特·史密斯[79]就好比減速的副翼。他總是會提出不同意見，減緩速度。馬文實在不簡單，容得下這麼一個能從他想做的每件事中挑出毛病的人。他把這種吐槽視為實際採取行動前揭露所有問題的方式，這是非常有洞察力的觀念。

艾力克斯·史密斯（Alex Smith）是我所認識最正直的人，他就像是防止整架飛機墜落的陀螺儀。此言一點也不假，因為馬文太衝了，很多人都受不了他。吉爾是幻想家、領航員。還有尤恩·「吉普」，他是麥肯錫的良心。他就是控制塔臺，是這架飛機的良心，總能確保我們正確對待他人。[80]

哈佛商學院退休教授希奧多·李維特（Theodore Levitt）在專文〈行銷短視症〉（Marketing Myopia）[81]指出，馬文為當今成熟的管理顧問業訂定了標竿：

我總是一再聽到業界提起馬文·鮑爾，他已被視為當今管理顧問業的締造者。他設定了標準，但不單只是闡述標準，更在選拔人才、與人才共事時，親力親為地執行標準。每個人都能強烈感受到他的領導風範，因為他極盡所能地以身作則。[82]

4 影響深遠的關鍵九大決策

我發現，在這個世界上，「我們身處何地」遠不如「我們邁向何方」重要。若想抵達天堂的渡口，有時候我們必須順風前行，有時候則要逆風挺進。但我們必須勇往直前，絕對不能隨波逐流，也不能下錨歇息。

——美國詩人奧立佛・溫德・霍姆斯（Oliver Wendell Holmes），一八九四年

馬文是一位行動家，也是以身作則的領導榜樣，所以他任職麥肯錫五十九年[1]，確保自己對諮詢業和麥肯錫的願景能夠開花結果，也就不意外了。對馬文而言，這是一段非同尋常，有時還充滿爭議的時光，無論是一九三九至一九六七年擔當麥肯錫的實際領導者，還是一九六八至一九九二年成為非經常性，卻強烈影響麥肯錫行事和決策的因子。

馬文在位期間，制定、鼓吹、影響、採納成千上萬則符合初始願景的決策，但同時也適應這個千變萬化的世界。從一開始他就知道，公司應該擁有什麼樣的價值觀，他的所有決策都與願景一致。本章節將著重介紹他在六十年間所做出的九大決策（見圖4－1）。其中有很多決策在商業中都是前所未見的行動，它們與馬文這個人密不可分，不僅充分體現馬文的性格特點，還生動展示他對行業與機構的理念。

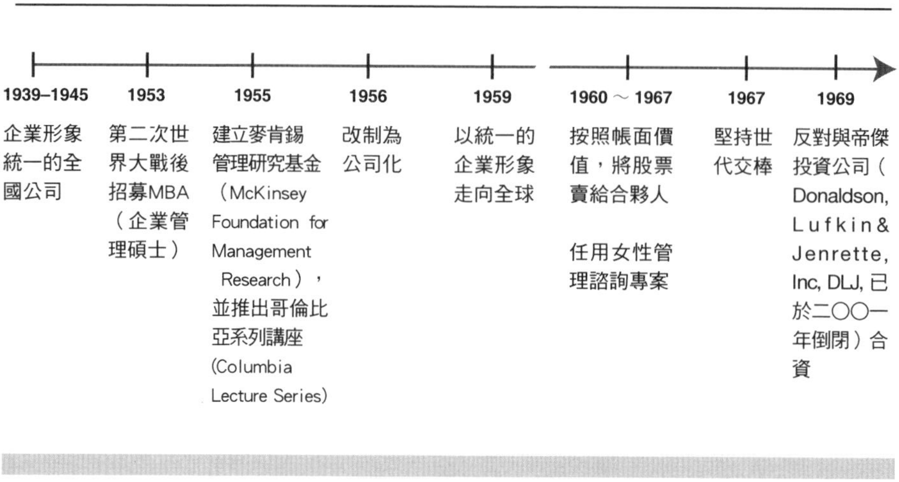

圖4-1　馬文．鮑爾展現領導力與影響力的關鍵時刻

一九三九至一九四五年　企業形象統一的全國公司

馬文堅持企業形象統一並非一時的心血來潮。他有充分的理由，統一形象體現在公司各方面：辦公場所的外觀、員工和合夥人的穿著、麥肯錫工作成果（報告和其他文件）的裝訂方式、用字遣詞的方式、諮詢顧問的薪酬制度、提供客戶服務的方式等，全都要注意。公司一體化（one-firm concept）是全新理念。華倫．坎農認為，這是麥肯錫成長過程中最重要的一個面向：

> 如果你在洛杉磯分公司，基本上你受僱於麥肯錫；如果你在墨西哥分公司，你也是麥肯錫的一員；你的錄用標準和德國分公司的錄用標準一模一樣。我無法想像，如果沒有這種一致性政策，麥肯錫究竟會怎樣發展。如果沒有這種一體化的導向，我們就無法像現在這樣提供客戶服務，培養自己的人才。[2]

首先，馬文知道，若想體現管理顧問這門新穎專業的價值，就必須凸顯一種專業形象，進而逐漸強化客戶的信心，並吸引最優秀、最聰明的人才加入公司。顧問不能被視為一種賦閒在家的人和退休的業務經理打發時間的業餘工作，反之，應該是價值連城的專業服務。這意味著，他們面對客戶而非顧客，他們從事專業而不是行業。

其次，麥肯錫為了有效滿足全國客戶的需要，必須走向全國，在各地開設分公司。統一的企業形象就成為聯合這些自治分公司的關鍵機制，也避免形成馬文極力反對的指令加控制型層級架構。

第三，馬文為了使公司所有的個體與小組都能採行一致的方式為客戶提供服務，大力推行各種標準流程和政策，並為諮詢顧問提供相關培訓課程。馬文把各種政策稱為「指南（guides）」，因為他相信這些指南在大多數情況下都有用處，但是，保留一些特殊情況的判斷餘地亦有其必要。制定各種指南（組織指南、管理訊息控制指南、製造指南、公司政策指南等）和培訓占用了大量時間。

最後，馬文還希望為麥肯錫創造一個真正的品牌形象。對於一家不提供傳統實體商品的專業服務機構來說，這可稱得上是一項挑戰。馬文認為，「創造鮮明的企業形象時，實體表現形式很重要」，應該做到，如果客戶拿到一大堆報告，只消一看封面就能分辨哪一本出自麥肯錫。儘管每一項工作成果所包含的內容不一而足，但是所有提供客戶的書面資料，無論是書信、報告還是備忘錄，無論作者是誰，外觀都應該毫無二致。麥肯錫的最終工作成果即是敦促客戶推行它所提出的建議，因此，它的企業形象來自於客戶成功執行，以及可量化的正面成效。

若是單獨檢視馬文所堅持的每一件「小事」，似乎都稱得上是小題大作。馬文這位企業形象設計者天性保守，但是對於每一項要求卻都有一套合理的說法。這些規則加在一起，就為管理顧問業和麥肯錫構成鮮明的專業形象。

馬文向昆西．漢希克說明衣著規範的合理性時這麼說：

如果你的任務是協助客戶勇敢地順著市場指引的道路向前走下去，你就得想盡一切辦法避免它在過程中分散注意力。如果你有一個革命性的創意，講述這項創意時千萬不要穿得太革命性，這樣對方才更願意洗耳恭聽。我們得讓執行長對我們有信心。試想，你搭乘飛機旅行，卻看到駕駛員穿著短褲、繫著紅頭巾，你會對他有信心嗎？如果他穿著肩章上有四條槓的制服，你肯定會比較信任他，對不對？說到底，如果你想讓他人對你有信心，就要樹立起自己的形象，衣著規範就至關重要。你要盡可能地看起來不惹眼。[3]

馬文對於嚴格執行衣著規範（完全從頭規定到腳）超級認真，整家公司也都時時刻刻留意在心。誰違反衣著規範，都不可能逃過他的法眼。對此昆西記憶猶新：

每當我們在電梯裡碰到馬文，總會有點心驚膽戰。因為常會聽到層出不窮的各種故事，像是某某人與馬文同乘電梯，結果被發現手帕不合規格，或是穿了一件藍襯衫，卻不是深色的。馬文可是很擅長不留情面地立即指正。[4]

諮詢顧問不僅穿衣打扮得體現出專業形象，而且還必須符合商界的主流趨勢，至少不能反差太大。在馬文看來，任何可能會分散客戶專注解決手上重大商業問題的服飾都應該避免，所以他的主張就是，如果每個人都戴帽子，你也戴，這樣你就不會因為標新立異分散大家的注意力。至於黑長襪、藍套裝、白襯衫等，道理亦然。[5]與馬文同時代的老湯瑪斯・華森（Thomas J. Watson Sr.）也持相同觀點：IBM的員工必須與顧客穿著相同的服飾，以顯示尊重和平等。

這種關於帽子、襪子的逸事很多，其中有些頗為搞笑。一九五三至一九九一年任職麥肯錫的羅傑・莫里森（Roger Morrison）相信，當年他會被錄用，帽子功不可沒：

通常馬文會搭乘六點十一分的火車回布朗克斯維爾市，當時還有四十五分鐘。我被領進去，他看著我說：「說說你的背景。」我就告訴他，我從海軍退役，暑假時曾經在夏季旅館擔任會計，同時兼職管理過幾家小企業，但說不上有什麼經驗。看得出來，他馬上就意興闌珊。然後他又問了我幾個學業方面的問題，像是學過什麼科目、教授是誰，但看起來好像不是真的感興趣。然後，他站起身來，說他的時間不多，但如果我還想再聊聊，可以和他一起去火車站。我們出門時，在麥肯錫接待賓客多年的卡本特夫人（Mrs. Carpenter）遞來我的帽子，當下，馬文的眼睛就亮了起來。因為我聽說過，麥肯錫人都戴帽子，如果我沒記錯的話，那頂帽子我前一天才從費萊尼折扣商場（Filene's Bargain Basement）花五美元買下來。接下來的路上，馬文的談話明顯變得活潑，他上車時非常高興，沒多久我就接到聘書了。我一直相信，費萊尼折扣商場的作用不在我的哈佛商學院文憑和其他成就之下。[6]

當然，每個人都知道，馬文非常在意帽子、衣著，但所有人還是可以拿這一點開開玩笑，只要別開到自己的頭上就好。一九六八至一九七三年擔任董事總經理的李・華頓（Lee Walton）回憶，一九五二年他初次與馬文會面，結果就成為辦公室笑柄：

馬文邀請我出去共進午餐，我們一起去了交易所大樓（Board of Trade），那裡有一間很不錯的商業餐廳。我記得那天很冷，外頭下著雪，所以我們都穿上大衣。我新買了一頂帽子，因為當時芝加哥分公司行政主管華倫・坎農說我需要一頂帽子。我戴的那頂帽子是當時很時髦的款式，帽緣窄窄的，頂部壓出一道淺溝（Homburg crush）、帽帶後方打了個蝴蝶結，還有一根小小的黃色羽毛伸出蝴蝶結。那是一頂灰色的帽子，有黑色緞帶和黃色小羽毛。我頗為那頂新帽子感到驕傲。我們吃飯時，大衣和帽子都寄放衣帽間，飯後我取回帽子和大衣，先把帽子戴上好穿大衣。我掙扎著穿上大衣時有點狼狽，馬文就過來幫忙。突然我聽到馬文故意大聲地耳語：「你的帽子標示牌還掛在上面呢。」於是我把帽子摘下來看了看說：「沒有啊，馬文，那只是一根羽毛。」他只應了一聲：「喔。」

我又把帽子戴上。我們一路聊天走回辦公室。我感謝他請我吃午餐，然後就走回自己的辦公室。我路過華倫・坎農的辦公室時，踅進去說了標示牌羽毛的趣事，我告訴他馬文錯把羽毛當成標示牌，把我笑壞了。華倫說：「那他怎麼說？」我說：「沒啊，只說了聲喔。」華倫說：「老天，他只說了聲喔？」我說：「是啊。」他就說：「李，你得把那根羽毛拿掉。」我說：「等一下，我才不要。過去幾個星期，我為了讓自己和麥肯錫相襯，花了很多功夫。這根羽毛，我就是不要拿掉。這是全新的帽子，超流行的。人人都戴這種插著羽毛的帽子。我很喜歡這根羽毛。」他說：「不，不，你不懂。

你真的得把那根羽毛拿下來。馬文肯定是很不喜歡它。」我說：「喔，拜託。」他說：「真的啦，沒辦法，我很抱歉。」「那我就把羽毛拔掉算了，」我說，「反正也沒什麼大不了的。雖然有違我的原則。拔就拔吧。」「那可不行，」他說，「不能直接拔掉。」我說：「不能？你剛剛才這樣說的呀。」他說：「對，但你得神不知、鬼不覺地做。」我說：「是嗎？」他說：「沒錯，每天傍晚回家以後，拿剪刀把那跟黄羽毛剪掉一點點，花個一星期把它剪完。這樣才可以。」我居然蠢到信以為真了。[7]

若干年後，戴帽子不再流行，馬文也就不戴了。據說紐約分公司一位諮詢顧問注意到這一點，就問分公司經理，馬文不戴帽子代表什麼意思。分公司經理說，那就表示，現在馬文認為大家都不戴帽子了，戴帽子會分散別人的注意力。不過，分公司經理還是謹慎地告訴那位諮詢顧問，最好再觀察幾個星期為妥，別急著摘帽子。過了幾個星期，看來馬文確實不戴帽子了，全公司才紛紛仿效。把「分散別人注意力」的帽子從衣著模式中剔除。二〇〇二年，馬文回憶起四十多年前那段日子時說：「甘迺迪（Kennedy）掀起一股新風潮，執行長都不戴帽子了。」[8]

馬文所謂適當的專業衣著觀念影響麥肯錫人太深了，以致代代相傳。一九九四年，我身為紐約顧問合夥公司（New York Consulting Partners）的老總——這是我自己的公司，也親身體驗到了。

那次我是和一位新進諮詢顧問飛往加拿大，參加高露潔公司召開的客戶會議。當時是一月中，他竟然沒有穿襪子。[9]我看著他說：「你到了多倫多先去買一雙襪子，再去見客戶。」他的臉一下子就漲紅了。這位麥肯錫前資深董事佛瑞德·希爾比（Fred Searby）之子急忙解釋，早上他坐上計程車才發現自己穿著一雙菱格襪。他父親已經先罵過了他，不許他穿菱格襪去見客戶，所以他就把襪子脫了。我哈哈大笑，心想：「馬文的影響力真是無所不在。」就連我本人也很認真地考慮要不要破壞馬文所立下的規矩。於是我就告訴他這條規定的由來。當年馬文帶著一位諮詢顧問去杜邦公司開會。在會議上，馬文注意到克勞佛・葛林華特的雙眼不停往下飄，盯著那位諮詢顧問腳上的菱格襪。看來這種襪子會分散他人的注意力。有鑑於此，麥肯錫禁止穿菱格襪的規定就在一九六六年誕生了。這可一點也不是玩笑話。為此，馬文還特地寫了一份藍色備忘錄（他擔任麥肯錫董事總經理期間，藍色備忘錄是他專用來寄發事項給全公司的工具），向所有閱讀這份備忘錄的人說明其中道理。他還在週六舉辦一場培訓課程，專門講解什麼樣的襪子可以被接受，什麼樣的不可以。當然，我講完這個典故以後也告訴他，現在已經是一九九四年了，那條規定早就過時，他可以再穿上自己的菱格襪。

然而，直到一九九四年，馬文還在為他人的外表操心。當時的麥肯錫董事總經理佛瑞德・格魯克休假回來，蓄了一臉紅鬍子。馬文就說：「佛瑞德，鬍子新造型挺帥的。你的客戶中有幾位留鬍子啊？」當天晚上佛瑞德就把鬍子刮了。[10]

馬文關注公司形象的層面並不僅限於衣著，還決心把這種品牌形象延伸到呈交給客戶的工作成果（通常為報告、書信和備忘錄）。正如一九六〇至一九八八年擔任麥肯錫行政合夥人的華倫・坎農所說：

> 馬文非常注重書面資料的外觀。我知道這一點是因為，根據他的要求起草麥肯錫寫作指南的正是我。他在這方面要求極嚴苛。我們有正式報告、非正式報告、備忘錄報告、建議書、建議備忘錄等，

每一種都有一整套完整合理的規則。麥肯錫位於世界各地的每一家分公司，打字機都必須使用同一種字體。我們有統一的打字機捲軸，所以我們的文件打出來既不是單倍行距，也不是雙倍行距，而是一倍半行距。當你換行時，它會自動跳過一行字的高度，而不是一行或兩行。首行縮排規定有具體數字。數字編號段落、字母編號段落、齊頭式段落，全都有規定。所有這一切都是為了形成完全統一而且鮮明的形象。如此一來，不論是誰、在何處，只要你打開一份報告，就知道它是不是出自麥肯錫。我們為企業報告的外觀制定標準，目的就是為了讓不同分公司、不同個體都能夠寫出統一格式的報告。[11]

除了寫作指南之外，馬文還採取其他行動來確保這種統一性，儘管在當時看來異於常態。他決定投資將製作報告這道環節，從祕書及諮詢工作的職能中抽離出來。馬文說這種投資能帶來兩方面好處：

就品質的角度看……

我們的報告就像是我們的簽名。我們離開客戶的公司時，報告會留在客戶那裡。當他們從抽屜或書架上拿出報告時，我不希望他們拿出來的是舊報告，而是「麥肯錫的報告」，是一段記憶，讓他們感覺值得看一看和想一想。我想讓他們一看到報告就知道，我們是多麼注重自己的工作品質。這就是我們的簽名。

此外，它還具有策略意義……

伊頓公司（Eaton）一位高階主管在搬遷辦公室時，從書架上抽出一本十年前的報告，隨手翻了翻，然後打電話給我，說十年前那個專案小組幹得真漂亮。接下來我們一起共進午餐，然後麥肯錫就又接到新的業務。[12]

馬文成功創造統一的公司形象及遣詞用語，因而推動各地開設分公司，進而帶領公司走向全國，為全國客戶提供更優質服務。一九三九年馬文和合夥人一起買下麥肯錫時，只有兩家在紐約和波士頓的分公司，隨著美國逐漸捲入第二次世界大戰，麥肯錫接下來幾年都全神貫注地從事與戰爭有關的工作，像是協助亨氏（H.J. Heinz）與食品機械公司（Food Machinery Corp）改造生產設施，以便服務美國軍隊。到了一九四四年第三家位於舊金山的分公司開張，主要就是出於這個原因。

麥肯錫舊金山分公司第一任經理艾爾夫．魏羅林（Alf Werolin），說起他被派往舊金山的原因：

當時公司裡已經有一些人在西岸地區提供顧問服務。一九四三年前後，在一場合夥人會議中，我們決定要在西岸地區開設一家分公司。馬文說：「不如我們也請個人來諮詢，替我們研究一下，在西岸開設分公司的必要性與可行性。」我們當時請的諮詢顧問是史丹佛大學研究院（Stanford University Graduate School）院長修．傑克遜（Hugh Jackson）。最終的結論是，西岸地區需要一家高級管理顧問公司。當時，我們在那裡沒有什麼競爭對手，只有一家喬治．S．梅公司（George S. May），我們根本不認為它是管理顧問公司。

開辦一家麥肯錫分公司，意味著我們有機會搶先進入這個市場並獲得先機；但另一方面（出自調查報告），西岸很多企業仍然掌握在創辦人或創辦人之子手中，他們普遍認為，自己既然有能力開辦企業，並發展到相當規模，就不需要外來的諮詢顧問幫忙。所以說，想要在西案開發客戶諮詢專案，就需要大量拓展業務工作。報告還提到洛杉磯和舊金山之間的對立情緒。合夥人最終決定在舊金山設立一家西岸分公司，我也勉強同意前去創建新的分公司。

對我們在舊金山的人而言，食品機械公司是一座橋梁。馬文造訪西岸時發表了幾場演講，食品機械公司那位交遊甚廣的總裁保羅·戴維斯（Paul Davies）非常讚賞麥肯錫，所以很快我們就有一批新客戶。分公司開張大吉。我們就地提供服務的品質比遠自東岸提供服務高得多。[13]

一九四七年，科尼與麥肯錫終止聯營，此後麥肯錫這塊招牌就完全歸這家公司所有，芝加哥分公司也跟著開張了。芝加哥可是一塊肥肉，正如馬文所言：

我早就想揮軍芝加哥了，因為它可是非常重要的中心城市。如果我們要成為一家全國企業，就必須進入芝加哥。可是我暫且擱到一旁，搞不清楚是幾年，不過大概是兩年、三年或四年，全是為了維護公司內部和諧。[14]

接下來麥肯錫又開設了更多的分公司：一九四九年，洛杉磯分公司；一九五一年，華盛頓特區分公司；一九六三年，克里夫蘭分公司。隨著新的分公司設立，馬文指出，麥肯錫能如此成功地邁向全國，紐約分公司居功厥偉，是它將深受一體化文化薰陶、經驗老到的專業人員當成種子，灑向四面八方：

這段時期從頭到尾，無論誰擔任紐約分公司經理，當其他分公司剛成立或需要加強時，這裡總會派人支援。這項重任責無旁貸地落到紐約分公司身上，因為在一九三九年，除了小小的波士頓辦公室之外，我們再也沒有其他的人才來源了，除非到外部挖角，但這又違背我們自己培養領導人的政策。

然而，這種責無旁貸很快就變成一種策略。紐約分公司經理和其他合夥人意識到，有責任協助開設新的分公司、強化所有的分公司。我身為這樁輸送計畫的參與者、這項工作的觀察者，可以證明，他們並非以履行義務來看待這件事，而是當成一個機會善加把握。

因此，紐約分公司成了向新分公司輸出領導人和有經驗的諮詢顧問的主要來源。它能扮演好這個角色，不僅是因為它原本就是我們規模最大、基礎最穩的分公司，還因為它努力招募、訓練、培養大量的領導人才。它把這件事視為一項策略，之所以行得通則是占了地利之便，因為它是一個潛力巨大的管理中心。

在麥肯錫走向全美的過程中……有一點始終是大家公認的事實：紐約分公司輸出大批諮詢顧問，因此付出龐大代價，因為很多這裡的人才都是我們能力最強的領導人。這個代價就是紐約分公司的成長速度放緩。隨著其他分公司逐漸成熟，並開始培養自己的領導人才，它們也開始回饋這個輸送過程，而且貢獻日益擴大。

但更值得敬佩的是，紐約分公司付出如此巨大的貢獻後，領導人卻不抱怨、不居功。他們和麥肯錫各地的領導人一樣意識到，如果我們要成為一家強大、統一的全國企業，就必須承擔這種經濟和人員成本，從我們最強、最大的分公司輸出領導者和潛在領導者。

紐約分公司立下榜樣，其他辦公室也競相仿效，我們因而得以落實一體化的政策，而且充滿生機。這就是麥肯錫成為一家一體化的全國公司，而不是散沙式的分公司或人員組合的原因。

儘管我們的一體化政策有許多層面，也就是說，有各式各樣的方式可以給予其他分公司支持和建設性態度，但是真正的考驗在於：一、一間分公司的領導願不願意考量全公司的整體利益，向另一家分公司輸送業績優秀的領導者或極具潛力的諮詢顧問；二、公司成員願不願意犧牲派調其他地方，其他人願不願意填補他們留下來的空缺。[15]

因此，隨著分公司數量成長，一體化政策的重要性價值也日益提高，人員不光有輸出，也有借調的情況。比如說，芝加哥分公司剛開始時，有一段日子很不好過，但其他分公司不僅借調諮詢顧問，還提供有經驗的關鍵性輔助人員。一九五五年，有三分之一的工作都是那些借調過來的同僚所完成。為此，公司也需要新的會計制度以適應這種資源借調。馬文說，這項政策對麥肯錫服務能力的迅速平穩成長意義非凡：

> 這項政策的形成有自然的歷史根源，那就是，一九三九年以前合夥人之間觀點各異，但分家以後大家建立起密切關係。我們共同奮鬥克服損失並建立優秀公司，因此，從一九三九年開始，我們幾乎是本能地把所有諮詢顧問都視為整間公司的成員，而非某家分公司的成員。我們希望有一間真正統一的公司，亦即一體化公司，而非一堆各自為政的分公司或人員組合。為了保證這種統一與團結，我們

做決策時總是極力避免把某一家分公司的利益或獲利置於整家公司的利益和獲利之上。從公司的整體出發思考問題，堅持公司一體化的理念，遵循公司整體的思路、標準和政策，我們就可以讓全世界的客戶享受同樣優秀的諮詢顧問所提供同樣優質的服務。這種服務對那些經營地域廣闊的全國和跨國客戶來說，具有特別的價值。

我們的公司一體化政策，對保持整家公司的統一具有重要和持久的影響力。如果沒有這項政策，我們就不可能如此迅速地成長為一家全國公司。因為只有當諮詢顧問或者收益都被視為是整體的一部分，分公司才會願意為公司的整體擴張向新的分公司輸送優秀人才。[16]

一九五三年　招募MBA

一九五三年，馬文做出他漫長職涯中最具創新意義的決策：招募剛出校門的年輕MBA，而非像以往那樣聘用有經驗的人才。馬文這樣做得冒一定風險，因為客戶可能不願意接受看起來和他們兒孫輩同年的諮詢顧問所提出的建議。

不過馬文心中有數，這些聰明的諮詢顧問受過商業分析的專業教育，同時又具有年輕人的想像力，他們提出的建議遠比所謂「專家」（如具備三十年從業經驗的業務員）提出的建議有價值得多，因為專家全憑經驗而非分析。此外，招募毫無經驗的年輕人有助於灌輸麥肯錫的價值觀和特色。當時麥肯錫有八十四位諮詢顧問，其中三十一位曾經就讀哈佛商學院，但沒有一位是從學校直接找進來。

馬文早就想要徹底顛覆當時諮詢業務主要聘用經驗型「專家」的現狀，改成解決高層管理問題的分析型好手：

一九三三年我加入麥肯錫時強烈感到，我們不應該招募成熟的高階主管。詹姆士．奧斯卡．麥肯錫就喜歡招募這種人才。當然，這也是我從法律界學來的經驗。所有的律師事務所都是自己培養團隊，它們從法學院直接找人，然後培訓。雖然它們培養的對象是那些從未在任何事務所工作過的律師，但大多數事務所都愛這麼做。詹姆士．奧斯卡．麥肯錫曾經招聘過一位離職的副總裁，他想，既然這位仁兄曾任副總裁，客戶可能更容易接受他。他追求的是讓客戶易於接受，而我則更偏好初生之犢，因為這樣我能看著他們成長、發展。在法律界我也曾經是這樣的一名年輕後生。成長總是需要花費一些時間。[17]

招募MBA的政策

儘管公司早年也招募過不少MBA，但確切政策直到一九五三年才明朗。當時第二次世界大戰已經結束，資源緊缺的時期也過去了，大批退伍老兵紛紛從商學院畢業；與此同時，麥肯錫也開始著重解決高階管理者所面臨的問題。企業在戰後蓬勃發展，高階管理者的工作重心也從過去生產布局、業務員的效率、成本削減這類職能問題，漸漸轉向組織、事業部型態和授權等方面的問題。與此同時，麥肯錫的聲譽日盛。

當時，擔任人事總監的法蘭克．坎尼（Frank Canny）建議，把從哈佛招募新人定為一項正式制度。這一步可謂合情合理，因為馬文與哈佛商學院的關係非同小可，兩者不僅經常互通有無，而且對最新狀況瞭若指掌。不過這項決定也有很大的風險，這個轉變是一步一步完成的，首先是招募有經驗的MBA，然後逐步招募經驗很少或是沒有經驗的MBA。當時剛剛就任行政主管的華倫．坎農說：

我要解決的第一件事情就是停止招募那些具備一定可用經驗，但可能只是能力平平、文憑又不夠漂亮的人才。當時公司裡這種人很多，因為在第二次世界大戰期間，就只能招募到這種人。原因很簡單，年輕人都打仗去了。不過馬文所做的最具革命性決定就是招募年輕人。

招募沒有經驗的員工確實是很不尋常的作法，因為大家都覺得，客戶肯定不會當那些嘴上無毛的年輕諮詢顧問是一回事。正是馬文首開先例，並強烈要求招募年輕人；正是馬文讓年輕人參加專案工作……巨變始自我們開始轉向頂尖商學院招募沒有經驗或經驗很少的最優秀人才。這種變化持續了一段長時間，因為一開始他們的數量與全公司總人數比起來實在太少了。我的意思是，公司特性並不是馬上就能轉變得過來。[18]

約翰．麥康柏（John Macomber）是一九五三年招募的首批MBA之一。他在麥肯錫一直工作到一九七三年，然後轉換跑道，擔任塞拉尼斯公司（Celanese）董事長和進出口銀行（Export-Import Bank）總裁。他說：

他招募的對象都是像我和羅傑．莫里森這樣的人，我們都當過兵，小時候都是乖孩子。顯然我們在成長過程中都做過一些自己覺得有趣的事情，譬如說暑期打工，所以並不是一無所知，但其實也談不上有什麼產業經驗。他下決心最先僱用我們倆，然後一批批愈招愈多。

……以後就再也不招募有經驗的人了……凡是在某一行具有豐富經驗的人，在我們這裡總是會搞得一蹋糊塗。為什麼他們總是出包呢？因為他們在具有可塑性的階段未曾經歷過馬文親手培訓，沒有接受我們這些基本、簡單的觀念。他們是帶著自己過去的那一套作法加入我們，而馬文吸收的是具有未來潛力的人才。兩者差別可大了。假設羅傑．莫里森已經成為全世界最出色的財務長，但如果他回鍋麥肯錫做財務專家，肯定比現在差得遠。現在的他堪稱能力非凡，正是因為他在那些基本、簡單的觀念上得到馬文及馬文身邊的人親傳。事情就這麼神。

他帶著我一起做德士古公司（Texaco）的專案，主要是對德士古的研發部門。首先，儘管我曾在暑假做過鑽井工，而且湊巧和當時掌管德士古的古斯．朗（Gus Long）關係還不錯，但我對石油生意稱得上一竅不通。「啊，這麼說，你還是懂一點嘛，小鬼。」其次，那是研發，我哪懂什麼研發啊。「沒關係，我們這裡有人懂。」結果呢，那項專案出奇成功，我們幫助德士古想出一套全新的研發思維。

我們的建議就是停止把研發視為檢查各種性質潤滑油的例行工作，轉而開始研究如何以較低的成本開採石油和礦物，並著手電子地震學的研究。當然，你們還是要繼續為顧客完成非常重要的工作，但現在正在做的就真的只是顧客服務而已。如果你真的想要促進公司開發新領域，我們就應該設法改進探勘和生產……打開新的領域，降低成本和風險。[19]

羅傑．莫里森是一九五三年麥肯錫招募的另一名ＭＢＡ。他在麥肯錫工作到一九九一年，一九七二至一九八五年間還擔任倫敦分公司經理。莫里森指出，在頂尖商學院裡磨練成熟的分析技巧，對於提供高階管理者諮詢極為重要：

有很多麥肯錫人都上過哈佛商學院。當時的哈佛基本上就是一間精修學院，提供那些在大學期間沒有接受過任何實際培訓的人一些從商的職業培訓。時任公司人事總監的法蘭克．坎尼看上兩、三名對象，然後就邀請我們幾個去面試……

我在明尼蘇達州上大學，當地人講究苦幹實幹，做生意很困難。我們知道，在當地，最聰明的人都不從商……而是行醫……或者進了其他行業。我選擇商科的唯一原因是我發現，班上學工程和物理的高手如雲。我非得拚命用功才能拿到像樣的分數。

但是在包括哈佛這樣的商學院裡，要拿像樣的分數就是輕而易舉的事了……我上哈佛就是為了當諮詢顧問，因為我對任何事情的興趣都不超過六個月。我喜歡面對新人、新問題和新玩意兒，我覺得唯一能滿足這些要求的工作就是顧問了。我在顧問業尋找工作機會時，好好研究過幾家大型的顧問公司，像博思艾倫、亞瑟．理特、克瑞賽普暨麥考密克與佩吉特（Cresap, McCormick & Paget，當時覺得它比較好），以及麥肯錫。當然，博思艾倫和亞瑟．理特對沒有經驗的人根本就不屑一顧，克瑞賽普暨麥考密克與佩吉特還算開通一些，好歹錄用了幾個沒有工作經驗的人；顯然麥肯錫的機會就更好得多，它的基本專業精神、政策和實力都比其他幾家要強得多。[20]

在莫里森看來，麥肯錫有以下幾項優點：

首先，馬文支持從哈佛招募人才。其次，若想參與諮詢專案，顯然需要善於分析。在當時，用於研究企業的產業公司分析法正是哈佛的核心課程。這一點太理想了。現在很多來自工業界的諮詢顧問，都知道如何分析一門行業的經濟狀況、競爭地位等。他們馬上就發現，MBA是一批新的可用之才，確實了解我們想要努力告訴人們的東西……[21]

但是莫里森又說，這並不意味著MBA就不需要任何培訓：

在轉變的過程中，我們很快就清楚發現需要很多種不同的技能。過去我們有一本手冊，馬文負責修訂更新手冊。那是一本諮詢技能手冊，解說如何分析問題、如何觀察各種組織……現在回頭檢視，會覺得有點簡單化，但是那本手冊是以常識為基礎。他認定那本手冊是諮詢顧問的《聖經》。今天你再看那本手冊會覺得根本沒必要，但是在那個時候，你是要創辦一個新領域，那本手冊就非常重要……（當時）顧問業在人們心中根本沒有什麼地位。[22]

艾佛特．史密斯還記得第一次和羅傑．莫里森合作專案的情形，當時他一整個惶恐不安：

我告訴你，羅傑．莫里森的第一項任務就是和我一起做專案。我當時緊張到直冒冷汗。客戶是克萊斯勒（Chrysler），那幫人根本唬弄不了。我非常不放心羅傑。我派他去克萊斯勒的成本核算與控制部門，負責搞定整套標準成本。那可不是鬧著玩的。當時羅傑才二十六歲，而且我們一開始還搞了很久才上軌道。不過，後來我就愈來愈開心了，因為我慢慢發現，這個小子頭腦還挺靈光的。有一天我和負責財務的副總裁談話，他說：「我想和你談談莫里森。」我心想：「慘了，肯定是出包了。」結果他想告訴我的是，他認為莫里森是他平生所見過最優秀的小夥子。雖然他嘴上稱羅傑是小夥子，但其實還滿佩服他的。我這才安安穩穩地坐在椅子，接下來十五至二十分鐘的談話都很愉快。[23]

儘管初期的選擇都很成功，但招募剛畢業的MBA所帶來的挑戰並沒有在一九五三年結束。亨利．史查吉（Henry Strage）在一九六二至一九九一年間任職麥肯錫，他還記得，早期有一家客戶曾質疑顧問小組成員太過年輕：

那項專案挺有意思，當時還讓英國皇家所屬的帝國化工集團（ICI，Imperial Chemical Industries）做出讓外人進入董事會的驚人決策。那個外人的名字是保羅．錢伯斯（Paul Chambers）。所謂驚人，不僅僅因為他對那家公司來說是一名外人，而且他還跟這一行沒關係。在那個時代這一點可是大忌諱。如果你不曾在一家公司待滿三十年，經歷過種種考驗，根本就沒有資格進入董事會，所以他能進入董事會這件事本身就很不尋常。

跟這個保羅．錢伯斯有關的另一件趣事就是，當馬文對保羅介紹小組成員時會說……這是某某某，他具有某某方面的經驗等。保羅轉頭衝著馬文說：「鮑爾先生，這支隊伍也太年輕了吧。我們是一家很重要的公司，這項專案本身也很重要，你確定要讓這些十來歲的小夥子接手這項專案嗎？和他們打交道的對象，可都是在這一行裡幹了二、三十年的業界領袖和主管呢。」馬文回答：「保羅，你得知道，如果你翻翻人類思想史和創造發明史就會發現，極少有超過三十五歲的人還能發明出什麼真正重要的東西。」我想這番話並不是百分之百精確，他是一竿子打翻米開朗基羅、愛因斯坦，還有好多人。[24]

史查吉接著又說，這麼一大群年輕諮詢顧問，幸好有馬文那套衣著規範：

我猜測馬文對於「諮詢顧問太年輕」這個問題一定早有腹案了，因為提出這個問題的人肯定不在少數。所以得讓他們都穿上黑色高筒襪、黑西裝、戴帽子。我想這也算是答案的一部分。他可不想讓年輕人穿T恤、運動鞋來上班。[25]

最終，這個招募理念對公司產生巨大影響。麥肯錫不再尋找具備十五到二十年經驗的人才，而是更年輕、受過更好培訓、更富想像力的員工。想像力是馬文特別強調的能力。約翰．史都華認為，這個轉變符合公司的價值觀，並強化競爭的差異化：

馬文真有一套。他說這些年輕人得經過培訓才成為專業人士，言外之意就是那些僱用有經驗者的公司，不可能把他們重新培育成為專業人士。如今麥肯錫一個與眾不同之處就是我們擁有最聰明、最優秀的人才，這是別人遠遠不能及之處。[26]

公司著重招募商學院畢業生的政策，對它在一九五二至一九五九年間的全國擴展產生重大影響。榮恩・丹尼爾回憶：

我們在美國各地開設分公司……我們充分利用美國和世界經濟快速成長的大好時機……現在看來，麥肯錫在那個時代影響最深遠的一步就是，發現聰明的年輕人可以勝任這項工作。這項發現的重大意義在於它打開了一個全新的人才庫，創造出公司發展的條件。[27]

麥肯錫的政策也與時俱進。比如說，幾年後商學院改變政策，要求申請人必須具有一定的工作經驗，不能大學一畢業就投考。於是麥肯錫也修正自己的政策，招募大學生做研究員。等這些研究員累積幾年經驗以後，就送他們進商學院攻讀ＭＢＡ，好在畢業後回麥肯錫轉任諮詢顧問。一九九三年，麥肯錫隨著客戶需求變化，正式開始從頂尖大學招募擁有高等專業學位的人才（例如哲學博士、文學碩士、法律博士、羅氏（Rhodes）和傅爾布萊特（Fulbright Scholars）獎學金等）。

馬文堅信，具有優秀分析能力和想像力的人才，只要掌握解決問題的標準，就可以在實際工作中學到工作的具體內容，為客戶創造更高價值。一九九八年馬文在一次合夥人大會上指出：

愛因斯坦說，想像力比知識更重要。今日我們所面臨的問題，已經不能用問題產生時的思維方式解決。愛因斯坦說的太對了。諮詢顧問一定要善於想像，如果不善於想像，分析也就沒有用處。我擔心的是，我們分析的時間有餘，想像的時間不足。我們少了想像力，難以成就大事業。[28]

不晉升就出局

很多從麥肯錫起步的人後來都轉戰他處，所以難怪有「不晉升就出局」的概念。當時這個情況特別突出，因為有些人是在第二次世界大戰期間招募進來，他們其實不夠出色。隨著ＭＢＡ進入公司，更井然有序的流程就逐漸建立起來。馬文意識到，十個人裡有九個不會在麥肯錫找到屬於自己的事業，於是他就根據這個實際情況制定一些相關政策，盡可能幫助同事成長，減少痛苦，讓麥肯錫能不斷進步。

當時美國有不少機構，包括律師事務所、會計師事務所、大學和軍隊，都實施某種形式的人事政策，只要達不到晉升標準就必須離開。馬文把這個理念正規化，並消除其中的隨意性，確保所有的晉升或出局決定都建立在通過標準評估、獲取反饋機制的訊息基礎上。這種機制普遍適用於整個麥肯錫，進而為真正的菁英之治鋪平了道路。

一九五五年　創立麥肯錫管理研究基金會，並推出哥倫比亞系列講座

一九五〇年代末期，企業界正處於轉型中，一些大公司嶄露頭角，努力解決事業部型態與組織問

題，立志國際化；與此同時，商學院也進入快速發展期，人員良莠不齊，為了研究資金爭鬥不休。

至此，顧問業的污名差不多洗刷乾淨了，人們不再認為，唯有那些「有問題的」公司才需要諮詢服務，而且麥肯錫也為美國一些首屈一指的企業提供服務。隨著諮詢顧問小組內年輕MBA的數量愈來愈多，麥肯錫與頂尖商學院建立起密切關係，它們正是麥肯錫招募新人的源頭。

此時，麥肯錫進一步擴展商界影響力、跨出客戶專案具體工作的時機已經成熟。馬文看見，麥肯錫處於一個獨特地位，正好可以聯合企業領袖、學術人士和企業諮詢專家，共同實現結合理論與實踐的方法。這正是一九五五年他創立麥肯錫管理研究基金會的目的。這個創意是吉普提出的構想。基金會主要肩負兩項使命：資助研究活動；提供高階經營主管一個論壇。基金會在馬文的指導下完美運作，獲得巨大成功，促成當時商業要人發表大量演講，並輯錄成書出版。基金會的資金來自麥肯錫合夥人的薪酬：每人捐百分之五。說是捐贈，事實上人人都要出一份。

吉普提出創立這個基金會的理由非常充分。首先，他相信，麥肯錫的高階合夥人有義務為自己身處的領域盡一份專業責任；其次，他認為，他自己和其他高階合夥人都會有興趣參與，並從中獲得滿足感；第三，他覺得，從商業角度來看這項嘗試也很划算，可以增添麥肯錫的光采，並進一步為合夥人投入的時間獲得數倍回報。麥肯錫是一家服務性機構，就像律師和會計師事務所一樣，算不上是商界的「自己人」，因此，麥肯錫提供一個交流思想和討論的論壇，便有機會大力促進它與企業高階管理者的關係。吉普的想法獲得大多數合夥人熱烈支持，其中馬文·鮑爾可能是最有力的擁護者。

麥肯錫管理研究基金會將麥肯錫公司從一個實踐者，提升成為一個支持商業相關研究的機構。當時除了海軍研究辦公室（Office of Naval Research）之外，就再也沒有誰會資助管理研究了。在這個領域，就連福特基金會（Ford Foundation）和卡內基基金會（Carnegie Foundation）也未曾展開大動作，於是麥肯錫的基金會就成為最大的私人資金來源。

基金會提供一些一萬～二萬美元的小額撥款，用於管理研究設計大賽、與管理科學研究院合作管理類書籍獎勵計畫，以及麥肯錫論文獎勵計畫等。它採取兩道標準篩選撥款專案：課題必須對一般管理具有重要意義，而且麥肯錫公司的成員必須親自參與。

麥肯錫的聲譽，加上它身為管理研究贊助者的新角色，強化麥肯錫與商學院教師的關係，並產出許多協同合作的重大成果。[29] 吉普和哥倫比亞大學的艾利．金斯伯格（Eli Ginsberg）合著的《在大型組織內實現變革》（*Effecting Change in Large Organizations*）就是變革管理方面最早期的著作之一。

高階管理者研討活動（麥肯錫／哥倫比亞大學系列講座）的進展也毫不遜色。當時哥倫比亞大學商學院院長考特尼．布朗（Courtney Brown）是研討活動的關鍵人物。很多美國企業領導人連續三週在星期三晚上到哥倫比亞大學的洛伊（Lowe）圖書館，對八百名聽眾發表演講，介紹自己公司的管理理念。隨後會選出六十名聽眾一起共進晚餐。這個系列講座後來被基金會輯錄成書，以麥肯錫的名義發行。

講座涵蓋了很多重要課題，主持人也都分量十足。第一講是「擴張中的企業管理」，主講人是羅夫．科迪納，他在擔任通用電氣執行長期間落實事業部型態。接下來數年間參加過講座的人包括：IBM的小湯瑪斯．華森（企業及其信念）、杜邦的克勞佛．葛林華特（行銷在大型工業企業中的作用）、通用汽車的佛德里克．唐納（Frederic Donner，全球性工業企業的挑戰與機遇）、美國鋼鐵的羅傑．布勞（Roger Blough，自由人與公司），以及大通銀行的大衛．洛克斐勒（David Rockefeller，銀行業的創造性管理）。[30]講座開辦十年間，洛伊圖書館的廳堂座無虛席，講座集每年的銷量高達三～五萬冊，創下商務類書籍前所未有的紀錄。

麥肯錫藉由這個基金會，與當代商業領袖及其思想，與前瞻的研究及知識，建立起密不可分的聯繫。隨後基金會又和歐洲工商管理學院（INSEAD）合作，加強麥肯錫與歐洲企業界的聯繫。這些都為麥肯錫的聲譽帶來正面成效。在馬文看來，聲譽是除了人才之外最寶貴的資產。儘管如今基金會已經遠不如當年活躍，但是一些專案仍在進行，如《哈佛商業評論》的麥肯錫論文獎勵計畫。

馬文．鮑爾堅信，每個人都有責任貢獻社會一己之力，這個信念促使他接受並實施吉普關於創立基金會的設想。馬文在一九九二年的退休致詞中，再次重申麥肯錫未來領導人所肩負的責任：

> 毫無疑問，我們是最有機會採用多元方法的組織。我們可以接受各種理論，並施行於世界各地。再沒有其他任何機構能有機會開發出一套新的管理機制。所以，我希望麥肯錫能夠做好準備。我們在世界各地都有為社會盡一份心力的機會，就從我們的內部開始。它已經開始了，我希望你們能夠繼續下去。[31]

一九五六年　公司化改制

雖然願景不斷化為現實，但是新的考慮和需求也隨之出現。到了一九五六年，隨著合夥人數量及合夥制所帶來的責任和義務不斷增加，馬文不得不重新審視合夥制模式的恰當性與可行性。

儘管馬文希望麥肯錫能夠維持合夥制，但是幾經討論之後，他還是歸納出結論：改制為公司對麥肯錫更有利。唯有改制為公司，才得以享受退休基金的稅務減免，減少個人所承擔的責任，並且提供今後成長與擴張所需的資金。向來以注重實際著稱的資深董事艾佛特．史密斯，回憶當時爭論的情況：

說實話，其實改制為公司就是因為我成為合夥人引起的。當時我拿到了合夥協議書……發現我們沒有妥善安排未來……當時我們還是合夥企業，而合夥企業的課稅標準和公司截然不同。於是第二天我就去找克拉格特先生（發起合夥人之一，也是買下麥肯錫後的第一任董事總經理）。

我念了一遍合夥協議書，然後問他：「老天，難道你們就沒有想過要改制為公司？」克拉格特先生的態度非常好：「想過，想過，我們也考慮過。」我後來發現，我們曾經聘請一位諮詢顧問研究，到底是維持合夥制好，還是改為公司制度好。結論是，他認為根本沒必要改成公司制。我真的認為他其實是探聽了鮑爾的意思，然後才決定該怎麼說。

鮑爾希望維持合夥制，他非常自豪這項制度。其實我們也都是，因為我們擁有的每一分錢都有風險。如果麥肯錫出狀況，我們都要蒙受損失，可見得我們都非常勇敢。我花了兩年……動之以情，曉之以理。鮑爾終究還是參與研究，只有這樣才能迫使他面對這個問題。於是我倆就直接對峙，他是徹頭徹尾不同意我的意見，但最後總算說了一句值得認真考慮。

如果你仔細研究一下就會發現，我們必須隨時保證提存三個月的經營資金。所謂的三個月是指，每個人都要拿出相當於三個月服務費的錢當作經營資金。如果收費是每個月十萬美元，那麼我們就需要三十萬美元的經營資金。那可不是開玩笑……如果我們想要發展，比如說，每個月不是十萬美元，而是三十萬美元，那麼我們就需要差不多一百萬美元的資本。我們沒那麼多錢。怎樣才能籌到錢？我能想到的唯一方法就是改制，這樣我們追加投資的錢就不需繳納個人所得稅了。我剛加入麥肯錫時，我們一年可能只有四百萬美元營業額。如果你想要發展，做到一年一億美元，你可以算算看，一共需要多少錢。你要準備出三個月的錢，錢從哪裡來？我們都是窮小子，包括馬文。[32]

馬文拒不接受公司制，因為他相信那會沖淡他所鍾愛的合夥理念。他認為，合夥制對麥肯錫好處多多，既可培養一種對企業強烈的投入感，同時也能限制任何個人或群體所獲得的所有權比率，進一步避免產生許多權力集團，更能形成一種夥伴型態的管理風格。此外，合夥制還有利於將所有權轉移給下一代麥肯錫領導人。正因為合夥制具備上述種種好處，馬文才視而不見現實的財務考量。但是隨著馬文逐漸明白公司制的各種好處，例如便於籌措發展資金、可以為成員提供利潤分享和退休計畫，再加上他又想起吉爾・克里在論文中論述組織的法定架構與經營架構的區別，因而意識到，把合夥人視為單獨的股東進行公司化改制，並不一定會妨礙分散所有權的作法，反而可能有利於分散所有權。至此他才改變態度，轉而支持改制。套用馬文自己的話：

我對公司制的態度是，除非能繼續維持合夥的理念，像處理合夥比率那樣處理公司股份，否則絕不能改制為公司。在很多次討論中，蓋伊・克拉格特和我都抱持懷疑態度，擔心它可能造成企業性質和管理風格的改變。但幸運的是吉爾・克里，特別是艾佛特・史密斯，依然熱情不減。

最終，蓋伊和我都被說服了，所有合夥人都會堅決維護企業的專業性質和夥伴型態的管理風格。有此信心，我們就沒什麼可擔憂的了。我們改變態度的另一個原因是，公司和融資可以消除大額合夥人賠償所帶來的障礙，促進轉移所有權給新加入的合夥人，並在成長態勢持續的情況下使出售股份者獲取資本收益。當時的合夥人都認為，這是確保公司長期成功所必須邁出的一步。

公司化改制大大改善麥肯錫的管理，而且所有預期的好處也都一一兌現。落實包括合夥人在內的利潤分享計畫；合夥人賠償準備金制度也建立起來了。我們的股東個人從此不再需要承擔企業遭到索賠的責任，這與在合夥制之下的情況完全不同。最後，我們獲得國際化發展所需要的資金，第二年我們就開始走向世界了。事實證明，資金累積是公司化改制的最大好處。公司在美國穩步成長，卻萬萬沒想到在歐洲也很快就爆炸式成長，但我們依然能在不追加資本的情況下提供財務支持。我覺得公司化改制非常成功。[33]

事實上，麥肯錫的經營架構基本上沒有發生改變，包括合夥人的選舉方式、選擇客戶的方式，以及考核績效的方式。核心政策依然有效，這指的是：合夥人一人一票，任何人對公司的所有權不得超過百分之五，績效評鑑標準化。至於薪酬倒是略有變動，從大多數初級合夥人的角度來看，這些變動，尤其是利潤分享計畫，強烈表明確保公司在下一代領導人手中持續發展是麥肯錫的重點工作之一。李．華頓在公司化改制決策出爐時還是初級合夥人，對當時老一代合夥人如此照顧他們這一代心存感激：

那些老合夥人同意將麥肯錫改制為公司，以建立一個利潤分享退休信託，和一個補充性的退休金計畫，因為此前合夥人都沒有退休準備金，只有一些用自己的薪酬儲蓄和投資所得。所以他們實際上是在為將來的合夥人貢獻大量的財富，而他們自己參與這個計畫的受益期卻極短，因為他們已經接近退休年齡了。這種犧牲將公司緊密地團結在一起。所以說現在的合夥人都應該感激這些前輩。[34]

回首當初公司化改制的決策，馬文更費心思量的可能不是合夥人數量增加所帶來的財務和稅務問題，但他畢竟是一個理性務實的人，所以經過幾次激烈的長時間辯論，他已經意識到合夥制下所有合夥人承擔的法律責任。儘管在正常經營過程中不大可能有什麼大問題，但是如果優秀人才對此望而生畏，因而不肯加入或者希望離開，那就是大問題了。

馬文知道，追求成長有其必要，但不單純只是為了成長，也不應該以公司的聲譽為代價，而是為了創造合適的「空間」和環境吸收並留住最優秀的人才。這種成長要求共同領導，而不是個人領導。麥肯錫一向的規矩就是一人一票，所以在馬文最終點頭之後，公司化改制得以進行並維持至今。一九七一年設立東京分公司時，公司制受到考驗。麥肯錫管理層不肯遷就日本方面的政治要求而改變合法的架構。結果開辦分公司的業務拖了六個月，但最終還是被接受了。麥肯錫是第一家在日本開辦這種股權結構的服務機構。事實上，公司化改制後，麥肯錫獲得長足的發展（見圖圖4-2）。

隨著公司化改制和招募MBA政策施行，麥肯錫進入新的發展期，從一九五〇到一九五九年，規模擴張了一倍多，MBA在諮詢顧問中所占比率也從百分之二十上升到八十以上，並使諮詢顧問的年齡平均值下降了將近十歲。

一九五九年 以統一的企業形象走向全球

一九五三年，馬文和妻子海倫第一次到北美洲以外的地方休假。大多數人都會把休假看成是暫時擺脫工作、無憂無慮休息的好機會，但馬文絕對是個另類：他把每一次休假都用來反思麥肯錫的發展與未來挑戰。誠如吉姆・巴朗（Jim Balloun，視力品牌〔Acuity Brands〕現任董事長、總裁兼執行長，曾於一九六五至一九九六年任職麥肯錫，並於一九七九至一九九三年執掌亞特蘭大分公司）所言：「馬文的韌勁比我所見過的其他任何人更強……而海倫的耐性比其他任何人的配偶都更大，包括內人在內。」[36]

馬文就是在一九五三年到葡萄牙的旅行中，認定麥肯錫應該成為一家國際企業。他說：

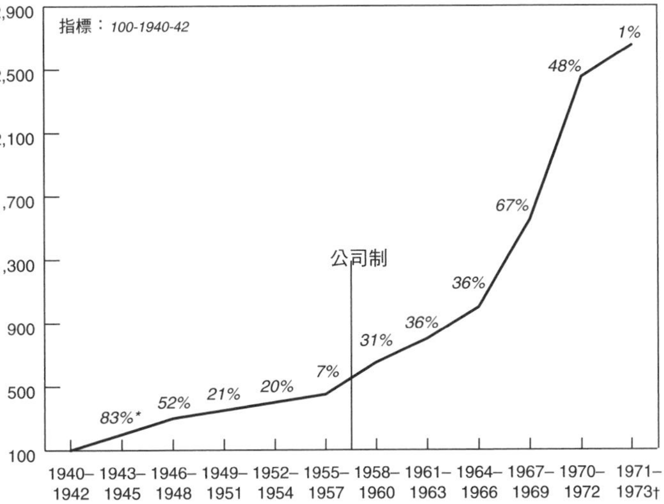

* 表示與前三年相比的成長百分比
† 表示與前三年重疊
資料來源：約翰・紐康（John G. Neukom）所著《麥肯錫回憶錄：個人觀點》（*McKinsey Memoirs： A Personal Perspective*）

圖4-2 麥肯錫一九四〇～一九七三年成長情況（諮詢顧問人數）[35]

在第二次世界大戰期間，美國開始以國際化的角度思考。這種思維方式被強力的共和黨總統候選人溫德爾．威爾基（Wendell L. Willkie）的著作《四海一家（暫譯）》（*One World*）提升到新的高度。他指出：「美國正發生根本性的改變，正從一個關注國內問題的年輕國家，成長為具有國際利益和全球眼光的成熟國家。」世界各地的人們開始認識到，全人類的福祉互為依靠。我們的客戶需要學會全球化思維，為了給他們提供更好的服務，我們就必須思考並了解美國以外的世界……我想，如果我們能從客戶的角度看待這件事情，那麼很多美國企業都會希望我們幫助他們進入歐洲市場。我想，如果我們想要成為一家領先的公司，那麼我們就必須協助客戶推進這一方面……我想，就像我們已經成為一家全國企業一樣，我們還必須成為一家國際企業。37

在馬文這次旅行的年代，企業界的全球擴張趨勢正洶湧如潮，美國企業紛紛在歐洲設立子公司，甚或直接購買歐洲公司。因此，很自然地，客戶也開始看中麥肯錫能為它們在海外獲利提供諮詢服務的能力。

儘管馬文極力主張麥肯錫應朝全球擴張，但是來自一些合夥人群體的阻力也很強。他知道若想達成共識，就必須認真傾聽反對意見。馬文為了扮演好仲裁者這個不可或缺的角色，特意將公開鼓吹的工作交給吉爾．克里——他和馬文一樣，主張開設海外分公司對麥肯錫至關重要。

從馬文和吉爾倡議全球擴張，到麥肯錫在倫敦開設第一家歐洲分公司，期間經歷六年。這可能是麥肯錫歷史上時間最漫長的一場爭論。這並不是因為馬文耐性好，也不是因為他優柔寡斷，實在是因為茲事體大，而且風險重重。在這六年裡，吉爾抓住每一個機會用備忘錄、建議書和計畫書鼓吹，美國客戶也一直要求麥肯錫將服務擴展到歐洲去。與此同時，合夥人反覆討論這項舉動是否明智，測試他們在歐洲提供服務時，能否確保統一的公司形象所需的各種政策和流程。

辯論

關於是否進行全球擴張，爭論的重點圍繞在利弊得失上。所謂利，包括能有效回應日益全球化的老客戶對海外服務不斷成長的需求，同時積極適應因通訊、運輸等因素不斷推動全球化經濟發展的時代。所謂弊，麥肯錫在美國的業務正如日中天，而且利潤豐厚，何苦要從這個不斷成長、非常成功的市場調派資源去開設海外分公司，還不如善用這些資源，在國內的底特律、亞特蘭大等城市開設新的分公司。此外，歐洲企業就愛斤斤計較顧問費用，更何況，那些家族企業恐怕一時也難以接受已經成為麥肯錫鎮店之寶的高層工作方法。

馬文回憶當時合夥人的反對聲浪，並說麥肯錫歐洲模式的成功正是那次漫長爭論的結果：

> 事實上，如果不是幾乎所有人都傾向進軍海外，我們就不可能取得成功。我們做了研究，並從這些爭論中獲得很多有益的東西。如果沒有爭論，我們就無法獲得這些好處。
>
> 比如說，艾佛特．史密斯不斷提出他認為我們不應該國際化的各種理由。他說，我們不能在歐洲另外搞一套與美國不同的工作方式。我們研究好幾個月後，制定相關政策，以確保我們在歐洲的工作方式、用人標準、收費水準能和美國保持一致，如果做不到就撤回來。另一套方案就是先從小企業開

始，做一些小專案，然後逐漸向上發展。所以觀點的差異導致我們採取一個極難實施的策略，但我們最終仍成功實施這套策略。[38]

客戶的要求

在一九五四年一次管理會議上，吉爾．克里提出：「從目前的情況來看，每位同仁都必須盡力了解我們的美國客戶在海外經營所遇到的問題。我們需要在短時間內摸清自己在這個領域內的未來前景。」[39]麥肯錫聘請歐洲商業方面的專家查爾斯．李（Charles Lee），與克里一起研究並制定麥肯錫的擴張計畫。克里還在《哈佛商業評論》發表一篇文章，題為〈拓展世界企業〉（Expanding World Enterprise）[40]。這是一篇開創性的文章，且刊載在一份影響力強大的期刊，引起很多潛在客戶的興趣。

就在那一年，隨著全球化風雲乍起，一些美國客戶開始要求麥肯錫走向海外，一些諮詢專案也在歐洲開展，其中包括科技工程公司ＩＴＴ（Industries Investment Co）的全球組織架構專案、亨氏的英國策略專案、食品機械公司的全球擴張專案，以及ＩＢＭ世界貿易公司的組織架構專案。

這些早期的專案為麥肯錫的諮詢顧問打下很好的基礎，不僅開闊他們的思路，而且讓他們學會以更加國際化的眼光看待問題。一九五二至一九六六年間任職麥肯錫的約翰．史都華說：

ＩＢＭ世界貿易公司的專案，讓我們知道什麼叫做大型跨國公司。後來我們得知，我們設計出的地區組織架構，對於IBM奪取歐洲電腦市場貢獻卓著。有一天晚上，小湯瑪斯．華森在飯桌上告訴我，這個專案奠定了IBM世界貿易公司的基礎，而且多年來持續發揮巨大作用。[41]

一九五六年春天，吉爾又向合夥人發出一份備忘錄，強調機會與迅速採取行動的必要性：

在當前情勢下，美國的管理顧問公司正同時面臨著機遇與挑戰。機會在於，它們可以像在美國那樣，邁向國際為企業提供服務、幫助它們取得成功，進而獲得豐厚的報酬；挑戰在於，這就意味著要付出更多的時間和精力，按照美國所扮演的新世界角色，將管理顧問的訣竅和方法帶到其他國家……外國企業也需要並且希望得到美國諮詢顧問的幫助，而且美國的海外企業也同樣有這種需求和願望。最後，隨著國外業務日益複雜與廣泛，若想正確了解當今美國企業所面臨的問題，就必須付出足夠的時間與知識解決它們的國外業務管理問題，這些問題是決定企業成敗全局中的重要環節。[42]

那一年稍晚，與一家歐洲企業的合作為麥肯錫打開了幾扇大門。約翰．羅登，皇家荷蘭殼牌集團一九五二至一九六五年的執行董事之一，一九六五至一九七六年任董事長，從德士古董事長古斯．朗口中得知麥肯錫和馬文．鮑爾的情況。

於是羅登和馬文通電話，會談中決定在委內瑞拉展開一項專案，主要是重整組織架構。這實際上是對麥肯錫的一場考驗。一九五一至一九八三年任職麥肯錫，曾任英國分公司首任經理的修．帕克（Hugh Parker），和李．華頓遠赴南美。馬文身為專案督導也去了一次，停留了兩、三個星期。

華倫・坎農回憶，由於那項專案成效卓著，一時間麥肯錫在海外聲名鵲起：

那一次我們大獲成功。約翰・羅登又延攬麥肯錫到倫敦展開一項有關全世界組織架構的專案，從此就一發不可收拾了。馬文發揮關鍵性作用，皇家荷蘭殼牌集團是他引介來的，是他為皇家荷蘭殼牌集團創立專案小組。他指導專案、開發客戶，奠定公司成功的基礎，然後領軍進入英國。[43]

在殼牌專案進行的過程中，客戶要求麥肯錫朝向海外擴張的呼聲不斷上升，而其他一些因素也使合夥人改弦易轍，尤其是一九五七年《商業週刊》一篇文章指出：麥肯錫是一家海外業務可觀的美國公司，卻還維持從美國分公司外派諮詢顧問執行海外業務的模式；相比之下，博思艾倫已經開設許多家歐洲分公司。[44]顧問是一門競爭激烈的行業，這篇文章當然使大家開始擔憂落後博思艾倫。《商業週刊》發表這篇文章後不久，麥肯錫與殼牌即就初步成功的基礎擴大合作。

倫敦分公司

一九五八年初，吉爾・克里發出一份備忘錄，建議開設倫敦分公司，理由如下：

一、儘管我們從一九五三年四月以來一直審慎地採取穩扎穩打的策略，但是歐洲市場的機會不容小覷。隨著一九五八年一月一日歐洲共同市場建立，很多美國和歐洲企業都不得不重新審視自己的基本經營狀況。

二、從一九五七年一月以來，我們已經為二十三家美國國內、外客戶提供完全著眼於國際性問題的服務，為此，麥肯錫派出員工遠赴十九個國家。

三、一些麥肯錫成員已經對海外業務產生興趣。修・帕克具備擔任倫敦分公司常駐經理的能力，而且他也已經在倫敦定居。目前我們有諮詢顧問定居在倫敦和海牙。

四、查爾斯・李發表的七篇文章和大約同等數量的演講，提升我們海外業務的聲譽。[45]

結果，合夥人對國際性擴張的支持度上升。當麥肯錫開始在歐洲擴張時，模式仍與二十多年前在美國擴張的手法如出一轍。正像當初麥肯錫總是從紐約分公司抽調精兵強將到各地開設分公司一樣，這一次麥肯錫也調派最優質的國內資源到歐洲，對於麥肯錫的美國業務來說，這是艱難的犧牲。此外，麥肯錫也同樣遵循馬文有關國內擴張的願景，將統一形象和一體化的理念帶到歐洲。這就意味著，公司經營和收費水準也都和美國大致持平。[46] 照李・華頓（他是在歐洲的首批諮詢顧問之一）所說，這是一個極具挑戰的目標：「我們經常需要說明，為什麼我們的收費會是當地競爭對手的十倍。」[47]

在接下來的一次管理層會議中，這個提議得到討論，合夥人終於投票決定實施國際性擴張，此時距離首次提出這項理念已經有六年了。馬文說，在那次會議上：

有人提議還要再研究研究，我說，我們對這個問題已經研究得夠久了。現在就舉手表決吉爾的提案吧。[48]

共識達成後，馬文和麥肯錫迅速採取行動：

第二天，我們就宣布要成為一家國際公司，並將在法律、稅務和實務準備完成後立即開設倫敦分公司。[49]

殼牌專案打開麥肯錫的高知名度，促使麥肯錫於一九五九年成功開設第一家海外分公司。一九五九年一月十五日，約翰．羅登向全世界聲明，殼牌曾採納麥肯錫的建議。他還在英國素負盛名的期刊《董事》（*The Director*）發表一篇關於殼牌新組織架構的重要文章。羅登在文中寫道：「麥肯錫這家領先群倫的美國管理顧問公司，應執行董事之邀，協助它們開展這項專案。」[50]

儘管有了這樣的知名度，進軍倫敦仍然不是一件容易的事情。正如倫敦分公司的首任經理修．帕克所說：

公司問李．華頓和我願不願意去倫敦開設分公司。我們當然願意啦。然後就有人說：「這是二萬五千美元，拿去吧。」那是給我們的初始經營資金。這是麥肯錫第一家海外分公司，很快我們又在日內瓦開了分公司，接下來是巴黎和杜塞朵夫。

吉爾在建立財務控制上發揮關鍵作用。他負責和律師打交道，主要是在倫敦開辦業務的行政事務。李和我就出去找業務。競爭非常激烈……一個人坐在詹姆士大街上有時候很孤單的。馬文差不多每天都會打電話過來，看看他能幫上什麼忙。

我們必須先處理幾件麻煩事。第一是沒有人知道我們；第二，我們是美國人。雖然當時已經是一九五〇年代末期，但英國人還是對美國人不大友善。倒也不是公開反美，而是一種厭煩的情緒。第三就是英國式的管理顧問。當時英國已經有管理顧問，而且已經有四家相當成熟的公司，分別是聯合產業顧問公司（Associate Industrial consultants）、人力管理公司（Personnel Administration）、生產設計公司（Production Engineering），以及厄威克．奧爾合夥公司（Urwick, Orr & Partners）。它們都是很值得尊敬的公司，但它們顯然不是遵行馬文當年創立的那種麥肯錫式管理顧問，當地人也搞不懂我們做的是哪門子管理顧問。

我們原本以為，可能會先從美國客戶的英國分公司那裡得到一些業務，如亨氏或梅西公司。我們確實拿到一些ＩＴＴ和胡佛英國公司（Hoover U.K.）的專案，但真正使我們一舉成名的是ＩＣＩ公司的專案。它是英國最大的工業公司。幸虧有保羅．錢伯斯（現在已經被冊封為爵士）的緣故，為我們開創高知名度。我猜，沒幾個英國人知道我們為殼牌服務過，但是他們肯定知道我們提供ＩＣＩ諮詢服務。

這項專案是馬文談定的。馬文這個人特別有說服力，他一看就是個正直的人。我想就是因為這一點，人們才信任他，而且容易接受他。[51]

拿下ＩＣＩ這個歐洲商業龍頭的專案後，倫敦分公司擴編為八個人。約翰．麥康柏曾在一九六一至一九六四年，及一九六七年擔任歐洲大陸分公司經理，後來歷任塞拉尼斯董事長和進出口銀行總裁。對於一九五九年的歐洲他這樣描述：

我們都忘記了，歐洲曾經徹底毀於戰火。當我第一次去英國時，皇家荷蘭殼牌公司門前炸彈轟過的地方仍是一片瓦礫。都一九五九年了，還看得到尚未清理乾淨的痕跡。直到一九六一年，巴黎的麵包價格還受到管制。所以說，這裡的環境截然不同，沒我們那麼富裕，也沒那麼先進。[52]

羅傑．莫里森曾於一九七三至一九八三年執掌倫敦分公司。他還記得在戰後的英國，殼牌和ＩＣＩ專案如何接二連三地帶來好多客戶：

我們得到好幾位英國商界權威人士的推崇和支持，主要是因為我們曾獲聘為殼牌和ＩＣＩ提供服務。一時之間，請麥肯錫幫忙簡直成為一種時尚。沒多久，維克斯公司（Vickers）請我們過去。當時維克斯旗下有英國航太公司（British Aerospace）、造船廠和英格蘭的煉鋼廠。因為我們在維克斯幹得不錯，英國郵政（British Post Office）也請我們去。勞斯萊斯（Rolls Royce）的航空部門請我們之後，汽車部門也僱用我們幫忙；還有聯合餅乾公司（United Biscuits）也請我們去。這下子，麥肯錫可是家喻戶曉了。最後連英國廣播公司（ＢＢＣ）和英格蘭銀行（Bank of England）也都決定聘請我們。[53]

經過一九六九年英格蘭銀行專案之後，倫敦分公司總算可以自信地說：「我們被接納了。」愛爾康．柯比薩羅（Alcon Copisarow）爵士當時也在倫敦分公司，他清晰記得當時那個突破性的時刻：

歐布萊恩勛爵（Lord O'Brien）要我為英格蘭銀行進行一項專案。我說：「從一六九四年到現在也快要三百年了，就算對財務大臣你們也一直守口如瓶，現在你們居然要讓美國來的私人諮詢顧問接觸這些連政府都不了解的訊息？」[54]

在倫敦成立分公司，而且是憑藉美國的商業專家打入英國市場，這項事實本身就是一項了不起的成就。套一句李·華頓的話說：「這是麥肯錫邁向真正國際化的第一步，是公司歷史上最重要的幾件大事之一。」[55]到一九六六年底，英國分公司已經成為僅次於紐約分公司的第二大分公司了。（見圖4-3）

麥肯錫在歐洲的發展和進軍歐洲大陸

一九六一年，麥肯錫進入在歐洲進一步擴展的時期。馬文·鮑爾提出一個計畫，以步步為營的方式，先在日內瓦設立一家分公司，

Bank of England Plans Operational Changes

Efficiency Experts Advise 'Old Lady' to Grow Slimmer

By JOSEPH COLLINS
Special to The New York Times

LONDON, Feb. 3 — The Bank of England, the leading symbol of London's financial power, will shortly make changes in its operations on the advice of American efficiency experts.

McKinsey & Co., management consultants, have had a team at the bank for nearly a year. Last night it was officially announced that their suggested reforms would be made.

They are neither radical nor revolutionary changes. The bank's messengers will still wear tall silk hats in carrying polite suggestions from the Governor that have the force of law in the close-knit financial community here.

Experts To Stay a Bit

A spokesman for the bank said today that the recommendations of the McKinsey experts, dealing in good part with planning methods, had mostly been accepted. The McKinsey men will stay until the end of this month so that the changes can be made in consultation with them.

The Old Lady of Threadneedle Street, as the bank has been affectionately known to generations of City bankers will, among other things, get a little slimmer.

A statement from the bank on the proposed changes said: "Economies in manpower are likely to flow from some of the recomemndations, but none of them appears to imply sudden or drastic cuts in the present level of staffing." The bank has 4,500 employes; the 2,500 who work for the bank's printing plant were excluded from the investigation.

One of the most important of the recommendations was the establishment of an Internal Policy Committee under the chairmanship of the Governor, Sir Leslie O'Brien, "to concentrate on long-term issues of policy and to promote the studies that these long-term issues require."

At present there are several ad hoc committees doing high-level thinking for the future on such matters as the role of monetary policy.

Another change will be the formation of a new department that will bring together the work on computer developments. methods study. work measurement and job evalua tion The bank has two large computer installations.

The bank also agreed to the McKinsey ideas for an improved system of bugetary and cost control and for changes in methods of management training, career planning and appraisal of performance.

International Team

The McKinsey team of five contained two Americans and three Britons. Its leaders were Dr. A. C. Copisarow, a Briton, and Roger Morrison, an American. The operation was carried out by McKinsey's British affiliate company.

The assigning of an American company for the job caused no flurry in the Financial District. McKinsey's had already done a similar appraisal for one of Britain's biggest joint stock banks, the National Westminster.

Although the bank of England was nationalized in 1946, in administrative matters it is independent of the Government. In fact, the Treasury officially does not know the salaries of the bank's executive directors.

Pictorial Parade

The Bank of England, known for generations as the Old Lady of Threadneedle Street, may get a more sprightly image after adopting changes suggested by U.S. experts.

圖4-3 英格蘭銀行規畫經營變革

從那裡為杜邦、通用食品等美國企業的當地分公司提供服務。馬文的計畫得到合夥人支持。

但是很快地，事實證明，麥肯錫低估了這次擴張的力度。倫敦分公司的情況重演了，歐洲企業對麥肯錫趨之若鶩，熱度比美國企業的海外分支有過之而無不及。此外，由於歐洲這個成長平臺的魅力日益顯現，麥肯錫的競爭對手也爭相湧入這裡開設新的分公司。麥克．史都華回憶，公司實際上根本沒有照計畫一步一步來，而是呈爆炸性成長：

當時的情況十分有趣。我們本來是計畫透過約翰．麥康柏領導下的日內瓦分公司來學習各種職能和語言方面的技能，等到一九六七年前後，我們有了三、四十人的隊伍，在義大利、瑞士、法國、德國擁有一些客戶經歷，通過考驗之後，再開辦一家新的分公司。但是約翰．羅登真夠意思，他把我們介紹給荷蘭王子博恩哈特（Prince Bernhard），而博恩哈特又為我們介紹了KLM和SHV。SHV的名氣不是很大，但事實上是荷蘭一家很大的石油公司。於是突然間，我們在荷蘭多出兩位客戶，卻沒有分公司。這還不簡單，在阿姆斯特丹再開一家就是了。這可讓日內瓦那幫人驚慌失措了。他們當中有四個人到杜塞朵夫開設分公司，還有五個人跟著約翰．麥康柏去了巴黎。我們進軍歐洲的指導方針原本是要為美國客戶在歐洲的分公司提供服務，但是到現在這部分業務僅占我們全年營收的百分之三。所以說，我們是基於錯誤的理由做出了正確的決定。[56]

約翰．麥康柏（當初就是他開辦巴黎分公司）說，當時的情況很有挑戰性，很令人興奮，也有很大的回報：

當我們去歐洲發展時，世界上還沒有哪一家公司有建立這種完全由公司成員所擁有的專業機構的念頭，也沒有哪一家公司把管理顧問當成專業服務來提供。我去歐洲時，人人都打廣告，可是我們不打廣告。其實當時根本就不知道歐洲企業如何經營，不知道決策流程如何運轉，也不了解人們的行為方式和價值體系，只有從學校裡得來一點膚淺認知。這就好像根本不知道深淺就往河裡跳。所以我對那些持謹慎態度的人沒有半點瞧不起。畢竟這是一個很重大的決策，會有一定的財務風險，但真正的風險在於：一是要和一群很討厭的人打交道，二是我們不具備相關知識。

（在法國）一開始時，我們不大被接受。後來經過一連串事件，我們算是找對了關係。戴高樂（de Gaulle）幫了不少忙。他真是棒極了，才華洋溢，敏銳深刻，客觀超然，關於他性格的那些說法都是真的。而且他很勇敢，非常勇敢。在那種環境中（和頂尖的工業家在一起）工作也太棒了。當時巴黎到處都在鬧塑膠炸彈案，阿爾及利亞的時局也很讓人頭疼，但我們卻獲得了很好的評價，短短幾年時間內情況就突然改觀。請麥肯錫幫忙不但是可以被接受的，而且，事實是，你要請得動麥肯錫，那可真是超有面子啊。這都是因為我們和法國商界的領導層有志一同。

在瑞士也是這樣，我們成功打入了既有勢力。這不是一次聯合行動。我們不說自己要打入既有勢力，我們只是結識一些人……而且也確實結識了一些人。就這樣自然而然地，我們在瑞士、德國和阿姆斯特丹都取得了非常出色的成績。

當我們在歐洲登陸時，歐洲正在等著我們。當時我們還不知道，但是很快大家就明白，歐洲人亟需的正是馬文要求我們做的那種工作，那種真正影響到企業發展方向的策略性高層管理工作。同樣，那也會影響到我們在其中開展業務的國家的方向。至少早期是這樣。麥肯錫對於歐洲生產力重建所發揮的作用與任何機構相比都不遜色。這一點毫無疑問。事實上我相信我們對於汽車業、銀行業、航空業和石油業的幫助，都是別人無法相提並論的。這些行業全都因此獲益良多。

我們的歐洲客戶名單會嚇你一跳。他們也知道我們並不總是正確的，有時候也會做些蠢事，但他們對我們的動機從來沒有過一丁點懷疑。我們不是為了錢，而是真心真意地想要幫助他們……此外，還有一點就是，很顯然我們這些人都很有趣、很聰明、有吸引力，而且有說服力……還能出一些好點子。但是我覺得真正無往不利的還是他們確信我們的動機。我們的動機真的就是為了幫助他們。

我覺得我們在歐洲的所有工作，不管是在德國、法國還是阿姆斯特丹，我們都在努力幫助客戶研究他們希望做些什麼。在茨瓦納柏格—奧根那公司（Zwanenberg-Organon，荷蘭一家著名企業，在全球製藥、生產食品），議題是：我們是製藥企業還是專門化工企業？我們是幹什麼的？我們需要做些什麼？這些選擇各有什麼利弊？因為幾乎所有這些企業對自己正在努力做的事情都存在著爭議。就拿羅納—普朗克公司（Rhône-Poulenc）來說，頭腦完全不清楚。我們是化工企業嗎？是製藥企業嗎？是精細化工嗎？我們與政府是什麼關係？全都是這樣的問題。套用心理學家的話，就是頭腦不清。真的是頭腦不清。

當時我們的人都非常善於說服別人，他們本應如此。這不僅是因為他們聰明過人，能言善道，而且還因為他們做足了準備工作……你把事情做成功了，就會看到成果。這是諮詢工作有意思的原因。而且諮詢工作確實威力巨大，麥克斯．蓋登（Max Geldens）改變了整個荷蘭的工業基礎，我認為在法國的團隊也取得同樣的成績，還有德國的約翰．麥克唐納（John McDonald），表現極為出色。當然我們有很多影響力不那麼大的客戶，但是也有很多從另一個角度來看影響力極大的客戶，因為他們的工作與公共政策直接相關。戰後他們也是百廢待舉。

馬文每年都會出來視察，我們會進行工作總結。我覺得，他看到當時的情況後可說是大吃一驚，非常非常吃驚，因為公司能有如此的影響範圍和力量。我覺得馬文感到非常驕傲、印象深刻，但是最讓他感到驕傲的還是阿姆斯特丹和巴黎、德國團隊的影響力。在早期，他們甚至能夠影響到一般大眾的生活。這對我們都是很大的鼓舞。[57]

約翰．麥康柏說，雖然馬文永遠不會直接說出「我為你們感到驕傲」，但是對於這些合夥人和團隊能夠將出眾的能力帶出國門，融入外國文化體系，幫助戰後的歐洲重建經濟基礎，他的自豪之情溢於言表。

一言以蔽之，麥肯錫的全球擴張大獲成功，但卻與合夥人當初的設想大相逕庭。令所有人都出乎意料之外的是，機會不是來自美國公司的全球業務，而是歐洲的企業先驅。結果，麥肯錫發現自己在歐洲，主要是由設在各國的分公司為歐洲公司提供服務，而不是像一開始設想的那樣，透過少數幾個地區分公司為美商在歐洲的分公司服務。這個馬文當初所說的「策略性投機」，最終變成管理顧問史上屈指可數的最偉大成就之一。

任用女性管理顧問專案——一九六八年

到了一九六四年，馬文不戴帽子了，麥肯錫在美國已經設立六間分公司，在歐洲兩間。哈佛商學院產生第一位女性畢業生，[58]麥肯錫也招募了第一位女性諮詢顧問。在這個表面看起來相對保守的公司裡，一個巨大的轉變正在悄悄發生。四年後，麥肯錫決定由一位女性管理一項諮詢專案，哈維・葛魯伯正是此事的促成者，他回憶：

有一位女性諮詢顧問名叫瑪莉・法爾維（Mary Falvey，一九六七至一九七五年任職麥肯錫）。她獲得康乃爾大學的經濟學學位及哈佛商學院的MBA學位……是我所見過最聰明的人之一。那時還沒有女性合夥人，只是剛剛開始錄用女性。瑪莉和我一起為北美保險公司（Insurance Company of North American）執行專案，現在北美保險公司已經成了信諾保險公司（Cigna）的一部分。馬上就要進入專案的第二個階段了，我決定讓瑪莉主持這個階段的工作。那時狄克・諾切爾（Dick Neuschel）是麥肯錫負責與北美保險公司之間關係的資深董事。我向他和馬文匯報下一個階段的打算時，他問我打算讓誰來主持，我就說瑪莉。他沉吟了一會兒，問我：「要不要和客戶商量一下？」我說：「不。」他問我為什麼，我就說：「如果你去問他們，他們就會把這件事當成值得考慮的問題。可是他們並不能判斷誰是最好的專案經理，而我能。這是我的職責所在，與他們無關。」馬文笑了，問我接下來打算怎麼做。我說：「我已經做好了，馬文。我已經下去告訴他們，從星期一開始，會有一位新的專案經理，她是我所見過最聰明的人，你們都會喜歡她。」馬文「喔」了一聲，這件事就算定案了。

那是人們如何看待公司成員的轉捩點，也是這樣一間非常正統的公司自我調整的轉捩點。馬文和狄克的反應都很簡單。他們自己或許不會這麼做，但都能妥善適應變化，雖然他們對於這些變化可能連想都沒有想過。這就是馬文一手創建的麥肯錫。在這裡，狄克．諾切爾這樣的人會願意立即拋棄長久固有的習慣。[59]

瑪莉．法爾維對自己早年在麥肯錫的印象是：

從我在培訓課程上聽到馬文講話開始，我就對他充滿敬畏。當時我和一位諮詢顧問正走在大廳，馬文剛好從對面走過來。他先和那位諮詢顧問（不知道叫什麼名字）打招呼，我沒等馬文和我說話就搶先開口：「你好，馬文。」他說：「妳好，瑪莉。」我有一種被接受的感覺。他知道我是一個麥肯錫諮詢顧問，而且他還知道我的名字。[60]

瑪莉明白，她不僅僅是需要在麥肯錫的大廳被人接受：

在我主持專案時，形勢很微妙。前兩年裡，客戶向一些系統投入大量資金，可是卻沒有收到預期效果。我們告訴他們，停止投資吧，沒用的。客戶的管理階層裡沒有女性，但是他們卻接受了我這名顧問。那感覺真是太好了。[61]

關於是否接受專業女性進入領導階層這個問題，馬文很少發表意見。或許他也曾經擔心女性專案經理（當時這種作法還未被接受）會分散聚焦問題的注意力，就好像不戴帽子或者穿菱格襪一樣。但是對他而言，為客戶提供最優質服務，這條原則才是壓倒一切的關鍵點。

隨著馬文逐步深入認識女性諮詢顧問，他開始把女性諮詢顧問視為一項優勢。一九九九年他說：

每支小組裡都要有女性。完全由男性組成的小組經常會鑽牛角尖。有了女性加入以後，你就可能從問題中鑽出來。女性的直覺確實比男性強。我以前也曾經發現，如果你在完全由男性組成的小組中加進一位女性，整個小組都會變得更富想像力，能產生更多、更好的創意，也能夠更貼切地體察客戶心理。[62]

麥肯錫的第一位女性合夥人琳達・李文森（Linda Levinson）說，女性顧問剛剛出現時：

男人們有點不知所措，不知道在公司裡應該怎樣與女人打交道。而女人們則小心翼翼，唯恐做錯什麼。馬文把麥肯錫培養成只看重能力、不區分性別的菁英集團。馬文讓女性也有機會取得成功，他用和男人一樣的標準來要求我們，讓我們感到自己也可以達到這些標準。馬文對於專業化的定義，給了我們難以磨滅的印象：

實話實說。

嚴守正直。

超越客戶的期待。

馬文所確立的價值觀，把麥肯錫變成一個不同尋常的地方。[63]

一九六六年　不公開上市：向合夥人出售股份

一九六〇年代末期到一九七〇年代初期，一些服務性機構紛紛公開上市，包括亞瑟・理特和博思艾倫，克瑞賽普暨麥考密克與佩吉特也被賣給花旗公司（Citicorp）。雖然麥肯錫的合夥人並不熱中公開上市，但身處這樣一種風潮中，眼看著這些上市公司的合夥人賺到大錢，他們確實需要對此做出明確的決定。

馬文認為，麥肯錫不宜公開上市，因為上市後就要對股東負責，滿足市場大師的期望，由此產生的業績壓力會削弱麥肯錫的獨立性。他還認為，上市會促使人們為了美化季報而接受不恰當的客戶委託，進而損害麥肯錫的聲譽，破壞長期發展能力。馬文與其他公司的同行反覆討論過這個選項。他後來回憶：

我們三個人曾經在一次諮詢顧問的會議上辯論（見圖4-4）。理察・佩吉特（Richard M. Paget）代表他的公司，詹姆士・泰勒（James W. Taylor）是博思艾倫的當家，然後就是我。我們對於外人持股的利弊爭執不下。我的意見是，最好所有股份都由內部人持有，這樣比較靈活，也不必擔心遵守政府法規的問題。最重要的是，我們可以依據自己的意願經營，不需要考慮外部股東的收益。我們可以並且確實著眼於長期發展，比如說，如果我們想要在中國開展業務，就可以拿出大筆資金，不需要迎合外部股東追求利潤。事實上，博思艾倫已經向公眾出售百分之十五的股份，因而他們就必須遵守很多我們所不必遵守的規定。它們的靈活性受到影響。後來出於某些原因，它們還是回購了這部分股份。

它們向一家銀行借了一筆錢，把股份從公眾手中買回來。就這麼白白折騰一次。克瑞賽普暨麥考密克與佩吉特也曾把股份賣給花旗公司，後來再贖回來……

我們從來沒有把公開上市當成一個議題正式討論過。如果說有這種要求的話，那也是微乎其微。一九六六年，花旗公司曾經試探過麥肯錫，那還是在他們收購克瑞賽普的股份前。一九六七年以後我不再擔任董事總經理了，他們又來找李．華頓。他也是一口回絕，甚至都沒有詢問其他合夥人的意見。他告訴花旗公司，這種收購其實對他們不利，後來他們發現事實果然如此。[64]

Consultants Differ on Ownership

The New York Times/Carl T. Gossett

Marvin Bower, right, a director of McKinsey & Co., and Richard M. Paget, center, president of Cresap, McCormick & Paget, who had a spirited debate concerning management consultants, talking with James W. Taylor, president of Booz, Allen & Hamilton.

By LEONARD SLOANE

Two leaders of the management-consulting fraternity yesterday, argued — genteelly, of course — as to whether private firms or those owned publicly or by institutions represented the future of their profession.

Marvin Bower, a director of McKinsey & Co., Inc., told the North American Conference of Management Consultants that "the posture of independence is greatest when the firms are owned by individuals associated with it rather than by outsiders."

However, speaking to the same 300 consultants attending the all-day conference at the Plaza Hotel, Richard M. Paget, president of Cresap, McCormick & Paget, said, "The fact of private ownership is no guarantee against malfeasance, as some of us here have seen. Nor is public ownership necessarily conducive to malfeasance."

Yesterday's debate was a continuation of the battle that has erupted in recent years over the ownership of consulting firms. During this period, such giants as Booz, Allen & Hamilton and Arthur D. Little have gone public, while Cresap, McCormick; Fry Consultants and William

Continued on Page 46, Column 4

圖4-4　諮詢顧問們對於股份問題意見不一（《紐約時報》，一九七二年一月二十六日）

雖然當時麥肯錫並不打算上市，但是馬文擔心總有一天這個問題會再度被提出來：

我相信，早晚有一天會有合夥人想把股份出售給公眾或某一家銀行或公司，這樣就可以把以前合夥人所建立的良好商譽兌換成現金。如果真的發生這種事（這違反我們的政策，我希望永遠也不要出現），我們當中不少人在九泉之下也無法安息。那種行為只能說是為了滿足某些合夥人的貪欲，徹底違背我們麥肯錫代代相傳、一代比一代強的根本方針，也違背我們建立永續經營企業的初衷。[65]

儘管馬文與同行辯論過了，但還是有很多人並不認為服務性機構與上市公司是那麼水火不容。他們後來為此付出慘痛的代價。

一本內部書刊《博思艾倫：為客戶服務的七十年，一九一四至一九八四》（*Booz Allen & Hamilton: Seventy Years of Client Service, 1914-1984*）這樣描述那個時期：

> 隨著一九六〇年代接近尾聲，大家談的都是如何賺錢。上市就是一種可以把顧問公司的資產變現的方法。繁榮時期使得幾乎每個人都非常樂觀。企業狀況良好，市場也如日中天……一九六九年十二月二十日的《商業週刊》就透露了一些博思艾倫「內部致富的故事」。當時博思艾倫正準備向公眾出售五十萬股普通股。一九六九年的淨營業額高達五千五百萬美元，比一九五六年翻了一番。淨收入更是讓人歡喜，從一九六四年的一百五十萬美元成長至超過三百五十萬美元。按照每股三十美元的建議價格計算，艾倫和博思各自的身家都超過七百萬美元，另外八位主管董事分別為一百六十萬至四百五十萬美元不等。
>
> 公開上市自有其道理（除了個人財富）：這樣一來，博思艾倫可以更容易收購其他公司，包括主管董事在內的股東也更容易將自己的股份變現。而且，就像吉姆・艾倫所說的那樣「符合時代精神」。

但事實證明，這個如意算盤打錯了。博思艾倫上市時恰逢股市的高峰期，隨後就一路下滑。「上市沒給我們帶來什麼好處，」艾倫說，「也不是拓展公司的好方法。正確的方法應該是聚集人才，而不是收購公司。」[66]

幾年後，博思艾倫回購股份，努力將自己重新定位為客觀的局外人。一九六七至一九八四年擔任花旗公司總裁的華特・李斯頓（Walter Wriston）也發現，克瑞賽普並不如他們所期望的那樣利潤豐厚。[67]

馬文・鮑爾沒有跟風讓麥肯錫上市，他放棄了讓自己暴富的機會。這個決定有力地證明他堅守自己為個人及麥肯錫所確立的價值觀。他堅信，如果諮詢顧問要向股東負責的話，就不可避免地會降低提供客戶服務的品質；如果他們自己也是上市公司的話，就不可能成為另一家上市公司的首選顧問。

現任佳能（Canon）研發總監的約翰・富比士（John Forbis），於一九七一至一九八三年任職麥肯錫，他注意到這次在財富與聲譽、價值觀之間的權衡取捨：

我在一九七〇年代早期加入麥肯錫時就知道，自己永遠不會像投資銀行那樣富有，但是也能過很不錯的生活。我們也知道，上市與麥肯錫的理念不相容，因為我們有自己的價值觀。麥肯錫是一家以正直為基石的機構。馬文不肯把麥肯錫上市，就好像喬治・華盛頓（George Washington）拒絕國王的封號一樣，因為那違背了基本原則。[68]

馬文沒有把麥肯錫引向讓自己「富可敵國」的方向，而是幾乎背道而馳地堅持憑藉遠見卓識而制定的政策。他按照票面價值將自己所擁有的股份回售給合夥人，進而鞏固了麥肯錫身為永續經營的專業管理顧問公司的地位，使之能有良好的財務基礎架構，可以為其他企業提供獨立公正的建議。

這個舉動得到當時其他合夥人歡迎，也贏得後來合夥人的尊敬。現任獵才公司懷黑德集團（Whitehead Mann Group P/C）董事長的彼得．福伊（Peter Foy），曾於一九六八至一九七三年、一九七四至一九九六年兩度任職麥肯錫。他感受到大家的這種情緒：

馬文所做最偉大的一件事情，就是把自己的股份分給大家。如果你研究一下其他類似開創性企業的衰亡，往往會發現那些創始人越發暴露的貪欲。但是我們的創始人馬文．鮑爾就不一樣。他這些年在麥肯錫的工作，保證了他所留下來的理念依然有效。他把自己在股份中的財富傳給公司，而不是盡可能撈光最後一點本可獲得的現金利益，這為我樹立了偉大的榜樣。其他那些人就沒有他的這種風範。[69]

正如亨利．史查吉所言，很少有人會為了企業的未來而放棄自己的財富：

讓我一直覺得非常不可思議的是，他定下了任何合夥人不得持有公司百分之五以上股份這條規矩。這意味著他必須以極低的價格把自己的股份回售給公司。當時他手上究竟有多少股份？大約五、六成吧。這種事情在今天根本無法想像：「是這樣的，為了保證公司的長期發展，任何合夥人所持有的股份均不得超出百分之五。我本人將會把我的股份以極低的價格回售給公司。」誰會這樣做呢？[70]

而馬文依然是那麼謙遜，他把自己回售股份的決定，當成是實現公司願景——永續經營的自然要求。唯有全部合夥人都這樣做，公司發展才能長遠：

很多人都說，如果我繼續留在職位上，或者把公司賣給別人，或者把按照常規方法全數收購的股份賣個高價，我都可以賺到更多錢。我在做決定時並沒有想到這些，而是要建立一家能在我身後繼續發展的公司。那才是我的雄心壯志。所以我並不覺得自己的決定有多麼慷慨。71

一九六七年 堅持世代交替

馬文認為，老一代領導人必須讓位給新生代領導人，這樣企業才能擁有未來。一九六七年十月，馬文．鮑爾於六十四歲之際辭去公司董事總經理的職位。他正式在這個職位上的時間有十七年，實際工作時間長達二十八年，很多人都希望他能夠繼續擔當這個角色，大家對於沒有馬文掌舵的未來懷著憂心和不確定感。修．帕克捕捉了當時大家的心情：

每個人都知道接下來要發生什麼事，他早就告訴過我們了。我們一次又一次地討論沒有人能夠替代馬文的問題。把馬文換掉就好像換老婆一樣，真的很難為。很多人都和馬文．鮑爾關係密不可分。72

麥克．史都華回憶，沒有人認為能夠找到合適的人來代替馬文：

馬文．鮑爾定下了規矩，董事總經理應該在六十五歲時退休。現在馬文．鮑爾自己也快要六十五歲了，他明確表示自己要退休，但是其他的合夥人，我想是絕大多數，都希望他能夠留下來。他們覺得馬文做得太出色了，無人能及。但馬文堅持要退下。[73]

麥克．史都華還記得當時的轉變是這樣發生的：

當時有一篇關於如何創建一個團隊來經營企業的文章，很有意思，於是馬文決定也要建立這麼一個高階管理團隊。他為自己的職位挑選了三位候選人，分別是艾佛特．史密斯、吉爾．克里和狄克．諾切爾。這個高階管理團隊運作了幾年後，我想大概是我參加的第二次資深董事會議上，馬文問：「大家對高階管理團隊的工作是否滿意？」我舉起手來說：「不滿意。如果這間屋子裡除了高階管理團隊成員自己以外還有誰對他們感到滿意的話，請舉手。」沒有人舉手。

由於我提出異議，於是我被任命主導一個委員會以研究當時的形勢。我們發現，高階管理團隊作用不佳的原因在於馬文太優秀了。我們從週五上午開始開合夥人會議，一直開到週六中午。到了週一早上，我們拿出一份藍皮書，大意是：「決議如下，某人應負責某事，在某期限內完成。」如此、如此。我們建立高階管理團隊時，他們三個人都怕被人說是在為個人利益搞政治活動，於是都不做事。所以有大約一年半、兩年時間什麼事都沒決定，什麼都沒執行。因此委員會建議馬文再職掌公司九個月，同時還提出董事總經理的選舉程序。這個程序一直沿用至今，沒做過大變動，只有略加修改。選舉結果是吉爾・克里當選。[74]

一九六八年，在潔若汀・辛絲（Geraldine Hinds）為《國際管理》（*International Management*）撰寫題為〈放手讓年輕人領導〉（Step Down and Let Younger Men Lead）的文章中，馬文揭示他關於世代交替的理念：

「一位優秀的執行長如果有足夠的想像力、主動性和願望，那麼他就必須做好自己的退休打算。你不一定要停止工作。」馬文說，他每週仍要工作六十五小時，還要到世界各地考察，「但是你要做好計畫，不再承擔管理工作。」

「我認為，退休後的執行長甚至也不應該繼續在董事會任職。我這麼說可能會得罪很多人。」馬文說到做到，退休後他就退出麥肯錫中相當於董事會的管理委員會。

「在今天這種商業環境中，超過六十五歲的執行長很可能會在不知不覺中脫離現實。他可能會根據自己業已過時的經驗做出決策。他往往不知道自己的思想已經趨於封閉了。別人也不會告訴他。

「目前我正在和一位打算做到七十歲的客戶討論。現在他才六十五歲。這件事真讓人頭疼，因為他總能夠輕易找出一大堆自己應該幹下去的理由。他一直做得很出色，董事會方面也沒有讓他退休的壓力。他已經培養了一位非常優秀的接班人，但是為了那個人、為了公司，他都應該退休。我想他會的。

「執行長應該做滿十年，至少也要七年。但是如果執行長在位時間太長，那麼他的繼任者就沒有機會在企業中留下自己的印記。

「即使繼任者的能力不如原來的執行長，也依然可能做得更好，因為會有一些創新。對企業來說，變化是一件好事。變化的很大一部分價值，就在於它重新梳理各種現有的關係。我親眼見過一些公司完蛋。在過去五年裡，有四家管理顧問公司解體、遭到收購或分拆……都是因為前任的巨大影響力揮之不去。」鮑爾承認，退休的決定可能很痛苦，但是他認為，執行長應該面對這種無可避免的決定，愈早愈好。「我從一九五五年就開始考慮退休的問題，因為這需要很長一段時間。」

直到七十歲，鮑爾仍保有資深董事的職務，也就是像他所說的那樣，「可以留在麥肯錫的領地裡。」但是六十五歲以後，他的資深董事職務就必須經過每年選舉當選才能續任。這也是馬文所設計的政策保障。

「通常情況下，退休問題只能按照年齡一刀切。如果你要經由主觀判斷來決定，那麼就必然是讓董事們來決定一個人必須在何時退休。這下子問題就來了。超過六十五歲以後，就沒有日曆年齡可供參照了。在心理上，年齡的下一個關口就是七十歲。所以董事們面臨這樣一個問題，那就是，要在一位朋友六十五歲到七十歲之間時告訴他，你不行了，幹不動了，該下去了。」

「到了退休那一刻，很多高階管理者都茫然不知所措。他們一直都是每週工作七、八十個小時，現在工作到了最後一天，實在不知道該做什麼了。我的答案是，他們在幾年前就應該想到這個問題了。這就是設定精確退休日期的好處。

「想要經濟狀態充滿生機活力，那就不要讓老年人在企業當家。」[75]

傑佛瑞．索南費爾德（Jeffery Sonnenfeld）在一九九八年出版的《英雄謝幕》（*The Hero's*

Farewell）中，將馬文的退休視為體面、積極引退的例子：

這些大使型領導者（馬文．鮑爾、小湯瑪斯．華森和亞伯特．高登）在退休之際都對自己在公司的職業生涯表示極為滿意。他們用自豪和快樂的心情迎接自己的退休。他們與公司保持著密切的聯繫，但身分不再是個領導者。他們所在的往往是比較大的公司，財務表現穩健。他們的成就可能不在將軍型、國王型的領導之下，但是他們都非常謙遜。[76]

儘管馬文在一九六七年便功成身退，但終其一生都被視為管理顧問業的祖師爺。十四年後的一九八一年，通用電氣董事長雷格．瓊斯（Reg Jones）在和榮恩．丹尼爾打高爾夫球時還在問榮恩：「你家老闆對你怎麼樣？」[77]其實榮恩早在一九七六年就已經接任麥肯錫的董事總經理了。

一九八八年馬文接受英國廣播公司採訪時被問到，離開麥肯錫的董事總經理位子後，為什麼還要繼續工作，馬文回答：

說實話，我是能賴一天就賴一天。因為我喜歡這份工作，我喜歡在這方面做點事情。所以，只要他們不趕我走，我就繼續做。除非是我自己覺得幹不出什麼名堂了，那我就自己走人。這好像有點不講道理，但我真的就是這麼想。[78]

一九九二年，馬文正式退休。他搬到佛羅里達，開始退休後的第一項任務：撰寫新書《領導的意志》（*The Will To Lead*）[79]。馬文充滿激情地說明寫這本書的原因：「恐怖的層級制度，在這六十年來沒什麼改變。儘管美國企業界不斷演變……那些集權力於一身、向董事會報告的董事長、執行長，仍舊以完全的權威在面對企業重大問題，然後坐在層級的頂端，發布命令和控制給執行日常事務的人……唯有當經營管理者了解什麼才是領導者更為巨大的力量後，這種情況才會改變。」略略思考後他又補充：「我那第一本書的名字取錯了，我們需要的是領導者。」[80]儘管馬文已經從麥肯錫退休了，但是他並沒有退出對抗層級制度的戰鬥。

一九六九年　反對與帝傑投資公司合資

一九六七年退位後，馬文一直有意識、明確地避免介入公司的事務。在公司內部，一九六七至一九七二年被稱為馬文的黑暗年代。他在一夜之間改變了日常行止，儘管退出領導人的位子後麥肯錫在他心目中的重要性還是一如既往。他再也不寫備忘錄，不找人面談，也不參加關於公司方向和決策的討論。在那五年裡，他只破過一次例。

馬文的繼任者吉爾．克里突然去世之後，李．華頓成了麥肯錫的掌門人。李上臺的早期，很多合夥人都急於追求新的機會，這或許是馬文掌舵二十八年後突然連換兩任領導人所導致的後果。李．華頓啟動六項專案，探索麥肯錫與高階管理者合作的新方式（服務小型企業、政府、大學、投資業者，以及持續推動與一家技術公司的合資案）。其中與帝傑合資是討論最多的事情之一。時任麥肯錫首席行政事務合夥人華倫．坎農說：

我覺得當時主要有兩件事值得注意。一是在經歷五年的接班、調整和領導層不明確後，麥肯錫內部有很多被壓抑的能量。其二就是我們有很多活力充沛的年輕人，他們對於自己如何發揮作用自有一套想法。他們或許並不以吉爾為榜樣，但卻顯然受到吉爾為公司開創新天地的壯舉（走上全球化發展道路）所影響。我想這些都是李（新任董事總經理）得處理的事情。他的風格是拖而不決，結果事情都碰在一起了。[81]

儘管馬文已經不再是董事總經理了，但是他的智慧、價值觀和多年來所獲得的尊重，使得他依然對公司有極強的影響力，帝傑事件就證明了這一點。華倫說：

一九六九年，我們碰到了幾個機會，後來大都無疾而終。李有一項專案是關於投資的，由傑克．克勞利（Jack Crowley，一九五二至一九七七年任職麥肯錫，後來擔任全錄公司（Xerox）執行副總裁）帶頭。與帝傑合資之議一直進行到在馬德里發生那次有名的意見交鋒為止，一直都挺誘人的。我們和帝傑的人有千絲萬縷的聯繫。他們也僱用很多哈佛商學院畢業生，我們有些人與帝傑的人有私交，有的人認識唐納森（Donaldson）、盧夫金（Lufkin）。我想我們當時與詹雷特（Jenrette）個人聯繫並不多。我們認識赫克斯特（Hexter），還有帝傑裡的一些其他人，他們都表現得有聲有色。不知道是他們還是我們的人提，他們可以尋找那些有可能轉虧為盈的目標公司，然後處理好財務及其他與收購有關的事務。我們負責提供管理人才，然後當公司轉虧為盈時，他們就把公司賣掉，帝傑和麥肯錫可以從中獲利。在某種意義上，這些公司是歸帝傑和麥肯錫所有，具體細節一直沒有敲定。

我不知道這個主意最初是誰提出來的，但是傑克．克勞利帶領成立一個專案小組研究這件事。他們的建議是不妨一試。這樣做有三個原因。首先，它能振奮公司人心，嘗試一些我們從未做過的事情。第二，我們認為讓我們的人承擔起實際的經營職責，使管理不善但實際上很有潛力的企業轉虧為盈，可以為我們的人提供寶貴經驗。第三，這看起來像是能掙大錢的機會。克勞利和幾個人討論了一下，然後就將此事提交公司的管理委員會。最後管理委員會一致同意與帝傑一起建立上述合資企業。

管理委員會正在馬德里開會，那裡也在召開資深董事大會。於是管理委員會（其實可能是克勞利自己，因為他也是管理委員會的成員）把一致通過的建議報給資深董事大會。馬文再也不能坐視不管了，他起身發言反對。他首先道歉，說自己本來承諾不再過問公司事務，現在又出爾反爾確實有些不應該，但是他認為，現在整家公司的個性正岌岌可危。他說明為什麼有必要發言，也說明了自己為什麼如此堅決地反對這項建議。最重要的原因就是，它將我們領上歧途，不去努力實現真正的目標，放棄了大得多的機會。就為了掙幾個容易到手的小錢，而去與二流乃至三、四、五流的企業合作。那樣一來，我們就不再是專業人士了。我們成了經營企業的生意人，而我們可能並不擅長此道。

我記不清他的所有原話了，但是他的論述非常有說服力，雖然那個建議得到管理委員會的一致推薦，但是相關討論卻從此終結。這是據我所知，馬文唯一一次真正站出來干預，然後他就又不聲不響了。人們經常說他是退而不休，但其實不是這樣的。[82]

儘管公司領導層中有很大一部分人都傾向合資，但是由於馬文德高望重，他一發言大家都會洗耳恭聽，並且被他建議中所蘊含的智慧完全折服。馬文只用幾分鐘時間就說服整家公司，避免採取最終會損及麥肯錫使命的行動。

馬文從一九三三年開始創業，直到一九九二年正式退休，他的領導力和影響力都是制定和執行決策活生生的榜樣。直到今天，我採訪過的每個人，包括我自己在內，遇到問題還經常自問：「換成馬文，他會怎麼做？」約翰．麥康柏說，像他這樣依然受到馬文影響的人還有很多：

> 我想馬文對我、對很多人都有著深遠的影響。每一個留在麥肯錫的人都受到他的影響，那些已經離開麥肯錫的人也莫不如此。
>
> 第一個原因就是馬文對公司和個人的行為方式有一些很簡單、很直接的想法，而且能始終如一。很簡單的一些理念，始終堅持，不斷磨礪。第二個原因就是他有一種匯聚人才的天賦。他從來不會覺得自己受到威嚇，能夠吸取別人極好的創意，把他們整合進自己的理念。馬文不一定是原創的思想家，但絕對是將各種思想融會貫通的大師。[83]

PART 2

領導者中的領導者

道德秩序並非一成不變。它不是被供奉在歷史文獻裡的東西，或被小心翼翼收藏的家族銀器，也不是那些虔敬而略顯迂腐的道德家銘記於心的教條。它是社會系統正常運作的標誌。它有生命，日新月異，可能衰敗瓦解，也可能復興強化。它的好壞程度與它所在的時代息息相關。

——約翰．W．葛德納（John W. Gardner），一九六三年[1]

領導者有三項責任：賦予員工自信和自尊，讓他們自我感覺良好；維繫員工的心靈和品行；幫助員工了解自己的責任，以成長發展為完整個體。

——馬文．鮑爾，一九九六年[2]

5 領袖特質

一位領導者的終極考驗，就要看他能否在他人身上留下堅定的信念和貫徹的意志。

——政論家沃爾特·李普曼（Walter Lippmann）

若想知道馬文·鮑爾究竟有多強大的領導力和影響力，只要回溯他的企業客戶勇於變革的歷史，然後再回想與他打過交道的人後來取得何等成就，也就綽綽有餘了。這些人既包括馬文所領導專案小組中的客戶成員，也包括曾經任職麥肯錫公司的人。我們光是檢視專案小組客戶成員和諮詢顧問這兩大族群就會發現，他們當中很多人後來都成為卓越超群的領導者，比率之高著實令人驚訝。馬文領導的專案小組中，客戶成員晉升高階管理者（總裁或執行長）的機率是其同類人員的二十倍；在馬文擔任麥肯錫董事總經理十七年間，有五十名諮詢顧問陸續接掌世界上主要大公司的執行長職位。[1]這項驚人的成功紀錄並非偶然。

馬文·鮑爾是這一筆豐厚的領導財富的直接來源，他實踐自己所認知最優秀領導應有的關鍵品質，並且鼓勵同僚提升體現這些品質的意識和行為層次。這些品質的精髓在於：

●誠信／可信：馬文洞察人們的思想和感情，加上高度誠信，使他特別能贏得同事和客戶的信任。「據我所知，馬文一點也不油滑世故。他所有的一切就是誠信。馬文散發著誠信的力量，人們信任他。」[2]

●以現實為基礎規畫願景，並務實地將願景化為現實：能在最宏觀的層面形成概念，然後簡單明瞭地表達出來，轉化成具體可行的行動計畫。這是純粹的馬文風格。他採取事實求是的方式。

●堅持原則／價值觀：馬文堅持，與他工作的人得堅守核心原則，而他自己則積極找出考驗指導原則的問題。

●謙虛敬人：「他在公開和私下場合都慷慨稱讚他人，而且誠心誠意地歸功他人，淡化自己所發揮的作用。這為馬文引來一批追隨者，他們樂於遵從他的任何意見。」[3]

●強勁的溝通能力／個人說服力：馬文能清楚有效地與人溝通，這一點眾所周知。他知道，別人有需要充分了解問題的前因後果及解決方法。他同時還是一名有耐心的傾聽者。[4]

●個人參與／率先垂範：馬文投入某項專案的時機從不僅限於啟動或結束時，也不限於某項管理決策的執行期間，或是在迎新大會上。他親力親為，身影隨處可見，而且他的關心和關注始終如一。

這一系列品質帶來勇氣，正是因為人人具備勇氣，才會大膽追求卓越，讓組織的整體結果大於各個部分的加總，以至於非凡境界。這就是所謂的「勇者無敵」。[5]

也許更值得玩味的一些特質不在上述所列，包括出眾才華、個人魅力、金錢收益、個人權力，或者利用畏懼維持的指揮控制系統。這裡列出的特質事關對他人的尊重、培養和任用。人是組織的核心，也是幫助組織成功的第一線力量。

馬文把他的商業智慧和領導模式，傳授給諮詢顧問、客戶和眾多美國企業的董事會，並且最終傳授給其他大陸的企業董事長，這一連串過程中，始終展現出他早年在美國西部中產階級家庭和學校生活中所領受的教養。

馬文最早是在家庭中認識到誠信的價值，和誠信所能贏得的尊重。他回憶：

家父是誠信至上的人，未曾撒謊，甚至連善意的謊言也沒說過。在這方面他自律極嚴。現在回想起來才發現，他是從無數意義非凡的小細節中培養出我們的品格……我目睹他人如何尊敬我父親。人人都尊敬他，而且這種尊敬力大無比。這是他用實際行動贏來的結果……最了不起的一點就是他以身作則，他對信任和道德採取高標準。我知道，他是從他的父親身上學到這些教誨。我的祖父是麥基爾大學（McGill）執行董事，我們經常去華丁頓鎮（Waddington）探望他。他是當地人心目中的偉人：他為小孩接生，報酬是馬鈴薯之類的物品。我總是……能夠感受到祖父的誠信，還有他所贏得的敬重……他去世時，全鎮為他舉哀。我想到，自己身上流著他的血液，總是感到驕傲又振奮。[6]

馬文逐漸認識到，尊重是促使自己周遭每個人更徹底發揮能力的關鍵，因此一生都把尊重和誠信放在重要的地位。一九七九年，他如此描述自己願意選擇的工作環境：「那是一個人、我互相尊重的場所，是適合我一生奮鬥之處。」[7]有人問他，尊重是否比金錢、地位或某種專業重要，他毫不猶豫回答：「沒錯！」泰瑞．威廉斯（Terry Williams）曾於一九五九至一九九七年任職麥肯錫，他如此回憶馬文對客戶的尊重：

他特別尊重客戶。我和他一起進行德士古的專案，掌管德士古的古斯．朗可是美國工業巨頭。馬文待他彬彬有禮，不過也會用一種不卑不亢、令人信服的方式表達異議。

馬文承認，古斯締造出這家公司，內部許多優秀事蹟都源自當時的管理階層，不過德士古的管理方式卻仍相當原始。馬文的目標就是讓他們改採更現代化的管理方法，從策略規畫到組織發展、人力資源發展到相互尊重等一切層面。他要打破古斯在位時疊床架屋的層級制度。我看見馬文和古斯在一起，他會從一些實用主義的角度出發，解釋為什麼採用不同的管理方法會更好。他不是在批評古斯過去的所作所為，而是試圖提出更多建議，為古斯的成就錦上添花，並強化管理成效。他的作法近乎教學而非解決問題。馬文在處理組織問題時，也敦促客戶改變自己的特性。這實非易事。

我注意到，他對紐約艾斯里鎮的嘉基化學公司（Geigy Chemical Company）董事長查爾斯．蘇特（Charles Suter）也如出一轍。蘇特是典型的瑞士人。當時，我們還沒和這家公司的瑞士總部合作過，它們也還沒有發展成汽巴嘉基公司（Ciba Geigy）。蘇特先生想運用電腦完成一些工作，但馬文卻對電腦所知有限。那時，連麥肯錫自己都才剛剛引進電腦而已。於是馬文用一貫口吻對蘇特先生說：「你的公司看起來很成功，因為有能力在一九六〇年代就引進電腦和資訊技術。不過，我們必須先釐清，這麼做是否符合貴公司的策略和業務需求。光是預留插座給設備不夠，我們需要了解更多的東西。」他說服蘇特先生同意全盤調查公司情況，為此馬文和我們小組成員進行大量的教學工作。馬文總是能以平等姿態和蘇特先生交流，向他解釋，如果想要建立一家更大、更好的公司，就必須發揮管理的效力，放棄層級森嚴和發號施令的瑞士風格，開始僱用外國人，比如在美國就必須僱用美國人。這些建議讓蘇特先生受益匪淺，他相當尊重馬文．鮑爾。蘇特先生是瑞士人，很有禮貌，對我們小組的其他成員也特別友好。

無論你是麥肯錫的諮詢顧問，還是德士古的董事長，馬文都不會採取高人一等的姿態對你說話。[8]

馬文年輕時就體認到，廣泛聽取各方人士意見、培養良好傾聽技巧的重要性。正如馬文所意識到的事實，如果你肯花一點時間傾聽，就會發現自己能從第一線員工口中得知極有價值的訊息：

上高中時，父親為我在華納及史瓦塞公司（Warner & Swasey）找了一份磨床操作工的差事。我操作一臺布朗及夏普牌（Brown & Sharpe）磨床。在我身旁工作檯幹活的那個人很和善，給了我一些好建議。他很了解公司的經營狀況，也知道什麼事情重要。[9]

五十六年後，艾克美機器工具公司（Acme Machine Tool，當時已收購華納及史瓦塞公司）董事長查克．艾姆斯在大會上對全體員工講話，一名員工得知他曾在麥肯錫公司工作過，於是走上前告訴艾姆斯，他的父親曾幫助馬文．鮑爾操作磨床。[10]

當馬文還是布朗大學的學生時，出色的傾聽技巧讓他獲益無窮：

有一位很善於與人交往的心理學教授帶給我特殊影響。就是他說：「你怎麼不申請一八八八級獎學金呢？你可以寫一篇論文去爭取獎學金。」那筆獎學金已經實行很長一段時間，雖然獎金只有五十美元，但對我當時來說已經是一筆不小的金額。即使比這個數字再少我也願意要，因為這對我而言是很大的激勵。那位教授讓我對研究和釐清人的思想，亦即分辨人們真正所想和實際所說，產生了興趣。於是我提出申請，努力爭取，而且最終拿到了那筆獎學金！

我一直想知道為什麼能贏得這筆獎金，最後我認定那是因為我……善於傾聽。雖然金額不大，但那筆獎學金卻讓我永遠記住想像和傾聽的重要性。[11]

年輕的馬文也曾發揮傾聽技巧蒐集訊息，用以檢驗自己偶爾過於偏激的觀點。他讀完哈佛商學院一年級後，覺得自己已經學到從研究生課程中可能學到的一切，於是考慮第二年就中止學業。但儘管他年輕氣盛，好在還記得要聽取他人的意見。然而，有誰的意見能比哈佛商學院老校友更有價值呢？所以馬文去圖書館查閱畢業生名錄，選出三名談話對象。馬文記得，才聽完第一人的意見他就折服了，根本沒必要再去找其他兩個人：

海倫和我一起去紐約，我在那裡……跟摩根的合夥人亞瑟．馬文．安德森（Arthur Marvin Anderson）見面……談起（在哈佛商學院）第二年的學習問題。我走向華爾街二十三號的大門守衛，對他說：「我想見安德森先生。」他問：「你見他什麼事？」我說：「我是哈佛商學院的學生，想跟他談談哈佛商學院的事情。」門前通報回來後就跟我說：「安德森先生很願意見你。」

我在他桌前坐下，然後說：「安德森先生，我已經在哈佛商學院念完一年級，成績很好。我想當律師，所以不確定再花一年的時間和金錢繼續學習是不是值得。」他說：「小子，你要是不念完第二年，你這輩子都得向別人解釋，其實你不是因為不及格被學校開除。」我說：「安德森先生，你一語說中高明的常理，不用再研究了，我要回去上學。」[12]

馬文除了得到這個好建議，還拿到一份工作：

我起身要走，他（安德森先生）問我：「你今年夏天打算做什麼？」我說：「我要找一份工作，我需要一份工作。」他說：「你覺得在我們的律師事務所工作如何？」那家事務所現在叫達維律師事務所。我告訴他願意，他立刻打電話，安排我上樓去。於是我上樓完成四輪面試，走下來時已經拿到工作了。就這樣，一九二九年夏天我就在達維律師事務所上班，到了秋天則回到哈佛商學院繼續攻讀。[13]

馬文早年的觀察，加上後來在這間事務所工作時處理破產公司的經歷，最終使他畢生熱血激昂地反對層級制組織。層級制度妨礙對組織中人力資源的普遍尊重和傳授，使高層被隔絕，無法從中、低階員工口中獲知有價值的訊息和見識，把高層管理者放在高高在上的寶座，對他們的表現和品行監督檢查不力。在馬文看來，這些都不符合管理階層所扮演的根本角色，亦即管理層應該做出一套目的明確、切實可行的綜合決策，並在執行過程中為組織中所有成員提供指導和支持。從生產線、作業員到辦公室行政人員，再到執行長，他們都有自己的管理職責。因此，唯有幫助和傳授每一名員工，讓他們做出更好的決策並成功執行，才能提高整家企業的效能。

年輕的馬文雄心萬丈，想把自己的理念介紹給美國企業的董事會，但在這之前，他必須先學會和客戶打交道時要控制自己的熱血。很多客戶年紀都大得足以當他的父親了。馬文回憶，做到這一點並不容易，但若想與客戶交流思想，就必須如此：

這個故事講的是我如何犯了一個極嚴重的錯誤，為此把自己反鎖在飯店房間裡長達兩週，思考著搞砸了這份顧問工作，往後日子該做些什麼。

那家公司叫商業溶劑（Commercial Solvents）。（馬文講到這裡時，揚了一下眉毛，並說：「這家公司現在已經無償付能力了。」）當年它是一家規模可觀的化學製品公司，時任執行長班傑明・帝克納（Benjamin Tichnor）是獨斷專行的人。當時它們的問題是行銷工作失敗。

麥克（即詹姆士・奧斯卡・麥肯錫）親自前來啟動諮詢專案，把我介紹給帝克納先生，並告訴我，下次他再來之前，大體上應該怎麼進行，最後還告訴我，有需要的話可以打電話給他。當時還有幾名同事和我一起進行這項專案。很快地，定價不當的問題浮現出來，就是它影響了銷售效能。行銷經理要為盈虧負責，但價格卻由總裁制定。因此，可憐的行銷經理成了定價不當的犧牲者，而定價不當卻是總裁一手造成。

這下子麻煩了……在我看來，事實擺在眼前，行銷問題的癥結出在總裁身上，因為是他制定的價格，這個價格決定了銷售數量和利潤。我直接去找帝克納先生，直言相告這個問題。他說：「小子，我不是請你們公司來這裡檢查我的工作，而是請你檢查我們的行銷工作。你沒有權利這樣對我說話。

我要打電話給麥肯錫先生，請他把你從專案中剔除出去。」我說：「帝克納先生，我所說的一切都是我認定的實情。你當然可以打電話給麥肯錫先生，他也一定會把我從專案中剔除出去。不過我認為，他不會改變公司的立場，因為我相信我可以向他證明，（你們公司的定價政策）是你的問題。」他說：「好吧，那就走著瞧吧。」於是他就打電話給麥肯錫。

我回到飯店等待，然後就接到詹姆士·奧斯卡·麥肯錫的電話。他說要搭火車趕來紐約，我得等他來。稍早我說過，我花了兩個星期與海倫討論，什麼樣的新工作才適合我。

麥肯錫來了之後就跟帝克納先生說：「你看，這個年輕人說對了。不過，他不應該用那種態度和你說話，而是應該先告訴我。我同意他的結論，不過我們會把他從專案中剔除出去。」

這是一場重要的教訓。麥克沒有斥責我。他說：「你的結論正確，但卻犯了兩方面的錯誤，那就是年齡和判斷方面的錯誤。時間會解決年齡的問題，我希望，時間也能解決你的判斷問題。你用那種態度和一個年紀大到都可以當父親的人說話，甚至不先跟我打一聲招呼，這就是判斷失誤。你應該打電話讓我來處理。我會轉告他同樣的話，屆時他會坦然接受。」麥克沒有解僱我。過了一段時間，那位不願意聽取我意見的執行長就在麥克的要求下，開始讓行銷主管制定價格了。

從那次以後，我總是會問自己，對方將會如何看待我即將採取的行動？我的行動將會如何影響別人的立場？從那次以後我學到了，估量他人可能的反應，是做出合理判斷的關鍵。[14]

近七十年後，當有人問起馬文，他在領導特性的哪一方面付出最大努力？他回答：「判斷。我慢慢懂得，其實沒有什麼決定是不能等的。而且，等一等往往能做出更好的判斷。」[15]

馬文寫過一份題為〈制定和執行決策的步驟〉（Steps in Making and Executing Decisions，一九五〇年五月十九日）的備忘錄，我們把內容呈現如下，雖有說教之嫌，卻還是值得一讀。[16]正如馬文所承諾，提出這項建議，並非意味已經沒有別的方法或更好的方法，只是舉出一個從實際成功經驗中得來的方法，以供參考：

管理決策不同於個人決定。管理決策應該涉及邏輯過程，亦即縝密地選擇達成目標的方法。制定和執行決策是高階管理者工作訣竅的重要部分。

本篇備忘錄要介紹一種制定和執行決策的方法。在此列出的步驟是根據成功的高階管理者整理個人經驗而來。僅供參考。

第一步：決定是否要制定政策

一、現在提出問題是否合適，即是否符合管理目標、計畫和事情的流程？

二、能否現在制定決策？是否會打亂當前的計畫？下屬是否有能力執行？制定決策所需要的訊息是否充足？

三、你是否具備制定決策的責任和權力？

四、是否應由上司制定決策？是否應由下屬制定決策？是否應由其他高階管理者制定決策？

五、如果決定現在暫不做決策，應該讓相關人員知道，並且說明原因。

第二步：評估情況

一、蒐集所有可能得到有關於問題的事實，即：做什麼、為什麼、何時、何地、如何做，以及誰來做。

二、如果可能的話，詢問與問題有關的人，他們有何觀點、如何判斷。

三、抓住問題核心。確定是哪個或哪些因素限制或妨礙實現相關的目標，使部分服從整體。

四、拒絕考慮與當前可行辦法和行動無關的一切事件、目標、細節和條件。「雙眼緊盯目標。」

第三步：思考問題、得出結論

一、制定可供選擇的解決方案。

二、測試可供選擇的解決方案之利弊，可從以下角度著手：

1. 根本目標，例如，提供顧客更好的服務，長期將可獲利更多。
2. 近期目標和政策。
3. 成本。
4. 對人員有何影響。
5. 道德規範。對個人和公司道德規範而言，是否公正合理。

第四步：確定決策執行程序

一、將所要採取的行動分解成簡單的組成部分，區分輕重緩急。

二、了解相關人的想法，特別是下屬。「讓下屬失去表達想法的積極性會造成損失。」採用「磋商式管理」，承認自己也有不知道的事情，也會犯錯。

三、確定完成的時間或日期，倒推出開始的日期和適當的時間安排。

第五步：落實責任

一、確保每個人都明白自己要做什麼、為什麼要做，並確保他有能力做。

二、確定關於圓滿業績的合理標準。

第六步：跟進

一、跟進可以消除困難，確保決策得以執行。

二、跟相關的下屬一起考核業績，讓他們了解自己的工作成果。請注意強調或許會對他們將來的行動發揮指導作用的要點。（這屬於在職培訓部分，這部分是高階管理者最重要的責任之一。）

馬文一生堅信，由於商業組織是由人經手營運，對於身處民主資本主義制度中的企業而言，在全球競爭市場的條件下，唯有全體員工一起高效和諧工作，並充滿熱情地實現企業目標，企業才有可能欣欣向榮。

這樣的工作環境與指揮控制系統格格不入，因此，馬文始終堅決抵制層級制度。正如馬文在一九九二年談及《領導的意志》一書時所說，儘管他相當成功地影響他人，讓人們接受非層級制的理念，但這場與層級制的抗爭仍在繼續，很大一部分的原因是，地位、權力和位居人上的觀念，已經在人們的自我意志中根深柢固了。

> 儘管變化層出不窮，但六十年來大多數美國企業的基本管理方式卻極少改變。大權在握的執行長高高在上、發號施令，讓下屬完成他所制定的計畫。你要是還覺得我誇大其詞，我就告訴你其中的原因：人總要往高處爬（即向層級制度的上層走），當上別人的老闆，回家才好向朋友炫耀，甚至可以在報紙上看到自己的名字。
>
> ……當然，就管理方法而言，已經有無數漸進的變革。而對團隊的運用……卻介乎重大和漸進的變革之間。目前，各種變革是管理中的熱門話題。然而，向董事會報告的執行長們大權在握，依然擁有決定公司重大事項的完全權威，對執行日常事務的員工行使命令和控制。
>
> 上司對下屬的權力，使得下屬們：一、不願意違抗老闆的意願；二、不願意提供訊息或表達觀點，除非有人問起；三、不願意獨力採取積極行動。
>
> 然而，好的老闆會搞好與下屬的關係，進而實際消除這些限制。[17]

我們只希望，現在和未來的領導者們能繼續打這場馬文·鮑爾反對層級制度的戰鬥，學會如何以授權方式領導，協助所有相關員工超越自己假定的潛力，為大家共同取得的成就感到自豪。

6 激勵客戶勇於改變

成功建立在幾件簡單的事情上，關鍵就看你是否去完成它們。

——馬文．鮑爾，一九七九年

每一家成功企業的背後，都曾有人做出勇敢的決定。

——彼得．杜拉克，一九九九年

馬文．鮑爾與客戶合作時，總是鼓勵他們擔當起領導的大任，以激發他們組織中成員的勇氣。他指導他們發揮主動性、勇敢面對老闆、傾聽他人意見，摒棄層級的控制和成規。在這方面，馬文．鮑爾更是身先士卒。他絕非魯莽之輩，但也無所畏懼。多年來，他領導的小組和客戶都見證了他許多充滿勇氣的舉動：

- 接受具有挑戰性的諮詢專案，說出事實真相。
- 勇於想像，即使與產業成規或趨勢相悖。
- 使他人認同自己的願景，讓他們分享成功實現願景的榮譽。

不過並非所有客戶都願意或能夠鼓起採取大膽舉措所需要的勇氣，有些更被馬文的率直嚇跑。榮恩．丹尼爾和艾佛特．史密斯清楚記得發生在大陸製罐集團（Continental Can）的事件。榮恩回憶：

當時我擔任董事沒多久，就和馬文一起為大陸製罐集團的摺疊紙板箱部門提供策略諮詢。這是整個大集團中較小的一個部門。我們在那裡做摺疊紙板箱專案時，大陸製罐集團董事長請我們就全公司的情況提供一些意見。他讓我們直言不諱，如果我們在各自負責的部分之外注意到什麼，一定要不吝賜教。

當我們開始和那位董事長共事，愈來愈清楚意識到他不是一位好領導，太自我為中心、傲慢自大。我寫了一份備忘錄，將問題羅列出來，並提出一些有助於他提高工作效能的改進建議。馬文閱讀後說：「很好，發出去吧！」於是我呈交備忘錄。結果那位董事長把我們趕出大陸製罐集團。[1]

這樣的結果令馬文大感震驚，艾佛特．史密斯至今還清楚記得當時那一幕：

他走過我們的辦公室問：「你有時間嗎？」我說：「當然有。」於是我們一起回到他的辦公室。看得出來當時他非常不安，和平時判若兩人，嘴裡不斷嘟囔著：「我得找個人說說。我得找個搭檔說說這件事情。我得跟你說說這件事！」我問：「馬文，怎麼了？」他回答：「我傷害了公司。」他這時已經是極度自責了。我趕緊問：「出了什麼事？」

原來他和榮恩．丹尼爾一起去了大陸製罐集團，此前他們曾向董事長呈交一份備忘錄，我猜是那份備忘錄激怒董事長了。他請馬文和榮恩坐下來，然後就破口大罵：「你們這些混蛋怎麼可以寫這樣的信給我們？你們寫這種東西是什麼意思？」他說：「我們再也不想見到你們這些人了！」

我說：「算了，馬文，去他的！誰都有犯錯時。就當你做錯了吧，不該給那位董事長寫什麼備忘錄。那又怎樣？本來他就不是什麼好客戶！」他聽了我的話以後也沒有比較高興，仍為自己傷害了公司難以釋懷。[2]

不過正如艾佛特・史密斯接下來所說，此舉並未造成永久性傷害，因為「大陸製罐集團現在又成了我們的客戶。舊的那批人走了，實際上馬文並沒有傷害到公司。」[3]

類似和大陸製罐集團這樣的交鋒狀況，提供大家學習的機會，使得我們能夠不斷提高溝通技巧和方式。根據榮恩・丹尼爾回憶，後來他和馬文一起花了幾個小時研究，討論他們當初應該怎麼做才好。兩人都覺得早知道就先花些時間，和大陸製罐集團的高層一起討論如何向那位董事長表達意見，亦即應該在呈交備忘錄之前先獲得大家支持。[4]

不過，這些「失敗」並沒有削弱馬文的決心和勇氣。他依舊直言不諱，全都是為了尋求解決方案以強化客戶的實力，同時他也不斷培養和完善自己的溝通技巧和策略。

對於許多接受馬文鼓勵的客戶而言，他們和他們的組織都親身體會到，勇氣是如何將重大管理問題轉為成功且持久的解決方案。通用電氣就是這樣一位客戶。一九六二至一九八二年任職麥肯錫的佛瑞德・希爾比，至今仍清楚記得當年通用電氣的那項專案。那是他跟隨馬文一起做的第一項專案。[5]當時是一九六二年，內容為幫助通用電氣分析應該如何使用研究經費，該把研究經費用在何處。佛瑞德・希爾比回憶：

當時，「產品生命週期」還只是《哈佛商業評論》裡才看得到的新穎概念。[6]馬文列席一個小組會議，那個小組花了幾個小時討論冰箱。他們得出的結論是，根據冰箱出現的年代及市場飽和度，如今已經處於產品生命週期的成熟期。因此，通用電氣不應該花太多經費在冰箱上。馬文一直沒有說話，直到會議快結束時才開口發言：「我不認為冰箱已經是一種成熟的產品。冰箱也許問世已久，但它是如此複雜，和人們的日常生活又是如此息息相關，因此，我認為冰箱永遠都不可能成為一種成熟的產品。」[7]

現在，四十多年過去了，冰箱仍在不斷推陳出新（像是具有製備冰塊和冰水功能的冰箱門、雙開門、低於零度等），而通用電氣是唯一保持市場地位的品牌。歷史證明馬文在一九六二年對專案小組和客戶發言的正確性。

找出重大管理問題的解決方案並付諸實施是一種領導藝術，往往要求我們具有集思廣益的勇氣（而不是在層級森嚴的隔絕狀態中做決策），具有打破常規進行思考的勇氣（而不是不假思索地墨守成規），具有授權、培養、信任他人去執行和負責解決方案的勇氣（而不是盲目地聽從命令），具有讓別人獲得成功的榮譽的勇氣（而不是極端自負、欲壑難填）。唯有如此，才能產生真正的權威性和領導力。

馬文一次又一次展現自己的勇氣，並不斷激發他人的勇氣。本章將詳細闡述三個案例：皇家荷蘭殼牌集團、普華國際會計公司（Price Waterhouse，一九九八年與永道 Cooper 合併為資誠聯合會計師事務所 PricewaterhouseCoopers）與哈佛商學院。在前述兩個案例中，他體現採取完全不同企業發展途徑的勇氣；在最後的案例中，則是展現處於動盪不安時期，鞏固並提高哈佛商學院在美國企業界作用的勇氣。

一九五六年　皇家荷蘭殼牌集團：挑戰全球領先企業的傳統組織架構

一九五六年，皇家荷蘭殼牌集團執行董事約翰・羅登體認到，企業的組織效能低下，已經到了非改變不可的時刻。它是一家龐大的跨國企業，要在其中實施組織變革，困難程度可想而知。一九〇七年，皇家荷蘭石油和殼牌運輸貿易有限公司合併，組成現在的皇家荷蘭殼牌集團。半個世紀過去了，這家企業一直保持著最初建立的組織結構。它依靠的是中央集權的決策制度，以及長久以來共同執行的文化。儘管這種架構確實曾經幫助這家企業搶在其他對手之前邁向全球，但是到了一九五六年，這種架構的運行成本已經相當高昂，更重要的是決策的速度也落後競爭對手。

羅登知道必須改革，但是他很清楚，原有的組織結構已經根深柢固，如果想要改變它，必須先給出說服力強、讓人信服的理由。因此他認為，有必要聘請外部管理顧問，協助自己和團隊思考這些問題。羅登請局外人介入的原因是希望他們證明自己的觀點，即企業組織發展至此已經不再具有永續發展的能力了。他相信可以找到一種方式使公司更具競爭力。他選擇麥肯錫的部分原因，出於必須在自己的公司內部小心行事。

我不能請荷蘭的諮詢顧問，因為內部的英國人會不喜歡；我也不能請英國的諮詢顧問，因為荷蘭人會不埋單。由於我曾在美國工作過一段很長時間，一直都很推崇美國人。正巧那時德士古董事長古斯．朗特別推薦麥肯錫公司和馬文．鮑爾。8

一九五六年皇家荷蘭殼牌集團的組織和文化

皇家荷蘭殼牌集團擁有四百多家在各國經營的公司，這些公司是集團的基本組成部分。最小的在哥斯大黎加，殼牌在當地擁有一座加油站，最大的則是那些真正全國性的公司（如法國、德國和荷蘭公司）。所有這些公司都向位於海牙或倫敦的總部報告，有時候同時向兩個總部報告。殼牌集團和美國競爭對手相比，它旗下的垂直控制還是相對鬆散，這是因為當時殼牌的國際化程度要比其他石油公司高得多。直到一九五六年，殼牌集團在全世界均處於平穩高效的經營狀態。每當殼牌集團在世界某個地方（例如婆羅洲）開展新業務時，他們總能派出訓練有素的員工。這些人徹底接受殼牌理念灌輸，因此可以在沒有總部指示的情況下獨力完成所有必要的工作。

當時殼牌員工的工作都非常靈活，他們習慣被派往世界各地從事各種工作。如果你要求一名在雅加達工作的男性員工（在一九五六年還僅限男性）舉家搬到柏林工作，他會欣然接受，並且把這次輪調視為自己在公司工作的部分內容。很多人在殼牌工作期間都曾多次換過工作地點，三次、四次，甚至十多次。這些人快要到退休年齡時，公司回報他們長期辛苦工作的獎勵就是，將他們調到海牙或倫敦的總部工作。一九五六年，這項政策導致這兩個總部各有一萬名左右的員工。由於殼牌長期以來養成了事事請示總部管理者的企業文化，結果企業決策緩慢，而且可能並未達到最佳狀態。

殼牌集團的企業文化是跨越眾多國度和使用多種語言的文化，這在一九五六年是很少見的現象。殼牌是一家英、荷合資企業，在海牙和倫敦總部工作的核心工作人員都受過良好教育，大部分是荷蘭人和英國人。總部只有少量美國員工，包括管理人員和第一線人員。由於荷蘭人和英國人的教育背景不同，海牙總部往往指揮技術部門（探勘、開採和提煉），而倫敦總部則往往領導行銷、人事、財務和運輸等非技術職能部門。

皇家荷蘭殼牌集團共有七位執行董事，其中四位荷蘭人，三位是英國人，這個比重實際上反映出集團的持股情況，即荷蘭人擁有百分之六十股份，英國人擁有百分之四十股份。當時約翰・羅登是七位執行董事之一，並將於一年或一年半之後擔任執行董事會董事長之職。在這個龐大的集團中，執行董事是最高層的管理人員。

到了一九五六年，既有的溝通途徑和企業架構，已經無法滿足集團的經營需要了。這個問題非常嚴重，因為國際性石油業務是一套極複雜的物流網絡，必須小心翼翼地在探勘、鑽井、油輪、輸油管與煉油廠之間保持平衡。在殼牌集團內部，實際上沒有任何一個部分是獨立運作的，因為石油的探勘、開採、提煉和銷售之間總是存在一些失衡現象。因此這個集團是一個需要妥善協調的國際性網絡，特別是在供應和分銷方面。例如：在委內瑞拉開採的石油會被送到阿魯巴島提煉，所提煉出來的重質燃油會在冬季送到新英格蘭，輕質燃油則銷往歐洲。類似這樣的物流系統遍布全世界，形成國際性石油業務極複雜的經營體系。

委內瑞拉——變革的試驗場

約翰．羅登知道應該實施變革，以適應殼牌集團複雜的全球經營需求。但是在這樣一個龐大的全球公司中應該從何處著手、如何著手，才能真正實施變革？他不想莽撞行動，不想冒損害公司成功經營的風險。於是他決定先把委內瑞拉殼牌公司當作變革試點，重新設計企業的組織架構。選擇委內瑞拉殼牌公司，是因為他自己曾在那裡工作過，知道這家企業的經營涉及石油產業的五個環節：探勘、開採、提煉、運輸和行銷。委內瑞拉殼牌公司無論在組織機構或企業文化上，都是皇家荷蘭殼牌集團的縮影。羅登的意圖是，透過在委內瑞拉開展的這項諮詢專案，讓皇家荷蘭殼牌集團和麥肯錫公司彼此熟悉（包括在組織和關鍵人員層面），為今後他擔任董事長時，就整個集團推動組織變革做好準備。

委內瑞拉的這個專案是麥肯錫在美國本土之外承接的第一項重大專案，無論對公司成員或對馬文本人來說，都是一次全新的體驗。

殼牌集團在專案開始前，才剛剛合併委內瑞拉殼牌公司下屬的十三家獨立公司。在委內瑞拉，管理職位是按國籍（荷蘭人和英國人）和職能任命。例如，在石油行業的五個環節中，提煉通常是由荷蘭人負責，行銷往往是由英國人掌管。然而，這樣劃分工作和管理職能，卻使管理人員常常被來自海牙和倫敦兩個總部的要求搞得暈頭轉向。麥肯錫派出的專案小組（由馬文領導的四名諮詢顧問），目睹了這個你推我丟的混亂情況，也親眼見證了皇家荷蘭殼牌集團影響業務所在地國家政局的巨大權力和經濟實力。正如羅登所期望，對整個殼牌集團而言，委內瑞拉殼牌公司確實是一個具有現實意義的試驗場。

這項專案和馬文負責的所有案件一樣，都是從情況調查入手。因此，專案小組首先需要「深入組織」，跟蹤決策流程。這是羅登關注的重點領域。在馬文看來，這也正是管理的本質所在。為了搞清楚決策流程，專案小組把調查的重點放在以下方面：誰是決策者；決策的要點為何；決策如何做出；決策需要多長時間；是什麼阻礙高效順暢的決策。專案小組在這方面下功夫，加上密集訪談管理人員，得以了解初步情況。

在專案最初前三個星期裡，馬文和四名諮詢顧問緊密配合。他白天與高階管理人員交談，晚上與小組交換意見，不斷修改完善假設，並就如何才能最適當推進專案提供建議給小組。在最初這三個星期中，馬文還經常邀請高階管理人員與小組共進晚餐，以便能在非正式場合了解他們的觀點。

時任麥肯錫專案經理的修·帕克，回憶當時皇家荷蘭殼牌集團的管理人員如何看待馬文：

殼牌集團的一位小組成員說：「馬文·鮑爾真的是一位非常簡單的人，點子很多，而且非常誠信。」我回答：「我不認為他簡單，但我確實認為他不複雜。」殼牌集團的那位小組成員說：「不複雜，而且非常誠信。他是真的想把我們的事情做好！」9

「深入組織」意味著深入到公司位於馬拉開波湖畔的西部分公司及周邊營地，到位於卡敦的煉油分公司。在一九五六年，光這家公司經營的地域分布就是不小的挑戰。李·華頓（當時參與專案的諮詢顧問，後來曾任麥肯錫公司董事總經理）至今對這段新奇的經歷仍難以忘懷：

專案需要從基層開始做起，從鑽井和產油現場開始。於是，我走遍湖邊所有營地：巴查克羅（Bachaquero）和拉古尼亞斯梅內格蘭特（Lagunillas Mene Grande）。有一個特別值得一提的營地叫做卡西古瓦（Casigua），整個營地都被蒙特萊恩（Montelone）印地安人包圍。那是一個完全未開化的部落。他們使用一種非常有趣的弓箭，要用腳踩射。

……你想要在河上出行，就得搭乘用鋼絲網包住的小船。你常常看不到印地安人，只能看見一枝枝箭呼嘯而來，擊中鋼絲網，然後墜入河中。這真是很棒的消遣。在油田，殼牌集團必須在離油田二百碼遠的地方建起一道環形柵欄，因為印地安人的箭最遠只能射到一百碼。印地安人會在夜裡悄悄摸過來，坐在柵欄外。夜裡鑽井設施都有照明，印地安人會射這些設施，但是也只能射到一半的距離。第二天早上，鑽井工人會出來蒐集這些箭，拿到馬拉開波去賣給遊客。有的箭特別長，大約四到五英尺。我到現在還清楚記得，在卡西古瓦營地附近一名被印地安人射死的農夫慘狀。那人就坐在他的曳引機上，一枝箭射穿他的前胸，從後背穿出來，兩頭各有一英尺多長的箭桿露在外面。那個人當然是沒命了。一想到那些印地安人，就會讓人躊躇不前。[10]

情況調查工作開始後，馬文每個月會來一星期左右。羅登則一直關注整個專案的進度，他親自到委內瑞拉好幾次，還常常和馬文通電話。

諮詢小組蒐集、匯總和分析實際情況後，便就委內瑞拉殼牌公司變革組織架構提出初步建議，為此還召開第一次重要會議。初步建議將呈交約翰·羅登和委內瑞拉殼牌公司的管理階層。馬文老早就到了，那時小組還在整理報告。馬文向來堅持要求我們呈交精心寫就的報告，這次也是如此。這其實也可以理解，因為這項專案是麥肯錫公司在美國本土之外承接的第一項重大專案，而且是有關組織架構極具挑戰性的工作。

雖然馬文的投入是極為寶貴的，但這也往往意味著小組得要做更多的工作。這次亦然。李．華頓回憶：

只要馬文在場，總會生出很多事情。我對他真的是又敬又畏。如果他提出意見，那就絕對不能忽視，你必須認真聽取或至少要好好思考一番。我總是盼望馬文到來，但他真的來了也常給我們帶來頭痛的事情。

我們寫了一大堆報告，針對組織中不同的部分有不同的報告。我和修．帕克（專案經理）分工合作，各自負責一部分。例如，我負責寫關於煉油廠的報告，他則處理政府關係的報告。但是有一個報告我們兩個必須一起寫，那就是關於西部分公司的報告，因為我們倆都在那裡待了很長時間。修在加拉加斯寫他那部分，我則是在馬拉開波寫我的。我們本想在加拉加斯會合，把兩個部分拼成一個報告。我們還沒來得及這麼做，馬文就到了，而且要求閱讀這些報告。我們本來打算把關於西部分公司的報告壓下來繼續加工，但不知怎麼的，那份報告也被放進整堆報告中，而且最糟的是，竟然是放在最上層。

馬文一陣風似地走進我們的辦公室說：「我想拿些報告去看看。」我們當時還在忙著修改最後一、兩份報告，就點點頭讓他拿走了。沒想到，馬文拿走的正好是那份關於西部分公司的報告。

大約一個小時後，門突然砰的一聲推開了。馬文拿著那份報告走進來說：「這是我讀過最糟糕的報告。如果其他的報告也差不多是這種程度，那可就完蛋了！」他指著我說：「你，跟我來，到我辦公室來，我口述報告給你聽。你好好聽著，學學該如何寫報告。」我不知道如何是好，修也不知所措。於是我站起身，規規矩矩地跟著他上樓。他真的就叫來一名祕書，然後坐到自己的椅子上，眼睛瞪著我，開始口述報告。

很快地，我就明白他挑中我們那份還沒有開始加工和整合報告，而且他對那個問題知之甚少。儘管馬文在這個組織各處扮演起解決眾多問題的重要角色，卻沒有花什麼時間研究西部分公司的問題。過了大約十五分鐘，我才鼓足勇氣對他說：「馬文，我想單獨和你說一句話，可以嗎？」他怒視著我，因為我打斷他的發言，也因為他一開始就對我不滿。他吩咐祕書出去，然後我說：「是這樣的，我覺得你寫不出這份報告，因為你不夠了解這個問題。這份報告……我們還沒來得及修改，我建議你把它還給我，等我們修訂好了再給你過目……老實說，我現在心亂如麻，因為不知道自己還能不能在這裡混下去，因為你看起來怒髮衝冠。但是我真的沒法再繼續坐著聽下去。我要下去了。」隨即一陣沉默，馬文憤怒地思考著，最後他說：「好吧，你拿走吧。」他把報告遞給我。

於是，我拿著報告下樓，和修一起動手修改。不久，馬文匆匆忙忙地走進來，從那堆報告中又拿走兩份，沒有對我或修說一句話，逕自走回自己的辦公室。我告訴修剛剛的經過……我們一邊努力把兩份報告合而為一，一邊等著自己職業生涯的末日到來。我們花了整整一個下午。

但是，你知道，大約兩、三個小時以後，馬文又衝進我們辦公室。我們當時被嚇得快要停止呼吸了。修也是。馬文手裡揮舞著一份報告說：「這是我所讀過最好的報告。」那正是我寫的關於卡敦煉油廠的報告。起初我以為馬文只是想要表達一下善意，但是很快我就發現，氣氛完全變了。他非常正面地說：「也許我剛剛處理第一份報告的作法不對，我太急著想要看到你們的最後版本。不過這份還有另外那份，真得都很不錯。如果其他的報告也能這樣，那就太好了。我們都該出去慶祝慶祝。」面對這樣的馬文，你實在無法不給他打滿分。

我後來知道，馬文確實非常欣賞那份報告，因為它還被當成範本，納入公司的《報告寫作指南》裡。[11]

諮詢小組以及這些報告的重點，是為委內瑞拉殼牌公司重組內部架構，同時從委內瑞拉公司的角度出發，建立一個海牙和倫敦總部共同互動的最佳框架。建議的內部結構包括：成立一家經營公司，將原本十三個獨立的業務合併成六個職責明晰的業務部門，建立一支公司管理團隊，強化統計和財務訊息流動，進而促進溝通，以確保各個業務部門能夠完善聯繫。

這些建議都被採納了。實踐證明成立一個經營公司的設想確實很成功，這為後來開展總部組織架構的諮詢專案鋪平了道路。羅登已經意識到這個專案的必要，在委內瑞拉殼牌公司的努力證明了這個必要性：關於委內瑞拉殼牌公司應該如何與海牙及倫敦總部互動的建議並非完成品，在殼牌集團當時的全球狀況中無法完全實現。

從委內瑞拉到皇家荷蘭殼牌集團總部

一九五七年，約翰・羅登就任皇家荷蘭殼牌集團執行董事會董事長，沒多久他就打電話給馬文：

「現在，我希望針對殼牌集團總部的組織架構做一項專案。」[12]之前羅登已經向馬文提過，一旦他就任董事長，就會請麥肯錫針對殼牌集團的組織架構開展一項全方位的專案。

在專案啟動前，羅登告訴麥肯錫小組自己對這項專案的期望：

我們希望這次來一場真正根本性的研究，而不是搞什麼削減成本或做做表面文章。我們希望你們深入研究這家公司的組織結構，歡迎你們提出改進的建議。不過你們也會發現，這家企業裡面有些東西不可改變。

比如說，你們可能會覺得，有必要合併海牙和倫敦兩個總部，然後在世界上其他城市，例如尼斯，再建一個總部。這是絕對行不通的點子。不過，除此之外，你們提出的任何建議都會被認真聽取並討論。[13]

羅登除了在一開始就給出這些建議和指示，過程中也一直參與這項專案。儘管執行董事會是集體行使權力，董事長並無特權，但實際上羅登擁有很大的權力。他曾被一位挪威人稱為「藏在天鵝絨手套下的鐵拳」，因為他是一位儒雅卻精明的人，精通七種語言，外表看起來很有貴族風範，實際上卻是強悍的經營者，在整項專案過程中高瞻遠矚地幫助推動工作。他舉重若輕地做著這一切，充分發揮自己的迷人風度和幽默感。馬文正好相反，有一位客戶曾比喻他是「克里夫蘭平原上的商人」。雖然兩人性格迥異，卻似乎很談得來。雙方有固定的正式會議日程，每次開會時，羅登總會設法讓氣氛不沉悶嚴肅。他和馬文一樣見地深刻，勇氣過人，而且也總是願意聽取意見，了解狀況，不斷學習。他對董事會有很大的影響，就像馬文對麥肯錫的影響一樣。

因此，羅登和馬文兩人之間自然建立起一種相互尊重、信任的關係。這支專案小組一旦離開這種尊重和信任、雙方實事求是的工作方式、說服技巧、激情和務實態度，以及馬文在雙方工作關係中融入的那種誠信，不可能找到讓羅登堅決推行的解決方案和途徑。

小組

馬文領導這項專案，殼牌集團派了一位執行董事約翰·伯金（John Berkin）擔任小組聯繫人。此外，殼牌集團還派了三名員工協助麥肯錫工作，分別是湯姆·格里夫斯（Tom Greves）、諾曼·貝恩（Norman Bain）和漢克·克瑞辛加（Hank Kruisinga）。

麥肯錫方面，李·華頓、修·帕克這兩位曾在委內瑞拉專案中發揮重要作用的諮詢顧問，也被留在殼牌集團的這項新專案裡，另外又增派兩名顧問，分別是約翰·麥康柏和伊恩·威沙特（Ian Wishart）。

這些小組成員，不管是來自殼牌集團或麥肯錫公司，後來都擔任高階主管職位，就像很多曾與馬文直接共事的人一樣。漢克·克瑞辛加後來成為阿克蘇諾貝爾（Akzo-Nobel）董事長，其他兩位殼牌小組成員後來則成為殼牌集團的執行董事。李·華頓在十三年後成為麥肯錫董事總經理；修·帕克從一九五九年開始執掌麥肯錫倫敦分公司；約翰·麥康柏成為麥肯錫的資深董事，後來擔任塞拉尼斯執行長；伊恩·威沙特則是常駐海牙。

在整項專案進行期間，馬文常常待在倫敦，把主要精力用於測試變革創新，聽取殼牌高層的意見。他在各個階段還不斷邀請其他合夥人參與，包括奇普·吉普和吉爾·克里等，以徵求他們對這個充滿未知數的殼牌專案的意見。馬文對於與客戶的人際關係很大方，他允許每一名小組成員和殼牌的執行董事們建立個人的人際關係。這對於年輕的諮詢顧問而言意義非凡，而且強化了小組的凝聚力。

專案

正如李·華頓所回憶，這項專案和上次委內瑞拉專案一樣，也是從調查實際情況、深入了解殼牌組織開始著手。

我們在殼牌大廈裡設有辦公室，那是一幢典型通風良好的英國建築。給我留下最初印象的是辦公室的端茶小姐，她們每天在上午十點左右和下午某個時間過來。我們每個人第一次在早上喝英國咖啡時都很不喜歡，但是，三個星期後我們就漸漸喜歡上英國咖啡了。可見得人的適應力很強。

我們在倫敦並沒有待很久，隨後就分別被派往各地……我就曾經被派往伊朗的阿巴丹市，這樣的經歷一開始真有點奇特。阿巴丹位於波斯灣邊緣，就只是一個巨大的煉油廠，很荒涼，一出了近郊就是沙漠，可能現在還是如此。老天，至今我還記得一些不同尋常的事情。有一回我們驅車前往一個叫馬斯吉德蘇來曼（Masjid i-Suleiman）的地方，我想那應該是個油田。我們到達時已經是晚上了，他們正在那裡燒天然氣。開採石油時常常會順帶產出天然氣，現在我們已經有了蒐集、壓縮那些天然氣的方法，但是在當年，除非你能在現場利用那些天然氣，否則，除了處理掉它們之外，你別無他法。他們採取的處理辦法就是燒掉。我記得，當時有六個噴火口，每一個排氣管的直徑足足有兩英尺。只見天然氣滾滾噴出，巨大的火柱直直衝上數百英尺的高空，那幕情景實在是筆墨無法形容。想想看，一共六支這樣的火柱，烈焰沖天，熊熊燃燒的巨大火焰，照得方圓幾英里火光通明。想想這是多大的浪費，簡直就是一種罪過。浪費了多少能源啊！這些回憶令人終身難忘。[14]

儘管遇到一些阻礙，但整個小組的情況調查、提出建議工作開展得非常順利，一部分是因為殼牌集團的執行董事會明確表示全力支持小組工作。此外，小組注意傾聽意見、認真分析所得到的情況，並對殼牌員工表現出關切，這一切更贏得執行董事會的信心。

我們可以從李．華頓的回憶中，看出小組對殼牌員工的關切：

殼牌是一家英、荷合資企業，荷蘭人占百分之六十股份，英國人占百分之四十股份，因此常會出現意氣之爭。荷蘭人想要把股份上六十／四十的優勢，體現在組織中最低的職位上，也就是說，如果有十名業務員，其中六名應該是荷蘭人，剩下的四名才是英國人。這種民族特性被體現在組織架構和工作內容中，嚴重阻礙皇家荷蘭殼牌集團成長和發展。我們必須打破這種制度。但是當我們這樣做時，受到很大的阻礙，特別是來自荷蘭人的阻礙。

當時，殼牌集團在泰晤士河南岸新建一座大廈，荷蘭人就覺得應該也在荷蘭蓋一座一模一樣的大廈，以體現六十/四十的股份比。這實在是沒有什麼意義。

我們了解到很多與風俗習慣、民族主義和政治等有關的問題。也許在任何一家企業你都會看到這些問題，但是在殼牌集團，由於是兩國合資，加上有兩個總部並存，這一點尤為突出。我們花費大量時間清除這些障礙，儘管執行董事們全力支持，還是傷害了不少人的感情。在我們不斷前進的同時，還得不時回頭過來安撫這些人。[15]

為了克服這些阻礙，調查和溝通實際情況就變得至關重要。修．帕克對此頗有感觸：

在我們向執行董事會呈交的最初幾項建議中提到……管太多了，總部過於集中控制那些分支營業公司……荷蘭人總是習慣說：「海牙總部理應控制所有事情。」當然，他們這麼說，實際上指的是他們自己所負責的那部分職能，包括探勘、開採、提煉等，不包括行銷，那部分歸倫敦總部管。

當我們向執行董事會揭示這項問題時，他們說：「嗯，我們不同意你們的看法。我們覺得你們搞錯了。我們希望你們能更有說服力地證明事實確實如此。」……我的意思是，如果確實有那麼多的事情沒有必要集中管理，那麼，接下來的結論自然就是不需要在倫敦和海牙總部養這麼多人。[16]

馬文面對執行董事會的質疑，派出三支工作小組去發掘有關殼牌集團過度集中控制的證據。每一支小組集中調查世界的一個地區（歐洲、亞洲、非洲和委內瑞拉），從有關的事件、信件和其他文件中，蒐集能夠證明海牙或倫敦總部管太多的證據。

大約六個星期之後，三支工作小組共努力蒐集了五十個能夠證明殼牌集團過度集中控制的案例，並且把它們匯報給執行董事會。修．帕克還記得那次匯報會議的情景：

我們把這些案例講給執行董事們聽，搞得大家不時哄堂大笑，因為有些案例實在非常荒誕。我舉一個例子。我在委內瑞拉時，人家告訴我委內瑞拉殼牌公司想要建一個油庫，就是那些巨大的圓柱型油罐。他們遞交海牙總部一份興建油庫的計畫書，並說：「我們打算在這裡再興建一座油庫。」結果海牙回覆：「我們認為你不應該把油庫建在這裡，應該建在那裡。」結果委內瑞拉的回應是：「那樣確實不錯，但你們難道沒有從這個計畫書中了解到，那樣等於把油庫建在懸崖上嗎？」你看，盡是這種無聊的事情。

李．華頓也從遠東帶來一個經典案例。

我想那應該是馬來西亞，在那裡，出於某種原因，五十年前總部要求，每月都要上報運輸車隊中所有卡車的輪胎壓力情況。這種要求和雨季及輪胎在泥濘中的摩擦力之類的事情有關，但問題是，他們到現在還在每月上報卡車的胎壓。

還有他們在古巴的那個人，當然，那是在卡斯楚（Castro）上臺之前的事情。那是個在倫敦和海牙都很受尊重的古巴人，他是真正的生意人。但是，海牙總部很不滿他的獨立性。他們說：「你看，如果你要在古巴興建一座煉油廠，必須根據我們的標準來。我們是工程標準方面的專家，不允許任何偷工減料、品質低劣的煉油廠出現。」那名古巴人說：「但是，你們看，如果你們堅持要這麼做，我的財務狀況就會變差。那樣做無法獲利，你們必須允許我以在商業上和經濟上都行得通的方式興建一座煉油廠。」結果雙方為此產生很大的爭執，整整持續六個月。最後，那名古巴人勝利了，蓋了一座在他看來是商業上可行的煉油廠，而不是一座「金子做的」煉油廠。

在整個集團中，這樣的爭執此起彼伏，比比皆是。總部和營業公司之間不斷因誰有權做什麼事情這類問題發生爭執。現在看來，有些只是雞毛蒜皮的瑣事，也正是這些事情引起大家哄堂大笑。還有一些事情比較重大，但我們也認為原本就不該如此集中處理。

在列舉這些案例後，會議取得顯著的效果，最後執行董事會說：「好，我們同意你們是對的。或許我們集中控制的事情確實太多了。那麼，就讓我們改變這種情況吧。」於是，我們最終能取得進展。[17]

馬文在幫助克服文化障礙方面發揮的作用，遠不止於派出工作小組去找出事實依據。每次向執行董事會匯報專案情況時（這樣的會議幾乎每兩個月就要召開一次），他都發揮了關鍵作用。他為相關結論和建議奠定思考基礎，每次都成功搭起這樣的互動平臺。

小組成員人人都記得這些會議的情況，他們認為，馬文能在會上讓所有執行董事都聽得入迷，實在是太了不起了。要同時抓住七位執行董事的注意力絕非易事，因為他們都是國際經濟舞臺上一言九鼎的重量級人物。正像修．帕克所回憶：

他們滿懷敬意地聆聽，因為馬文的發言總是那麼精采，那麼有意義，幾乎令人無以辯駁。馬文所做的演示總是極有說服力，他總能把自己的信念傳達給別人。馬文在持續幾小時的簡報會上，不管是否有準備幻燈片，總會不失時機地為大家宣講一些管理的理念。[18]

除了文化障礙之外，馬文他們還遇到法律上的問題。隨著採用更加分散的組織形式的建議被提出來，殼牌集團的法務部門開始感到非常不安。因為在委內瑞拉有這樣一條拿破崙式的法律規定，即向公司首腦和管理團隊所在地徵稅。比方說，如果委內瑞拉殼牌公司的首腦和管理團隊在倫敦或海牙，那麼委內瑞拉政府就可以向殼牌集團在全球的經營活動徵稅。殼牌集團立即組織一支由律師、管理人員和諮詢顧問組成的工作小組來研究這個問題，最後得出的解決方案是在海牙和倫敦成立服務公司，這讓殼牌的執行董事和麥肯錫公司都鬆了一口氣。

建議

這個諮詢專案的成果是為皇家荷蘭殼牌集團制定一個矩陣式組織架構（在其中管理人員同時負有地域和職能方面的職責），這在某些方面都是創舉。首先，這是在歐洲第一批出現的矩陣式組織結構之一；其次，採用這樣的組織架構得從根本上改變這家公司，而這些變革似乎與它在過去一百五十年中形成的文化相衝突。然而，馬文帶領的專案小組表現得盡善盡美，為羅登提供了所需要的依據，他成功地說服了全體執行董事會成員，使他們完全接受並極力倡導專案小組所建議的變革和途徑。

約翰．麥康柏回想起那些建議，認為它們之所以能如此順利地實施，主要還是因為他們知道他本人、修以及小組中的其他成員絕對誠信可靠。從來沒有人認為麥肯錫在那裡堅持工作是為了多收點顧問費。很明顯，小組的動機是要幫助他們，而不光是為了掙錢。他們都知道這一點。[19]

正如前面所述，執行董事會保持一種健康的懷疑態度，要求小組在提出建議時也給出有力可靠的依據。約翰・羅登儘管身為董事長，在表面上並不比其他六位董事更有權力或影響力，但實際上他的權限非常巨大。馬文很清楚真正的客戶是羅登，因此很努力向羅登闡述矩陣式組織概念的優勢。馬文知道，只要羅登認同這個概念，他就會鼓勵其他六位董事接受大部分的建議，只須在實施過程中做必要的調整即可。

小組提出的建議都是基於這樣的認知基礎，即每一家營業公司都應該為自己的業績和長期發展能力負責。各地的管理團隊履行自己的職責時，可以學習服務公司的經驗，並透過服務公司借鑑其他營業公司的經驗。為此公司就必須要求各公司在會計、安全、環境控制等方面採用相同的作法和規範，使用同一種語言，並且非常清晰、明確地劃分職責。執行董事會在採用這個方式之前審慎地考慮可行性。他們召開了一場會議，會中他們和小組成員一起，一一驗證一百項決策在此情形下的制定過程，看看可能會出現哪些問題、應該由誰負責每個決策等。

總結起來，專案小組共提出四個重要建議。第一項是建議設立執行長。馬文長期以來已經習慣美國式管理，當時他也極力主張設立一位執行長。這對脫胎於英、荷兩種文化的殼牌企業文化而言，還是個新穎的觀念。最後，儘管執行董事們不太情願，還是接受這項提議，並任命約翰・羅登成為執行長。但是，正如執行董事們早就預言那樣，這項組織變革在殼牌集團行不通，因為相應的職責過於重大，一個人根本擔當不了，所以沒過半年這個職位就被取消了。

這個失敗對馬文來說是個很好的教訓。馬文在接受殼牌專案之初堅信，如果沒有一位執行長，就不可能有明晰的決策流程。而且，的確，專案小組在殼牌集團將此爭論推到了極致。當馬文看到殼牌集團的執行董事會能夠有效地集體行使執行長的職責後，他的觀念軟化了。當他在九十二歲那年撰寫

《領導的意志》時，他表示，集體領導比起一人專斷更有利。[20]

第二項建議是設立一系列職能和地區協調員。殼牌集團的職能包括探勘、開採、提煉、運輸、行銷，這是石油產業的五項基本職能，再加上財務。對各國則按照地域合理分組，由地區協調員分別負責，只有美國由於法律方面的種種原因被區別對待（包括因為美國殼牌公司並不是百分之百皇家荷蘭殼牌集團所有）。最後，殼牌集團任命了五個地區協調員和五名職能協調員。儘管這個概念有點複雜，但是這個變革確實發揮明晰控制權限的作用。

第三項建議是建立一些服務機構，為營業公司提供支援、給予建議和確定標準，涉及的領域包括財務、健康、安全和環境、人力資源、法律事務、公共事務、訊息、物資規畫和研發等。現已退休的殼牌研發總監湯姆．斯希科（Tom Schick）如此描述他們這個服務機構：

一九五九年，殼牌研發部成立，就像現在成立很多IT部門一樣，主要是用集中的資源來滿足業務方面的需求，並為它們提供新技術支援。我們對待營業公司就像對待客戶一樣關愛有加。我們還有一個團隊專門負責先進或長期的研究專案，共有三百多人。我相信這是二十五年來最強的石油公司研發團隊。[21]

第四項建議是在皇家荷蘭殼牌集團中，繼續建立共同的文化、共享的經驗和共同的目標。馬文曾花費大量時間協助殼牌集團制定合適的培訓方案，以確保所有的員工都能分別從局部和集團的角度出發看待問題，齊心協力爭取實現集團的目標。這些建議在殼牌集團中引起根本性、大規模的變革，同時又保留殼牌集團的優秀企業文化。這四項建議，除了前面提到的第一個關於設立執行長的建議，其他三項都禁得起時間的考驗。

對約翰．羅登的影響

約翰．羅登描述馬文為「關於健全組織的某些原則最令人信服的倡導者」。[22]從一九五九年殼牌集團的專案結束，直到三十五年後羅登去世，這段期間約翰和馬文每年都會多次交談，交流思想。羅登八十歲生日時，對馬文的敬意依然溢於言表：「十月分時，我在紐約的21餐廳舉辦餐會慶祝八十大壽。他們問我想請誰，我說：『我想請馬文。』於是，他就來了。他看起來很好，太好了！」[23]羅登的兒子喬治．羅登（George Loudon）說：「在商場上，馬文是我父親最信賴的朋友。」

三十年後

馬文和麥肯錫公司建議的矩陣式組織架構，一直被延用多年，它的優點在其中得到證明。修．帕克回憶：

我們在一九五九年為殼牌集團搭建新的組織架構，大約三十年後，我應殼牌集團的中階主管俱樂部邀請，前去為他們介紹這一套組織架構發展歷史。基本上，除了一些局部修改，我們提出並受到採納的建議精髓都被保留了下來。這使我備感欣慰。儘管從那次合作以來殼牌集團不斷調整改進，但我們所搭建的組織架構確實已經存在三十多年。[24]

在一九八三年世界大企業聯合會（Conference Board）一份題為〈調整組織架構、提升國際競爭力：矩陣設計〉（Organizing for Global Competitiveness: The Matrix Design）的報告中，殼牌集團的組織架構被當作成功的典範：

這個集團的組織架構，建立在由各國營業單位所組成的分散聯盟基礎上，依靠管理體系和強勁的集團文化緊密相連，進而創造出世界上最成功的一家商業機構。這個組織架構還顯示出很好的適應能力，不僅承受過地方的政治和社會劇變，而且還頂住嚴重的全球商業動盪，如一九七〇年代和一九八〇年代的石油危機……最近幾年，殼牌集團不斷完善這個矩陣組織，以促進整個集團內部的訊息交流，並在某些國家實施跨國聯營和共同結構等。[25]

一九七九年　普華國際會計公司：為諮詢公司提供諮詢服務

一九七〇年代末，公共會計業者都在努力擴大業務範圍，特別是當時的八大會計公司。它們一方面重新評估審計和會計這些核心業務，以期成長更大、獲利更高，另一方面則積極發展其他新的業務形式。會計公司在完成審計工作的同時，也熟悉了客戶的財務流程，這為他們提供了一個潛在平臺，可以快速拓展稅務和訊息服務領域。普華和這些同業一樣，也在服務領域發現利潤更豐厚的機會——

管理顧問業務。普華的管理階層懷著忐忑不安的心情，找來它們的假想敵麥肯錫公司，希望協助它們確定普華的戰略地位。

他們先打電話給馬文，儘管馬文早在幾年前就卸下麥肯錫董事總經理一職。時任普華高級合夥人的約瑟夫．康納（Joseph E. Connor）回憶：

馬文在麥肯錫有著特殊地位，仍被視為思想領袖；而且據我了解，他會樂於接受讓他感興趣的諮詢專案。馬文曾告訴我，我們這項專案之所以讓他感興趣，原因在於，以前從來沒有哪一家專業公司會延請另一家專業公司為自己研究策略，畢竟兩者之間有一定的競爭關係。[26]

康納會找上馬文是衝著他的名望：

在此之前，我們其實不認識馬文，我知道他是誰、做什麼，但是我們之間除了偶爾短暫的接觸，並沒有任何私人聯繫。[27]

不過，他找馬文也不僅僅是出於他的名望：

我曾在某些會議上聽過馬文發言，他說有些會計公司選擇錯誤的方向拓展諮詢業務。這番話聽在任何一家會計公司耳裡都不太舒服。[28]

而在馬文這邊，他也是經過認真思考後才決定接下這項專案。康納回憶：

馬文花了一些時間才說服自己，然後又說服我們，客戶機密會得到嚴格保守，麥肯錫不會將這些訊息用於競爭。[29]

馬文從一九三〇年代起就見證普華高度的專業水準、顯赫的客戶名錄，和獨特的合夥制度，這些都令他心生敬意。由於普華是一家非常成功的專業公司，馬文不僅願意協助他們，而且也希望能親眼見證那些使普華獲得長期成功的因素和特點。儘管麥肯錫內部很多人不看好這項專案，但是馬文卻堅信，他們從這項專案中可以得到的啟示將遠大於可能存在的風險。馬文決心不但要提供普華服務，而且要提供最好的服務，協助普華贏得光明的未來。

普華和麥肯錫兩家公司大約有百分之五的業務重疊，這個比率尚可接受。馬文非常重視整體競爭力，更重要的是，馬文知道，不可能從外部強加策略給另一家性質相同的專業機構。馬文深知，不管建議採用什麼策略，都必須經由兩家公司共同設計並認同。為此，馬文建立了一支聯合小組，由麥肯錫和普華的合夥人共同組成，他親自擔任領導。

馬文身為聯合小組的領導人，將自己關鍵的領導原則運用於其中，令康納深感敬佩。他回憶：

他會努力去引導並說服你，讓你知道，他的思維過程非常清楚。但他總能積極接受建議、交流思想，從來不會剛愎自用；當然他也不會對客戶唯唯諾諾。他會直言不諱地告訴對方，他認為什麼是最好的建議，不管對方是否願意採信。[30]

兩種不同看法，帶來一個意想不到的解決方案

在專案開始時，兩方對於普華所面臨的問題看法各異。普華希望麥肯錫做戰略研究，以評估普華的市場定位和發展方向。當時普華內部認為，他們所面臨的問題是要排列出新業務領域的優先排序，確定應該發展的新專門技能領域，例如電子數據處理。

麥肯錫小組則認為，關鍵問題在於組織方面，特別是會計和審計、諮詢、稅務這三大業務領域之間的區別而引起的內部鬥爭。他們認為，普華還沒有一套共同價值觀，足以將不同領域融合為一。

小組在一九七九年夏天啟動專案，第一階段是訪談普華的合夥人，深入第一線調查實際狀況。這是馬文推崇的方式。馬文在小組開始訪談之前，督促成員先盡力擬好訪談大綱，為了確保大綱能以恰當的措詞提出恰當的問題，前後修改了大約十回，直到他滿意為止。

小組訪談普華五十多位合夥人，約占總數的百分之十，了解他們對公司經營方式、目前地位和未來方向的看法。在第一階段，小組還訪談了外部的一些企業管理人員、政府官員等。他們分析這些訪談結果，為整項專案提供核心事實基礎。即使這種有關組織的專案訪談並非嚴格的量化數據，馬文同樣重視分析必須實事求是，尊重第一線人員的意見。

在第二階段，研究小組起草基於共同價值觀的策略。第三階段，小組擬定實施計畫，並找出管理

流程和組織中有必要加以修改之處。

這一項專案提出的根本建議是，普華應該進一步發揮身為最優秀會計公司的長處。麥肯錫建議普華，把重點放在培養獨樹一格的服務態度上。其實普華已經有這樣的服務態度，但在馬文看來，還沒有得到廣泛或熱切採行。這個計畫的成敗取決於普華負責具體專案的合夥人和他們客戶之間的關係，這是為客戶提供最高水準的專業服務機制。普華始終具有這種特性，卻從未明確融入開拓市場的方式裡，而麥肯錫提出的建議就建立在這種特性的基礎上。一直以來，普華都錯誤認為，應該將重點聚焦在開發新的業務領域和行銷的專門技能上。

儘管麥肯錫提出的建議並非針對普華自己認定的問題，但是領導階層卻同意馬文，並接受麥肯錫的觀點。套用普華高級合夥人喬・克凡斯基（Joe Krovanski）的話：

> 他讓我們看到自己內心一直知道存在，卻不敢依靠的東西。它非常與眾不同，為我們帶來獨特的市場優勢。[31]

約瑟夫・康納回憶當時聽到建議時的情景：

> 我驚訝地發現，馬文關注的重點不是我們所提供的服務種類，而是提供服務的方式。他注意到我們在做些什麼、其中哪些有效，而這些正是我們自己從未體認到的層面。這一點大大出乎我們的意料之外。當麥肯錫的報告出來之後，負責具體專案的合夥人（約占全公司合夥人總數的百分之九十）基

本上都非常支持。他們希望從這個方向闡明變革，並收錄在我們的規則手冊。他們把這種作法視為方向的堅決變革，我覺得他們可能沒有想到公司的領導層會如此欣然接受並積極實施。

事實就是這樣。這份報告沒有遭遇阻力，而是贏得一片掌聲。我們開始認識到，由於我們明確闡述自己在專業上依賴負責具體專案的合夥人，因而為自己創造一個大好機會。我們可以把這一切告訴審計委員會，讓他們知道為什麼我們與一般的會計公司不同，他們因此可以預期從我們這裡能得到什麼。[32]

馬文鼓勵普華勇敢地發揮自己的獨特優勢，並將它轉變成明顯的市場號召力，使得普華獲得與眾不同的競爭基礎，然而，此時其他的八大會計公司還在為拓展相同的新市場爭來鬥去。

使每一位經理都成為主人

這個方式不是沒有風險。普華過去一向是以總部為中心，一個專案接著一個專案地向客戶推銷自己。現在將這個責任轉移到每一位具體負責專案的合夥人肩上，也就等於將工作的重點從銷售轉向客戶服務。這項改變深切影響公司經營。首先，這項計畫使得負責具體專案的合夥人承擔巨大責任。他們要以自己認定是恰當的方式做出與客戶有關的決策。其次，總部的角色從控制者變成服務者，它們要整合公司所有資源，支持負責具體專案的合夥人向客戶提出好建議。這和當時大部分會計公司所採取的方式截然不同。

若想盡量減少這種革命性方式所帶來的風險，就必須適當授權負責具體專案的合夥人，展開培訓並提供支持。馬文覺得，普華在這方面尚有很大的改進餘地，因此他針對很多對待員工的政策向高級合夥人提出質疑。他指出，普華的公司宗旨和實際經營方式存在矛盾。他的話擲地有聲：

你們不能這樣經營一家專業公司。你們會失敗，還會失去優秀人才。有些基本原則你們必須認真考慮。我想問你們，為什麼根據我的觀察，你們並沒有遵循這些原則？[33]

馬文指出一大堆問題。在他看來，最大問題的是內部輪調、薪酬和培訓政策。那時普華和其他會計公司一樣實行內部輪調政策，實際上都不甚尊重客戶和合夥人的需求。每年，公司的高級管理委員會都要開會研究各地的人員需求狀況，比方說，如果休斯頓發展態勢迅猛，委員會就會決定多派六位合夥人去當地支援。受到影響的合夥人都不喜歡這項政策，但除非他們和客戶已經建立非常穩固、富有成效的關係，或是在高級管理委員會找到有力人士替他講話，否則難逃不經商量就被調動工作的命運。新的合夥人被選出來之後，大多數也都會被調往其他地方工作。對他們來說，當選固然是好消息，但同時也是壞消息，因為你要被調往一個可能根本就不感興趣的地方工作。每年六月，幾百位合夥人會收到首席合夥人的調遣信，上頭寫著：「我們很高興通知你，你已被派往某某地方工作，本調令從八月一日起正式生效。」根本沒有討價還價的餘地。

馬文認為，這項政策有違他所信奉的「人是一家公司最寶貴的資產」信條。當時在場的人回憶，馬文雖然語氣毫無冒犯之意，但是相當直截了當地對普華的管理階層說：「你們不能採用這種作法經營一家專業公司。」大家都默不作聲，幾分鐘後，他繼續說：「因此，我認為你們看到我們建議修改這項政策的作法之後，應該願意採納。」[34]

馬文對普華的員工和合夥人薪酬制度也同樣很有意見。他認為，這項制度不夠透明，無法讓大家知道自己所處的位置。他批評普華內部缺乏良好的評估和晉升制度。對於普華的培訓體系，馬文也感到失望。儘管技術方面的培訓做得不錯，但是馬文認為，應當使這些專業人員更充分了解自己所服務的企業。他相信，做審計工作不能只擁有審計規則方面的知識，審計人員需要了解商業運作，才能正確評估一家企業的體質。

因此，各種人員方面的政策成了馬文關注的重點領域。正如約瑟夫·康納所回憶：

我們增加了許多關於客戶關係、客戶問題等的課程。過去，大部分培訓的技術性很強，而現在培訓的重點變成如何說服別人、如何影響結果，還有最重要的是，如何保持獨特性。要知道，在這市場上有很多會計公司。我們現在的任務是製作一種名叫「審計」的產品，我們必須制定、表述、相信並實施。在這麼擁擠的市場中，這一點並不容易做到。[35]

麥肯錫提供了獨立的評估建議，好讓普華用以指導負責專案的合夥人調整他們的行為方式。這些建議還提供對話框架，讓負責專案的合夥人與公司領導層就如何對待客戶展開一對一的對話。行為方式的改變是新組織結構能否成功的關鍵，也是必須解決的難題。康納回憶：

一個最糟糕的例子是，負責專案的合夥人寫信給總部的技術服務部門，詢問客戶相關問題，你們的初步看法是什麼。這樣就把事情徹底搞砸了，因為應該先由專案負責人思考，他們應該提供客戶什麼樣的建議。然後，請總部匯集整家公司對某一項主題的認知。第三步，還是應該由他提出建議，不管是好的、壞的，還是無關緊要的建議。

這顯然就在負責專案的合夥人與負責研究的合夥人之間，形成一種全新且必須的流程關係，但這種關係始終是諮詢式的。在其他公司，比如說安達信，這種關係不是自發性的，而是強制性的。[36]

一九八三年《商業週刊》上有一篇文章描述普華正與集中化的潮流背道而馳，而其他會計公司則被描述成順應競爭加劇的形式，它們限制第一線合夥人的權力，將決策進行整合（安達信長期以來都是這樣做的）。文中指出，普華正好相反，它使得每一位經理成為公司的「主人」，因為普華的領導階層堅信，這能有力激勵員工更順利推進變革，效果遠遠好於發號施令。

對約瑟夫．康納的影響

約瑟夫．康納稱讚馬文．鮑爾「徹底扭轉我的思想」。在麥肯錫的專案進行之前，普華也在像其競爭對手一樣強化集中控制，強調「兩遍甚至三遍的審核」。馬文的思想幫助普華從對其他公司的模仿中走出來，採取獨有的創新方式。康納說不僅是思想，連行動都發生轉變：

馬文高瞻遠矚幫助我們建立起與眾不同的關係，這是其他公司沒有也無法做到的。負責專案的合夥人所肩負的責任一下子升高一層：我們開始關注專案負責人和執行長的關係，而不僅是和財務長的關係。我們開始採取與眾不同的作法。[38]

對康納來說，這也意味著，他與負責專案的合夥人打交道時，應當採取不同的行為方式。過去，他身為公司的首席合夥人，得花費大量時間拜會主要客戶，以強化、擴展客戶關係。現在他也得改變達到上述目的的方式。

我必須退到後面，以確保負責專案的合夥人所擁有的特權不至於受到等級和身分的限制。我身為董事長，主要工作之一是和公司的長期優質客戶保持聯繫，但我不能在客戶會議上和ＩＢＭ總裁這樣的人物同時出現，以免讓負責專案的合夥人變成跟班似地尾隨在我身後。

負責專案的合夥人應該表現出自己對客戶的業務問題有把握，以及我們可以如何幫助客戶解決這些業務問題。因此，在這些客戶會議中，我都會退居二線，讓合夥人去發揮。我們兩人對客戶關係從專業方面和商業方面進行分工，我負責一方面，他則負責另一方面。[39]

康納將拜訪客戶的重點從培養客戶關係，轉到即時了解客戶的要求，並聽取他們對服務的意見：

我身為董事長，拜訪客戶時必須提出的問題是：「我們哪些方面做得好，哪些地方應該做得更好？」這背後的問題是：「我們的合夥人工作表現如何？」有時候，我們會了解到他們做得不夠好。[40]

一九八三年秋天，普華在鳳凰城召開合夥人大會，馬文和麥肯錫所開展的專案也在此地達到高峰：麥肯錫將在大會上向全體合夥人呈交報告並建議策略。馬文為了籌備這次會議，八月分致信康納，詳細說明他認為董事長發表演講所應涵蓋的內容。他們倆來來回回反覆修改演講稿，甚至在發表演講前一天晚上，馬文還帶著康納一起練習。

在開會前一天，馬文還把握會前幾個小時了解聽眾（即普華的合夥人）的想法。他一如平時地謹守禮節，一身深藍色西裝，穿梭在身著高爾夫球衫的合夥人當中交談，直到專案的最後階段他還在傾聽和了解。當天晚上，他幫助康納練習演講；第二天早上，他又提出幾點細微的修正意見，以便更貼切反應合夥人的情緒。

康納回憶和馬文一起準備演講令他頗感振奮：

> 他所要表述的是一個我知道早就在那兒，但是一時又找不出來的概念。他打開了水閘，於是我們就聽從他的意見，與其他公司分道揚鑣。
>
> 同時，負責專案的合夥人聽到演講後都欣然接受、備感鼓舞。他們想要成為專業服務工作的領導者，而不是總部建議的傳聲筒。因此，我們得到良好的反應。我們可以去做我們宣示要做的事情，採取與其他公司不同的方式，這些都為我們帶來競爭優勢。[41]

康納說，他無法忘記馬文說過的話：「釋放出這個專業服務公司的內在力量，你就會獲得巨大回報。」他記得馬文身為一位諮詢顧問，對自己及公司的關切：

他希望在專案完成時，客戶會滿意地說：「這是我們得到最好的服務。」他讓自己和自己的公司接受極高的挑戰。我相信，他很少失手。

他滿懷興趣、全神貫注地投入專案，但不是擺出一副大師的架子，而是成為一位專業人士，努力幫助自己的客戶解決問題。他深入第一線，工作非常、非常努力，他不會把所有的專案文件交給手下撰寫，而是親力親為地參與其中。你知道，我曾經很多次自問，他為什麼要那樣做？要知道，那時他都已經八十多歲了。

原因在於挑戰本身，從來沒有人為專業公司制定過策略，而馬文卻做到這一點。他不僅完成我們這項專案，而且還為麥肯錫開拓一塊新的業務領域，這令他頗感欣慰。[42]

二十年後

不難想像，馬文．鮑爾看到當今公共會計行業敗壞的臭名會說些什麼。他一直反對審計和顧問混業經營，但不是因為會帶給麥肯錫潛在的競爭。麥肯錫能成為第一家現代管理顧問公司，很大程度是因為馬文堅信，應該區分會計師關於歷史情況的嚴謹報告，及諮詢顧問不受限制的假定設想。如今，不受限制的「創造性」會計方式的危害已經表露無遺。

兩名和馬文一同參與普華專案小組的同事稱讚，二十多年前的那項專案中，他就預見今天出現的這些問題。唐．高戈發現馬文提供普華的建議非常具有先見之明：

如果你回頭讓證券交易委員會的比爾・唐納森（Bill Donaldson）讀一讀那段關於會計公司應該如何工作的文字，無疑會發現，當時所說的一切絕對是至理名言。[43]

已退休的麥肯錫資深董事羅伯特・歐布洛克（Robert O'Block），曾於一九六九至一九九八年任職麥肯錫，他回憶：

……馬文不斷提醒普華要避免潛在的利益衝突，他堅持認為，不應該將顧問與會計和審計業務混在一起。在二十多年前，他還指出審計和稅務服務有潛在衝突的問題。[44]

無庸置疑，馬文與普華的合作，為普華留下關於商業價值觀的指南針，即使在普華與永道合併後仍然發揮巨大影響力，使它約束自己不去從事存在本質問題的業務，避免在一九九〇年代末像其他會計公司那樣受到損害。二〇〇二年，普華永道將擁有六千名員工的諮詢業務轉讓給ＩＢＭ，消除了一個潛在的利益衝突根源。雖然我們得指出，隨著這家公司成長、收購和康納退休，組織的某些方面已經發生變化，但是它在公開的宣傳中，始終強調嚴守責任、誠實和正直的價值觀。

一九七九年　哈佛：提出採用案例教學法的理由

一九七九年，馬文．鮑爾接受一項令人望而生畏的挑戰：回應哈佛大學校長德瑞克．伯克（Derek Bok）批評（有人說是攻擊）哈佛商學院的言論。這項任務特別棘手，如果處理不當，以馬文和哈佛商學院之間的密切關係（他曾經在哈佛商學院學習，之後又參加哈佛的好幾個委員會，並僱用許多哈佛商學院的ＭＢＡ畢業生），難免不被人詬病是循私偏袒。更麻煩的是，這一次的問題，尤其是使用案例教學法，正是馬文認定為正確培養領導者之道的基礎。德瑞克．伯克是法學科班出身，非常重視學術研究，擅長控制討論過程，不輕易被說服放棄自己的想法。另外，伯克提出批評的方式可能不是非常得體或周全，結果使得哈佛商學院的教職員和校友怒氣沖沖；不過他的許多擔憂也被證明不無道理，必須得到妥善解決。

後來在哈佛商學院發生的事件讓人們看到，只要能用可靠的事實和有說服力的論證支持一種不同的觀點，就可以避免被人視為循私偏袒，並且還能夠贏得持不同意見的領導者的尊重。此事還讓人們看到，可以如何設計並執行一套在大學環境裡行之有效的非情緒化溝通策略，以及如何在專案完成後仍然致力其中。馬文在哈佛商學院這件事情上有一位夥伴，那就是亞伯特．高登。他曾在一九五七至一九八六年擔任基得．皮博帝董事長。他說，當時馬文採取以下建議方式：

他比我們大多數人都高明……他在思維上更訓練有素。這一點和伯克很相似。他能夠站在伯克的角度上看問題。他非常善於傾聽，而且很公正。馬文睿智而不武斷，而且他在溝通的過程中非常注意分寸。[45]

一九七九年的哈佛商學院

一九七九年，德瑞克．伯克在呈交哈佛校董會的年度報告裡批評哈佛商學院，引起校友一陣喧騰。這是他的習慣，每年都要找一個學院或大學的主要部門單獨評論一番。到一九七九年，除了商學院，他把哈佛大學各個單位基本上都評論一輪了。他的基本方法始終不變：首先扮成控方提出自己主張的案情事實，然後穿上法袍，等著辯方上前完整補充案情。他採取這種方法，經常找出很多推動學校發展的好點子，有時候還能因此找到一位新院長，進而影響被評估學院的辦學方向。

在伯克上呈那份引起爭議的報告前十年，賴瑞．佛雷克（Larry Fouraker）被伯克的前任納森．普希（Nathan Pusey）任命為哈佛商學院院長，此後不久，伯克就接任校長職務。佛雷克院長接掌的哈佛商學院，是一個正受到快速發展帶來副作用困擾的學術機構。具體而言，當時的哈佛商學院辦學方向不明，教職員一盤散沙，缺乏延續性，而且經濟狀況堪憂。他知道，自己必須控制住發展的態勢（這個決心很不好下，因為會影響到很多非終身教職人員的前途）。採取比較節制、更審慎的發展方式固然是重要而勇敢的舉措，但依舊遠遠不夠。到一九七九年，美國已經有七百多所商學院，不僅競爭日趨激烈，而且針對管理培訓的最佳方法論也有很大爭議。民權運動和反戰運動這類瀰漫全國校園的政治風波，使得情況更加複雜。此外，佛雷克院長和伯克校長近十年的恩怨也難免摻雜其中。

伯克報告

伯克校長對於商學院的批評有理有據，也很有建設性，包含許多的改進建議。他批評的核心意見是，哈佛商學院商業教育的首要方式是嚴格堅持的案例教學法，這一套可能已經過時了。他還質疑，當時的商學院畢業生是否已經掌握取得成功所必備的知識。

伯克的報告很長，但是核心內容不外乎以下摘錄部分。他首先對商學院畢業生的需要提出自己的見解：

過去二十年來，隨著企業的規模和複雜度日益升高，管理工作也變得更加複雜精細。社會對企業提出更高的要求，企業必須符合公眾新的利益，政府機構和非營利組織也在向企業學習管理方法，以便提高自己的經營水準。

……在這樣的環境中，可以說管理的目的已經不僅僅是為股東效力，而是要運用領導力協調股東、客戶、員工、供應商的要求，乃至於公眾及政府代表的要求。

……每一家專業院校都必須抓住兩件攸關性質和使命的關鍵問題：應當在研究和教學之間保持什麼樣的平衡關係？教學的目的是要讓學生進入專業領域內的哪些職位？哈佛商學院在不忽視研究的情況下一直主張，它首先是一個教學型學院，其教學目的就是培養總經理，而不是專門業務人才。換句話說，哈佛是要為各地企業培養最高管理者，它的所有重要工作都是圍繞著這個最終目的而展開。

……蘇格拉底式的方法促使學生積極動腦做出自己的判斷，而不是單純地獲取知識。生動的課堂討論還能讓學生學會何時應當發言、何時應當緘默，以及應當如何發言。在與政府官員、工會領導、股東等人打交道時，這些技能都是必須的，但是它們最大的用處還是在無數場為企業做出關鍵決策的管理階層會議上。有鑑於這個學習過程的重要性，哈佛商學院採用其他哈佛教職員所不明白的獨家作法，根據學生的課堂表現評定分數。

……哈佛商學院在肩負著傳統使命的同時，還必須拿出足夠的力量來解決巨變之後所出現的種種最重要問題。在過去二十多年中，這些巨變對美國企業產生深遠的影響，需要我們具有從多學科、多角度看待問題的能力。幸好，商學院的教職員工已經開始著手解決其中的很多問題。[46]

伯克在概述他認為商學院應該滿足的要求、稱讚哈佛商學院努力與市場需求保持一致的積極性之後，開始談到不好的部分了：

……專業院校有更高的使命，因為它們既能充分了解所在專業的訊息，又能置身事外，以冷靜的眼光看待自己更大的社會責任。如果商學院忽視這種責任，那它們就只不過是方法的傳播者，全然枉顧這些方法會被如何使用，以及使用這些方法將達到什麼目的。

……儘管商界領袖經常宣稱，自由企業的社會角色是商界所面對的首要問題，但是如果我們細細檢查一下各大商學院的課程，那就沒有人還會抱持這種觀點了。大多數的課堂討論依然是以一個未經驗證的假設為基礎，即成長和利潤是企業管理者唯一關注的重點。倫理學研究的情況也好不到哪裡去……

……商學院對此保持沉默，因而不僅無法喚起學生產生更大的使命感，而且也怠忽自己的職責，即對所在專業和社會中那些攸關公眾關係的辯論中發表見解。

……隨著商業問題複雜化，教學與研究之間的分際已經愈來愈難保持。如果學院中最優秀的學者不以教學為中心，那麼他們的工作可能就會與管理者在經營中所遇到的實際問題脫節；另一方面，如果教師不從事研究工作，那麼他們可能就無法獲得所需的最新理念與技巧，只能局限於特定的零散問題而已。所以，如果想要繼續取得進步，就需要有愈來愈多既精通教學，又擅長研究的人才，使解決實際問題和研究理論的發展始終相輔相成……在今天這種教學與研究嚴重分離的情況下，這種問題值得反思。[47]

接下來伯克將話鋒對準商學院的主要教學方法，即案例教學法。他認為，這種方法很不完善：

……儘管案例法有一些優點，但是缺陷也很明顯，雖然案例法非常適合傳授各種理論與方法的實際應用，卻不太適合傳授概念與分析技巧。事實上，由於案例法將討論集中在詳細的實際情形上，它實際上限制學生可用於掌握分析新技巧和概念性資料的時間。在商業決策所運用的知識還比較粗淺的年代，這種缺欠可能還無關緊要；然而，隨著全世界的日趨複雜化，這個問題也就日益突出了。[48]

有關伯克報告的消息首先出現在《紐約時報》的報導中，而此時佛雷克院長或其他任何與哈佛商學院有關係的人，都還未看到這份報告或與伯克校長討論過。報導刊出那天上午正好有一場哈佛商學院協會（Associates of the Harvard Business School）會議，佛雷克院長進入會議室前，還沒有看報紙。在座的有馬文、基得・皮博帝的亞伯特・高登、聯合碳化物公司（Union Carbide）的威廉・史尼斯（William Sneath）、福特公司的菲利浦・考德威爾（Philip Caldwell）、美國電報電話公司

（AT&T）的查爾斯．布朗（Charles Brown）、麻薩諸塞綜合醫院的查爾斯．桑德斯（Charles Sanders）等。協會的成員（都是與哈佛商學院有關係的人，同時也都是佛雷克的支持者）說：「賴瑞，你的上司在攻擊你。這太過分了。」[49]然後他們扔掉當天的原定計畫，用了好幾個小時來討論應該怎樣應對，決議之一就是寫一份報告呈交伯克。

當天的與會者和很多校友都普遍認為，伯克（以及哈佛校方）這種作法別有用心，亦即限制哈佛商學院半獨立的地位，而如果從外部任命一位新院長，他們就更容易做到這一點。

馬文．鮑爾前來救駕

當時馬文與哈佛商學院有正式的關係，他是訪問學者委員會的成員（一個由大學任命的委員會，負責定期評估商學院的表現）。亞伯特．高登也是成員之一。事實上，自一九四〇至一九七〇年間，基本上是由馬文和亞伯特兩個人輪流擔任這個委員會的主席。馬文還是哈佛商學院協會的理事，這個協會成員都是公司的高階管理者，來自大約一百家為哈佛商學院的研究和案例寫作專案提供贊助的公司。協會成員和哈佛商學院的關係這麼近，難怪他們會火冒三丈，尤其是看到佛雷克院長本人和他的成就受到忽視。在他們看來，這是抹殺哈佛商學院的價值。委員會堅持認為，應當正式回應伯克的批評，並且投票表決通過，決定要成立一支工作小組反擊伯克的報告。這支工作小組由馬文．鮑爾和亞伯特．高登領軍。

很顯然，馬文和亞伯特在接受這項挑戰時都不能算是獨立的局外人，除了參與相關委員會的工作，他們還是哈佛商學院的楷模和無可爭議的鼓吹者。他們熱心與哈佛商學院的上層自然地建立起緊密的聯繫。

從馬文來看，自從他一九二八年決定報考哈佛商學院，直到二〇〇三年辭世，他都與哈佛商學院一直保持著密切的關係，並且不遺餘力地為哈佛商學院鼓吹宣傳。他是第一位從哈佛法學院畢業後就讀哈佛商學院的學生，也是第二位擁有哈佛法學和商學雙學位的人。馬文當時決定攻讀哈佛MBA的故事，顯示出哈佛大學內部對商學院的輕視：

我從法學院畢業前夕，被叫到羅斯科・龐德（Roscoe Pound）的辦公室。他可能是哈佛法學院歷史上最著名的一位院長了。他用的不是辦公桌，而是一條很長的長型桌，他坐在首位。他總是一副簡慢的態度。我一進門，他就說：「鮑爾，我有一份工作給你，是在國際報社的法務部。」我回答說：「謝謝院長，但我不需要工作。秋天我就要進哈佛商學院了。」

他瞪著我說：「老天，鮑爾，你馬上就要從世界上最偉大的教育機構畢業了，而你竟然要去那種地方？」他指著查爾斯河對面的哈佛商學院，順手抄起一本書扔到長桌的另一頭。這就是二十世紀學術界對於商學的看法。（事實上法學院和商學院的關係非常僵，直到幾年前他們才開設聯合課程。但總算是這麼做了。）[50]

馬文對於商學的看法顯然與這位法學院院長不同：

我在學習法律的過程中發現需要了解很多的商學知識，我認識到那是一個值得鑽研的重要學科。

我知道那會使我成為更出色的律師，讓我在當時自己心儀的眾達律師事務所眼中更有吸引力。[51]

馬文進入哈佛商學院時，案例教學法才被華萊士．布萊特．唐漢院長引入哈佛商學院不久。也許不算十分巧合的是，唐漢是波士頓很有名的律師。他相信，以現實為依據的案例體系（相對於法學教育中使用的公共案例法），能夠把人們的注意力集中到決策（馬文認為決策是領導者最重要的任務）所需的技能上，進而促進商學教育。[52]他認為，學習的關鍵在於「知其所以然」，而不是「知其然」。針對特定案件給出的答案本身並不重要，對學生進行評估的依據應當是他們的方法和推理／證明邏輯。

馬文畢業後與哈佛商學院的聯繫並不僅限於參加上述那些委員會，他還是學院最終產品的使用大戶。自從麥肯錫把招募對象從工作經驗豐富者轉變為ＭＢＡ以來，很多哈佛ＭＢＡ都是在麥肯錫展開職業生涯。馬文非常重視哈佛商學院的畢業生，並且信任他們所具有的素質，而這些畢業生也成為麥肯錫的一種特色。關係都是雙向的，哈佛也很看重麥肯錫。一九六八年馬文和亞伯特．高登獲得傑出服務獎。當年共有三人獲得這項殊榮，另外一人是羅伯．麥納瑪拉（Robert McNamara）。喬治．貝克院長在頒獎時表達哈佛尊重與讚賞馬文之意：

馬文．鮑爾是哈佛第二十八屆法學學士、第三十屆ＭＢＡ，是管理界的概念設計師、建設性的批評家和我們的好朋友。在您漫長而富於創造性的職業生涯中，您忠實而慷慨地與哈佛商學院分享您的經驗、智慧與見識，並且卓有成效地向一代代青年才俊傳授管理的意志。您的言傳身教，他們將銘記在心。[53]

建立有利而可信的事實基礎

伯克校長聽說他們要發表報告來批評他，就讓約翰．麥克阿瑟（後來成為下一任哈佛商學院院長，當時是助理院長）與馬文及亞伯特在紐約會面，討論這個報告的性質問題。約翰首先和自己比較熟悉的亞伯特會面。[54]他回憶：

我是想和亞伯特一起去見馬文。亞伯特和我進去後，我們說針鋒相對地批評伯克恐怕不太妥當。馬文的第一反應是德瑞克的作法確實不對。他覺得自己應當向協會成員負責，他要好好想想，是否要建議他們改變方向。[55]

協會對於應該採取的方式經過一番周到考慮後，放棄發表報告逐一批駁伯克的批評意見。馬文和亞伯特認定，更有說服力和更有意義的方式是，撰寫一份策略報告（題為〈策略的勝利〉，The Success of a Strategy），在其中提出一個未來的發展計畫，既要強調商學院的優點，又要彌補它的缺點。第一個挑戰是如何化解協會的情緒，說服他們如果在撰寫報告時不採取辯護的態度、不攻擊伯克、不以牙還牙，反而更有可能取得積極的成果。馬文花了很多時間和協會成員通電話，尤其是菲利浦．考德威爾和珠寶公司（Jewel）的唐．柏金斯（Don Perkins），勸說他們採用實事求是的非情緒化方式。最後他總算是說服了他們。

在馬文和亞伯特的報告中，伯克提出的問題都實事求是地得到充分闡述，包含大量能夠修正或支持伯克觀點的歷史源由和最新蒐集來的數據。馬文跳脫他與哈佛商學院的密切關係，寫出的報告可信而不帶偏見，提出關於學院發展的另一項願景。

在工作小組開展工作的過程中，馬文精心設計了一套策略，以確保報告能顯得不偏不倚，並且表達方式能夠被伯克接受。亞伯特・高登回憶：

我這輩子還沒有這麼賣力工作過，一個夏天就完成了。馬文引導思路、協調關係，並且積極參與具體工作。他認為我們應該採用與伯克報告相同的格式，要有律師一般嚴謹的邏輯。他認為，我們需要蒐集所有的相關事實，而且來源應該是獨立的，因為我們自己已經不是獨立的。[56]

一九七九年夏天，馬文和亞伯特起草報告，擬定寫作計畫，規畫評估所需的事實蒐集和分析工作。他們還親自參與很多訪談，協調整件工作進行。馬文還請他在麥肯錫的合夥人分派一支小組專門負責蒐集事實。現任世界大型企業聯合會（The Conference Board）會長兼執行長的理查・卡瓦納（Richard Cavanagh）也曾是小組成員：

馬文和亞伯特・高登召集一群商界領袖，共同對哈佛商學院做出自己的分析，研究它是否具有成效以及優、缺點何在。

我真的只算小咖而已。當時那群人可真是不得了，有福特汽車公司和美國電報電話公司大當家……都是當時最大、最成功的企業，就像今天的通用電氣一樣。麥肯錫小組中的每一個人都被分配了一些分析工作。

我想，最後的工作都是由馬文完成，我們只是事實蒐集者，負責提供訊息、驗證馬文和亞伯特提出的論點。他們提出了與德瑞克．伯克不同的觀點。[57]

曾任麥肯錫資深董事的史帝夫．華萊克也參加了那個小組，他還清晰記得馬文如何幫助小組了解整個工作背景：

我走進馬文在紐約那間不大的辦公室，接下來就感受到我在公司期間最大開眼界的一段學習經歷。

在第一個小時裡，馬文精采剖析了伯克校長的報告：他的假設是什麼，他的論點是什麼，他的論據是什麼，他做了哪些研究工作，提出哪些事實，做了哪些論述，他在哪些論點上遭到商學院教職員、校友或新聞界的質疑，為什麼這些質疑如此措詞辛辣，雙方各自反對的是什麼，擔心的又是什麼。

然後馬文說，明天再來看我的問題分析和研究計畫。[58]

正如史帝夫所指出，儘管表面上看起來這些問題不是麥肯錫通常會經手的議題，但是在馬文的指導下，他也成功地為這些根據不足的問題找到確鑿的事實：

那是我第一次嘗試將麥肯錫嚴格的問題解決方案，運用於這種根據不足的問題。我做得不是很順手，但是過了一週左右，馬文就帶領我步入正軌，指明正確的思路。

比如，伯克校長斷言，當今商學院畢業生所受到的培訓，不足以使他們成為未來的領導者。我雙手一攤抱怨：「這可怎麼用事實來反駁呀？」

「這個嘛，」馬文微笑著說，「我們可以問問當今的領導者對現在的畢業生有什麼看法，他們被培訓得如何。你知道，老話說同類才了解同類，我們就打電話給《財星》五百大的企業執行長，問問他們覺得現在的哈佛畢業生怎麼樣。」

我以為是要我打電話，這可把我嚇壞了。「馬文，《財星》五十大執行長我沒認識幾個，就那幾位而已，連他們的祕書都有祕書，而這些祕書的首要任務就是保證老闆的時間不被占用。所以我們只能連繫到其中幾位。那樣一來，別人肯定會說，我們只向關係好的執行長徵求意見，他們當然只會說好話。」

「沒錯，我們不能挑著來。」馬文讓步說，「那麼就找前二十五位好了。能找出他們的電話號碼給我嗎？」

這個我還是能做到的。

「我約好了和陶氏（Dow）的班．夏皮羅（Ben Shapiro）共進午餐，那就從他開始。你能在，嗯，下午兩點之前，把其餘二十四家的電話號碼找出來嗎？」

那天下午，馬文就按著名單順序一個一個打，通用汽車、美國電報電話、IBM、福特等。每一位執行長都接聽他的電話，要不然就是在兩個小時之內回電。馬文很有禮貌、有條不紊地一一訪談他們，並仔細記下他們的回答。有的訪談時間甚至超過一小時，但馬文不把所有問題都問完絕不罷休。

馬文談完前十位，然後把名單遞給我。「你試試。」他說。當天下午有幾位我們未能訪談到，但是他們也都在週末之前回了電話。他們的總體看法是商學院的情況尚可，他們想要的是總經理，而不是職能專家，商學院應該繼續做好這項工作。[59]

史帝夫也和其他與馬文共事過的人一樣學到了重要的一課：

「好吧，史帝夫，你從中學到了什麼？」當我遞上自己的訪談紀錄時，馬文問。我忘記自己當時怎麼回答，但反正不是馬文所希望聽到的答案。

「但你也有學到其他一點什麼能在每天的工作中用到，而且是真正有用的東西嗎？」馬文慢條斯理地追問。

「你是指打電話給《財星》前二十五強的執行長，進行關於哈佛商學院的訪談嗎？」我揣測。

馬文興奮起來：「對。執行長都是很孤獨的。大多數情況下，打電話給他們的人都是想要說服他們，或是向他們推銷什麼。但如果你很有禮貌，準備很充分，而且不是為了圖利自己，他們就會樂於和你說話。所以說，你不要害怕，打電話給執行長是天底下最容易的事情了。」[60]

除了訪談《財星》前二十五強企業及很多哈佛商學院聯誼企業的董事，了解他們認為未來的總經理應該具備何種素質外，工作小組還研究相關的文字資料和研究報告，訪談三十六名教職員（三十三名正教授、三名行政管理者），以及佛雷克院長，並且拜會伯克校長兩次。他們完成這些工作，建立起一個有力而且可信的事實基礎，並在這個基礎上檢驗、完善有關商學院新發展願景的假設。

與棘手的受眾有效溝通

與伯克校長的會面極為重要，得事前精心準備。亞伯特．高登回憶他和馬文每次進行會前準備時的情況：

馬文和我與伯克校長見了幾次面，每次會面氣氛都相當激烈。馬文與伯克會面之前，總會總結一下他認為伯克的思路將是怎樣，然後我們會討論該如何回應。馬文可以模仿伯克的思想方式，他幾乎總能預見伯克的反應。我們會預先沙盤推演。我們是有備而來，依計行事。[61]

他還說，馬文很善於避免發生對抗：

伯克是一位律師，能言善辯，咄咄逼人，所以在一次會談時我們意識到，必須搶在他開口前把我們的話講出來。我們九點鐘到場，還沒有就座，馬文就立即開講。他講了二十分鐘以後，我粗魯地打斷他，也講了二十分鐘。伯克說：「你們這是訛詐。」對此惡言馬文沒有正面回應，而是溫和地說：

「我們只是在執行顧問委員會的命令而已。」[62]

後來根據伯克的要求，馬文和亞伯特去拜會哈佛校董會的主事者，並且避談支持何人擔任商學院下一任院長，因而再次避免發生對抗。

我們估計，校董會的主事者會問我們，希望讓誰來擔任下一任院長。他（安德魯．海斯克爾，Andrew Heiskell）是時代生活公司（Time Life）的董事長，大人物。他跟我們寒暄了幾句，然後就問：「你們的人選是誰？」我們說：「我們的人選？我們沒有人選。要是我們提出什麼人選，那豈不是太放肆了。沒這回事……」然後他又說：「你們別指望麥克阿瑟能上。」我們說：「我們才不在意誰獲選呢。我們只希望一個來自學院內部能夠繼承學院傳統的人，就像我們報告說的那樣。」然後就再也沒提過這件事。[63]

實際上，馬文和亞伯特確實希望約翰．麥克阿瑟出任下一任院長。儘管當時海斯克爾斷然否定，但最後確實是麥克阿瑟接替佛雷克，成了下一任院長，而且一做就是十六年。

工作小組報告

報告由馬文撰寫，亞伯特審定，他們都會再三推敲如何提出論證和建議。這份報告有八十多頁，題為〈策略的勝利〉，通篇風格從下面的摘錄中可見一斑。報告的開頭是馬文最愛引用的一句話：

偉大的英國首相班傑明．迪斯雷利（Benjamin Disraeli）曾經說過：「成功的祕訣在於不易其志。」……哈佛商學院因其擁有明確的使命而與眾不同，那就是成為一所教學型學院，致力於為企業培養有志成為總經理的人才，因此始終堅持這項使命，始終堅持實現使命所需的策略。這是哈佛商學院能夠取得成功和領先地位的主要原因。[64]

然後馬文又從多方面說明，哈佛商學院從整體上來說很成功：

從量化指標看，哈佛商學院的表現非常優異。對於哈佛商學院課程的需求依然強勁……對於畢業生的需求，以及他們當中許多人所獲得的重要職位和薪酬水準，無不證明商學院歷屆學生的成功……以及他們在世界各地的商業和非商業機構中發揮的領導作用。學院的高階管理教育課程也同樣獲得好評……幫助學院獲得更多資助。在過去十年裡，學院得到了十六筆講座捐助。[65]

儘管有這些外在的成功標誌，馬文還是稱讚伯克校長對學院的評估，並清楚地討論伯克報告裡所提出的問題，承認這些問題的確實性，同時也表達馬文對於伯克的敬意：

在評估商學院用於培養總經理人才的教育策略與資源時，一個很好的方法，也是伯克先生所選擇的方法，即是評估它是否充分回應影響到企業和總經理的主要力量。過去幾十年來，有許多強大的力量在發揮作用。在此我們無法討論所有這些力量，所以便僅以伯克先生所列舉的那些為主。對於我們撰寫本文的目的而言，這便有足夠的代表性了。

儘管我們在調查要求中假定未來的管理者已經具備了基本的素質，但很多董事還是專門將一些具體素質提出來，要求我們特別注意，尤其是倫理道德，領導者必須規畫好自己企業在倫理道德方面的態度。所謂誠信，就是一個人要在任何環境下都行為正當，而且能夠正確代表公司行事。領導者，尤其是商業領導者，應該有一種人格、一種自信，或許還應當有一種魅力，使這個組織能夠對領導者充滿信心和信任。此外，他應該有頭腦，在這方面，董事大都認為分析能力極為重要，但他們也指出未來管理者所應該具備的其他一些頭腦方面的能力。

伯克校長在他的分析中正確指出一些現代管理界急於解決的問題，請注意，這些問題是在過去和現在所面臨的問題，在將來可能是也可能不是大問題。即使有些問題始終得不到解決，你還是可以確信，這些今天的學生和明天的管理者還是會遇到現在我們所未能預見的問題。我認為答案就是不僅要準備好解決意料中的問題，還要準備好解決意料之外的問題……哈佛商學院的優點就在於，無論問題新舊，無論訊息是否充分可靠，無論是冷冰冰的事實還是情緒激烈的觀點，無論是詩一般浪漫還是工程設計般嚴謹，無論是純粹的科學問題還是非理性的個人期望，無論是否數據不全、時間緊湊、資源短缺，它總能提供一條應對之道。

沒有人永遠正確，所以既要靈活應變，又要堅定果決，如此方能找到解決方案。最重要的是，一位總經理必須知道，在何時、以何種方式、在何種程度上揉合堅定意志和外交手腕（不含貶義）。

接下來馬文很有技巧地論辯，考慮到商學院在履行塑造未來商業領導人的使命中所面臨的問題和挑戰，案例教學法依然是一種很有效的教學方法：

> ……在一九七八年研究年度報告所涉及的一百七十二項專案中，二十五個與企業／政府問題研究有關……我們對企業／政府領域所做的評估表明，學院比以往更加重視課程開發工作，尤以新近要求開設的「國際環境下的企業與政府」為頂點。而課程開發又大大促進案例編寫和研究工作。針對政府管制對於企業策略、決策和總經理角色的影響，我們很難設想還有哪一所致力於為企業培養總經理的商學院，能有更高的敏感度，能做出更有效的反應……
>
> 我們仔細研究案例教學法後認為，這種以學生為中心的獨特學習手段，遠比課堂講授法更適合於培養總經理人才。這種方法尤其適合於傳授決策技能，但並不僅限於此。儘管有其他補充的學習方法，如學生分組討論、理論講授與筆記、影音視訊資料、電腦遊戲等，但我們仍建議學院堅持以案例教學法為主。我們還建議學院更加努力讓外部人士了解案例教學法。如果大家更充分了解案例教學法，我們認為，這種學習手段的價值將得到更加廣泛的認同。
>
> 儘管我們對於學院目前的使命很有信心，但我們仍建議進一步擴展，使之涵蓋更多管理領導人才的培養內容。擴展後的使命將支持目前的使命，而不會互相衝突。在我們對協會企業董事進行調查的過程中，很多人都把領導力視為總經理應有的素質之一，其中一位還將其視為首要素質。[67]

他在結論部分對雙方都給予讚揚，既讚揚商學院努力趕上商學教育中不斷變化的需要，也讚揚伯克校長發現潛在問題，並喚起人們的關注。這樣公正無私的作法有助於化解當時的敵對氣氛：

簡單地說，我們的基本結論是：學院對於外部力量非常敏感，能夠在教學中做出即時、有效、恰當的反應。雖然事後看來有些反應也許可以做得更早或更徹底一些，但許多反應確實極具前瞻性，甚至為其他商學院發揮引領作用，某些反應則非常充分，以至於建立起全國共享的知識庫，如在組織行為學、跨國企業管理、能源政策研究等方面。

與此同時，我們的評估也確認伯克先生在報告中指出的一些缺點，不過我們也發現，學院的教職員早已注意到這些問題，並採取改正措施。[68]

馬文和亞伯特巧妙地把握局面，把原本反唇相譏的設想變成向前邁進的有益行動。正如馬文所指出，最終還是得到正面的結果：

接下來十五年中，麥克阿瑟（接替佛雷克擔任哈佛商學院院長）解決了伯克報告中提出的一些問題，在企業管理博士（DBA）的基礎上開辦一套真正的博士課程，實現學院整合，與哈佛大學眾多院系開辦聯合課程……而且他保持以案例教學法為中心的教學方式。總而言之，還算不錯。我相信麥克阿瑟這位院長把哈佛商學院變得更好了。[69]

馬文並不以這份報告的發表為滿足，他接下來又積極採取措施，解決伯克校長所指出的一些實際存在的問題，例如伯克校長對哈佛商學院教職員的孤立狀態感到憂心，因此他創立了鮑爾研究基金來緩解這個問題。泰德・李維特（Ted Levitt）是哈佛商學院的老牌教授和思想領袖，他說：

讓我印象深刻的是，我們在招募時發現，其他學院的人根本不了解我們學院。我想他們不了解我們的一個重要原因就是，我們的教職員很少與他人交流……我想也應該鼓勵別的優秀學院來看看我們在幹什麼，讓他們更充分了解我們，所以馬文才想出這麼一個提供年輕教職員研究基金的主意。他們有正常的工資、搬家補貼，可以到我們學院待著，做點自己喜歡做的事情，看看我們在做些什麼等。重要的是，我們能夠並且也確實從他們身上學到一些東西。於是我們就啟動這項新計畫。我們稱為鮑爾研究基金。部分資金是來自麥肯錫的合夥人。自從第一個基金獲得者確定以來，馬文一直致函祝賀每一位獲頒基金的人。[70]

對麥克阿瑟院長的影響

一九八〇年一月，約翰・麥克阿瑟接替佛雷克成為哈佛商學院院長。有鑑於不久前伯克報告引起的是是非非，馬文覺得麥克阿瑟應該盡快和伯克建立起良好的工作關係，同時加強哈佛商學院的認同感，解決伯克報告中指出的一些確實存在的問題。

麥克阿瑟接到任命後不久，就和伯克開始對話。雙方交換意見，同時也各持己見。他們之間最根本的分歧涉及商學教育，以及哈佛所提供的其他專業教育之間的差異。麥克阿瑟回憶：

德瑞克·伯克反覆對我說：「我就是搞不懂商學教育是怎麼回事。在醫學領域，所有的醫學院都一樣，所有學生都要通過相同的行醫資格考試，不論他們是在哪裡上學。法學也是這樣，都要通過紐約州的律師資格考試。可是商學院呢，教學方法不統一，內容也不一樣。管理科學也有、音樂詩歌也有，也看不出來這些在市場上有什麼用處。我真是不知道該怎麼看待你們這些商學院。」我就跟他說：「德瑞克，你應該這麼想，我們並不清楚應該重點學習或研究些什麼，才能在十年後像你這樣管好一間大型的大學、大型的醫院或大型的公司。我們不知道。所以沒有一種正統的作法倒是好事……這可能對那些醫學院、法學院也都有好處。」[71]

麥克阿瑟院長告訴伯克，商學教育不是一門精確的科學，不能生搬硬套其他學科的研究生教育模式。在哈佛商學院受到伯克嚴厲質疑的衝擊後，他努力重建學院的自我認同。雖然馬文和高登的報告肯定了案例教學法的價值，但是它也承認伯克確實提出一些必須解決的問題。麥克阿瑟院長對此也有同感：

伯克報告本身是一件好事，它迫使我們這一代人挑起大梁。我努力對大家說：「你們看，有這麼多方法，我們可以把該解決的問題都解決了。」比如說做研究跟不上，別人對管理和重點問題的看法，我們也不大能聽得進去。[72]

問題的核心在於，如何連結商學實踐和理論，馬文和其他管理顧問公司也面臨這一項挑戰。或許麥克阿瑟是從馬文和亞伯特・高登撰寫〈策略的勝利〉的方式中獲得靈感，他從歷史角度入手，發掘哈佛商學院的歷史和知識根源。他把這項研究稱為「一場精密的實驗」。藉由連結起哈佛商學院的特質與學院歷史、相關的知識重點、實施案例教學法的原理，這項研究又重新肯定了哈佛商學院。

麥克阿瑟既看到改革的必要性，又很注意不因噎廢食：

我覺得使用案例教學法很有必要……馬文在麥肯錫也注意到這一點。一位組織管理者的角色與該組織中其他任何人都不一樣。行銷、製造、財務、人事，這些都很重要，但是沒有人像麥肯錫的馬文・鮑爾或福特的菲利浦・考德威爾那樣總覽全局。那就是我們要做的事。這是一場精密實驗，如果我們失去信心、視若無睹，那麼它就失傳。因為沒有其他人能夠理解它了。而這又是一項耗資巨大的使命，因為我們需要自己準備相關的資料，幾乎是全部的資料。全世界百分之九十五的案例都來自這個案例生產商。[73]

麥克阿瑟說自己有意識地學習馬文的領導風格，其中主要有三點：關心他人，成為「知識創投者」（也就是投資培養人才），世代交替。

麥克阿瑟在描述馬文「關心他人」這一點時，回想起一九八二年的一件事情。當時馬文在自己的職責之外，努力幫助哈佛商學院爭取到設立領導力講座的捐助：

那是勞動節之前的星期四。馬文打電話給我，問我有沒有在《經濟學人》雜誌上看到松下電器的創辦人松下先生捐贈四千六百萬美元在日本大阪開辦一所新學院，那所學院被認為將是培養日本下一代領導者的搖籃。我說：「還沒看。」他說：「好吧，那你就看看吧。」此前馬文就在跟我討論哈佛商學院需要有更好的領導力培訓。

於是我就看了那文章，然後回電給馬文。他說：「既然他願意給錢，不如我們也去向他募捐一點。你叫雨果．尤特豪芬（Hugo Uyterhoeven，一位知名教授）準備一下，我盡快飛過來，我們寫封信給他。馬文趕在星期五長假之前抵達。我記得當時校園空蕩蕩的，就剩下我們幾個坐在一起琢磨這件事。談話當中他還打了一通電話給大前研一（當時麥肯錫東京分公司資深董事，在日本頗有影響力）。因為大前認識松下。

我們寫了一封信給松下先生，向他要五百萬美元。過了一段時間，松下先生的辦公室打電話來邀請我們前去面談。於是馬文、雨果和我三人又開了一場會。馬文看著我說：「好吧，那我們就派人去見他。你看起來不大像院長，我們最好另外找一個比較像院長的人去。」我們就開始想該找誰，最後挑出羅蘭．克里斯汀森（Roland Christiansen）和安倍．薩尼斯克（Abe Zeleznek）。他們都比我大一輩，符合馬文所認定一位八十六歲日本人心目中的院長形象，然後他們就啟程了。到達之後，一切都很順利，只不過在翻譯中出了一點小問題。我們想要的是五百萬美元，卻被翻譯成五萬美元。

直到松下先生進屋給錢時，這個問題才被發現。於是薩尼斯克打電話給我。他說：「太糟了。我看五萬就五萬吧。」我說：「不行。還是要按照原先說的數目，你知道，我們確實需要那麼多，所以才提出那個數目。」最後，過了幾個月，總算如願以償，我們在學院裡設立了領導力講座。

馬文領導的這樁行動，深刻地改變了學院的核心使命。現在，不論是聽到院長或教職員言論，還是看到MBA課程或其他課程的教學大綱表，領導力都是我們努力向學生傳授的核心內容。[74]

當麥克阿瑟考慮退休問題時，他直接借鑑馬文退休所創立的世代交替模式：

我採用這樣的退休方式，就是因為我看到他（馬文）是如何完成的。我也看到貝恩公司和波士頓諮詢集團創辦人的作法。他們都是很成功的人……他們建立了典範，並開創了業界頂尖的諮詢公司。馬文基本上是把公司交給下一代，而其他人對於這個轉變有不同的處理方法。許多創辦人賴著不退，很貪心，但是麥肯錫在馬文交班這件事情上就沒遇到那麼多麻煩。[75]

三十年後

需要指出的一點是，隨著歲月流逝，案例教學法愈來愈得到廣大商業人士和其他商學院的認可，至今仍是一種有效的教學工具：

在透過課堂和書本傳授一般管理能力的過程中，案例研究是最好的方法。不僅因為那些故事很有趣（確實很有趣），而且案例方法也最符合多角度看待工作、結合具體環境以便理解概念的要求。此外，若你想說明某一項原則，且不論對一九一〇年的亨利．福特，或是二〇一〇年《財星》雜誌的封面人物都一概適用，那麼舉例就是唯一的方法了。[76]

上述三個案例都是勇氣的見證。皇家殼牌集團有這種勇氣，它們放棄了自誕生之日起就促進公司不斷發展的文化與組織傳統，選擇了前所未聞但卻能夠支持它們更上一層樓的新型態組織架構。普華有勇氣面對新的市場，它們相信自己的實力，並把這種實力轉化成致勝的價值定位。哈佛商學院的管理階層，尤其是麥克阿瑟院長，也有這種勇氣。他們承認並解決問題，同時又堅守構成商學院強烈認同感和卓著聲譽的基本原則。然而，在所有這些案例中，原動力都是馬文和他的小組所表現出來的勇氣。

套一句溫斯頓．邱吉爾（Winston Churchill）的話：「勇氣被視為所有優良品質之首，可謂當之無愧，因為它是其他所有品質的保障。」

7 培育下一代領導者

每一代人的問題都不盡相同，但解決這些問題所需要的素質永恆不變。

——前美國總統西奧多・羅斯福（Theodore Roosevelt），一九〇三年[1]

馬文・鮑爾一生始終堅信：人才是任何組織中最重要的資產。他在眾達律師事務所時，對那些層級制組織的弊病有切身的感受，因為它們遭受內在結構阻礙而未能人盡其才。此外，他深知任何組織若想永續發展，都必須建立在強大的人才資源基礎之上，這些忠誠的人才必須願意為組織的未來獨立或協同工作。

培養人才並授之以權，需要誠信、尊重、關愛和信任，願意為發展企業投入時間和金錢，並且其他領導者也要秉持相同信念。馬文・鮑爾在規畫、建設和領導麥肯錫公司的過程中，始終把這些信念放在思想意識中最顯著的位置。因此，麥肯錫能夠成為名副其實的一代商業和公共部門領導者育成中心也就不足為奇了。這些領導者在離開麥肯錫之後，將他們的智慧和授權作法帶到新的領域，又培養出成千上萬的新領導者。馬文的影響證明了，一個人能有多大的力量：他影響那些有幸與他共事的諮詢顧問和客戶，那些人又影響其他人，如此良性循環下去。

這所「馬文學校」的畢業生名單很長、很長，它們分布在各行各業，並且成就斐然，所以要從中選出幾個例子其實很難取捨。這個校友會遍及全球，世界各大工業國家的企業都從馬文的遺產中獲益匪淺。

下面四個例子彰顯了馬文傳人的高水準和影響力。他們是美國運通前董事長哈維・葛魯伯、伊利諾州福利體系改革領導者蓋瑞・麥克杜格、奧美公司創辦人和前董事長大衛・奧格威，與克萊頓・杜比利・萊斯投資公司總裁兼執行長唐・高戈。每個例子都從各自的角度，揭示馬文如何直接影響他們的處事方式、風格以及成就。他們每個人都處於各不相同的組織和職業生涯。

哈維・葛魯伯

哈維・葛魯伯曾於一九六六至一九七三年，以及一九七七至一九八三年，兩度任職麥肯錫，後來加入投資者多元服務公司（Investors Diversified Services，IDS），協助它轉虧為盈，並最終成為母公司美國運通的董事長兼執行長。

哈維任職麥肯錫期間，參與過很多客戶諮詢專案，但直到當上公司的培訓專案負責人，才得以經常感受到馬文有多麼重視公司員工及人力資產。培訓專案負責人的職位使得哈維・葛魯伯有機會全面了解馬文的工作，在麥肯錫的各種強制培訓專案中與每一位新諮詢顧問和新經理進行交流。馬文與那些只會命令與控制的孤獨高階管理者形成鮮明對照，他經常深入員工之中，努力將他們培養成領導者，讓他們將明確、恆定的商業價值觀當成行動指南，勇於相信和遵循自己的直覺。

馬文可能是我碰過最好的公司領導人。他以一套明確的價值觀當作基礎，建設並經營公司。這套價值觀被廣泛傳播、充分理解，並且不斷得到強化。無論在順境還是逆境中，它們始終發揮作用。馬文每天的一舉一動都體現這種價值觀。在我的記憶中，馬文從未有過與公司價值觀不符的行為。就建設一家公司和激勵人才的創造力與活力而言，這是最有力的方法，對麥肯錫、IDS和美國運通都是如此。它為形成良好的傳統和保持優秀的業績奠定堅實的基礎。

——哈維．葛魯伯[2]

哈維把專業化的價值觀帶到金融服務公司，他認識到，對信任的要求貫穿所有的金融企業，因此經營金融企業更應該像專業服務機構那樣嚴謹。即使是一家保險公司收購一家證券公司，它也該按照應有的方式經營聯合企業，以避免出現詐欺行為。這就是哈維．葛魯伯在IDS和美國運通獲得成功的關鍵。在美國運通，他和成千上萬的人保持直接聯繫，而且付出卓越貢獻。

——馬文．鮑爾[3]

IDS

哈維在麥肯錫工作近二十年後來到IDS。這是一家剛剛被運通收購，位於明尼阿波利斯的共同基金公司，每天的業務是挨家挨戶銷售。哈維接到將公司轉虧為盈的艱鉅任務。

在哈維看來，任何一位領導者的首要之務是明辨實際情況（或者套句馬文的話，即獲取事實）。[4]他對IDS的初步評估是這樣：

優點	缺點
擁有優秀的業務員	人員流動頻繁（競爭對手大挖牆腳），忠誠度不足
對以服務為導向的歷史充滿自豪	支援有限（如資料庫、培訓等）
有競爭美國中部市場的優勢管道	缺乏利用市場管道的策略
	缺乏「關係銷售」
	缺乏競爭差異的價值定位

此外，哈維覺得ＩＤＳ的文化不利於發揮第一線業務員的洞察力，以及建立一家充滿活力、敬業且有強烈認同感的公司。他描述ＩＤＳ在文化上面臨的挑戰：

> 我必須建立一個開放的環境，讓員工可以提出、討論他們的觀點，可以少一些明尼阿波利斯式的禮貌，為此，多年來我都以身作則，而且獎勵那樣的行動。[5]

哈維根據對ＩＤＳ現實的評估，確定了自己的初步任務。在此過程中他充分借鑑馬文的經驗：

> 我們必須努力盡快確定，為了取得一定程度的成功，必須遵循哪些使命、策略和價值觀。唯有策略和價值觀協調一致，才能使我們成功。少了策略和目標，價值觀就只能停留在概念上，使不上力；

> 而策略若失去價值支持，也無法推行。所以策略和價值觀應該協調發展。[6]

哈維的策略是要把ＩＤＳ龐大而負有才幹的業務團隊轉變成財務規畫師，方法是採行一套商業價值觀來引導他們，對他們進行培養和訓練，運用財務規畫工具和各種投資與保險產品支持他們，進而使ＩＤＳ有能力提供財務規畫服務：

> 先確定一套財務規畫策略，然後加以執行……策略的成功與否完全取決於執行的細節情況。高階管理者應當有一套共同的衡量標準和目標，我們都要根據這些指標獲得評價和報償。[7]

在哈維領導ＩＤＳ期間，培養人才不僅局限於培訓活動。他認為，自己也要親身參與其中：

> 培訓課程很多，比如領導力培訓。我們進行領導力培訓時，第一課由我來上，而接下來的課程則由我教過的人來上。每年我都要開一門新的課程，這樣大家就會明白，領導者的一部分工作就是教會他的下屬如何領導。我們不是教學專家，卻是領導專家，這一點讓班上的學員印象深刻。要成為出色的教師並不容易，實際上，我認為我們是出色的教師，因為我們是真槍實彈。[8]

哈維一到ＩＤＳ就鼓勵員工勇於表達：

當我剛到那裡時，公司遇到一個問題：如何制定年金的成長率？這是一個攸關價值觀的重大經濟問題，關係到購買年金的客戶能獲得多少收益。其中有一名員工認為我的決定有失原則，她是一名保險精算師，名叫凱西・娃賽薩（Kathy Waltheiser）。她找主管來要求和我談談。主管和我約了一個時間，然後他們倆一起來找我。凱西非常緊張地提出她的觀點，然後我們就這個問題討論了將近一個小時。我聽了她的觀點，解釋了我的想法，而後我們討論了利弊。最終我沒有改變我的決定，而她也理解其中的原因，確信這是一個有原則的決定，儘管她不會做出這樣的決定，或許在那個時候不會。但有一點是肯定的，她不再擔心我是否符合職業道德。我任職IDS時，在很多場合的講話中都會舉這個例子，以表明我是多麼珍視那些以適當方式表達異議和提出問題的人，他們是在提供支持和幫助，而非吹毛求疵。因此某種意義上，我是藉由讚許她的勇氣強調她的價值。[9]

哈維和馬文一樣重視每一名員工提出的意見和建議：

我花很多時間和不直接向我報告的員工在一起。所以我剛到公司時，公司有四千四百一十一名第一線代表，而當我離開時已經有大約九千名了。我想這些人當中有三分之一我都認得本人。我花大量時間和第一線代表及總公司員工在一起，和他們談話的時間就更多了。因此，我不是從各個管道獲得被過濾過的訊息，而是直接從員工、代表甚至顧客那裡獲取訊息……這是典型的馬文式作風。[10]

葛魯伯和馬文同樣意識到，初獲成功就陷入自滿並停滯不前的經營模式相當危險。在瞬息萬變的競爭環境中，最該忌諱這種安全感。

我覺得最困難的是，在我們開始取得成功時應當怎麼辦。這時人們會認為，我們只要按照先前的作法就會繼續成功。我擔心的是，我們會開始墨守成規，或是我們的作法已經陷入老套。所以難點在於，當我們還算成功時，應該如何使員工擺脫成規。我的辦法主要是在個人和公司層面不斷訂定新的業績標準和目標，努力設計出一個能打敗我們的公司，並努力成為這樣的公司。[11]

葛魯伯在IDS取得成功的關鍵是一套明確的價值觀，它為管理層和員工的行為與決策提供了指南和依據：

在IDS有嚴格的道德標準，規範我們的一切行為。我們一絲不苟地遵守這些標準。這裡很少有「灰色地帶」——非黑即白。正因為有明確的價值觀，所以從基層到高層都更容易就公司應當如何經營做出正確決策。[12]

後來，哈維將IDS更名為美國運通財務顧問公司。[13]到了一九九〇年代，這家公司的利潤已占母公司總額一半以上。一九九三年，公司收入達二十九億美元（從一九八五年起成長率便維持在每年百分之三十），財務規畫師（不再是業務員）所服務的客戶多達一百四十萬。經濟學家稱之為「美國證券交易所黯淡的星空中唯一的明星」。

美國運通

一九九二年，哈維．葛魯伯成功將ＩＤＳ轉虧為盈後，升任美國運通董事長兼執行長。運通是一家擁有一百五十年歷史的大公司，它從美國內戰前的快遞公司發展成現在的大型金融服務提供商。

哈維就像在ＩＤＳ時一樣，開始對美國運通進行現實評估。他發現，公司的品牌正在迅速沒落，而業績衰退直接和問題重重的企業文化相關：

美國運通資產正遭受巨大損失，企業文化變得傲慢而僵化，品牌也在沒落。我們面臨著淪為一家無關緊要小公司的可能性。美國運通就像ＩＤＳ一樣，擁有長期以服務為導向的卓越歷史。我們以此為傲。它代表公司的核心價值。然而，一段時間以來，公司的行為已脫離這個核心價值，變得更加政治化和自我中心，以顧客為導向的傳統被削弱，員工相互交流溝通的坦誠度也受到影響。[14]

他還發現，公司脫離了核心價值，變成各種業務部門的大雜燴，而這些業務並不一定與公司的優勢相符：

公司把本來就不屬於美國運通的業務拼湊在一起，因此文化任務和策略任務不再相符，而這兩者之間又不能有所偏廢。我們最終制定的決策是要成為一個品牌公司，目標就是要成為世界上最受尊敬的服務品牌。那比較容易被接受，因為它和員工們對公司的過去及將來的認識一致。[15]

哈維在將美國運通的目標確定為「成為世界上最受尊敬的服務品牌」後，著手將目標轉化為現實：

說來容易做來難。想要「成為世界上最受尊敬的服務品牌」，應該做些什麼呢？那究竟意味著什麼呢？它不僅僅是個口號，但到底意味著什麼呢？首先，它意味著公司要裁減那些不屬於美國運通、不能維護公司品牌的業務。我們就是這麼做的。[16]

哈維擔任美國運通執行長才沒幾個月，就出售了席爾森第一數據公司（Shearson and First Data Corporation），而且他將公司策略轉化為現實的行動並未就此止步：

第二，這意味著，美國運通身為一家品牌公司，應該是自營商，而非控股公司。這對我們如何建構公司的組織架構，如何決策與設定決策標準，都會產生深刻的影響，對薪酬體系和業績評鑑體系也是如此。所以，在做出最高層的決策後，接下來會有一連串的工作要做。轉變企業文化的任務之一就是要使員工們明白，那些與願景不符的行為必須被改變，而與之相符的行為則會得到褒揚和獎勵。[17]

哈維就像當年在IDS一樣，在轉變美國運通公司的文化過程扮演積極角色。

我努力以身作則，也講授培訓課程。我把簡報當作與大家一起學習的過程。我修改業績評估體系、薪酬標準，並說明我們會怎麼做。我努力成為坦誠和明晰的典範。

例如，有一次我們在會議室開會，參加會議的對象有一些高階主管，還有一些低階員工坐在後排。我在會議上簡報完以後，就做了一件據我所知在公司史無前例的事情：我問那些坐在後排的同事一連串問題，像是誰完成所有工作、他們對我的建議有什麼想法、有多麼支持、有沒有考慮別的方案、風險在什麼地方等。他們對我的提問感到震驚，而這種事情在公司中很快、很快就傳開了。[18]

在文化的轉變過程中，培訓也是重要的部分。

公司有很多實際的培訓，我覺得，其中最重要的是領導力培訓。根據一名員工對於承擔某項特定任務的準備程度，你要採取何種領導風格，以及如何有效運用這種領導風格，這可能是最重要的任務。[19]

所有這些因素都帶有馬文的影子，包括策略與核心實力的一致性，重視企業文化，執行長以身作則，以及讓更多低階員工參與決策等。哈維在麥肯錫工作的二十年中，親身體驗過它們的成效，在美國運通和ＩＤＳ也據此行事。在這些過程中，他融入自己的風格，但基本內容是一致的。哈維回憶：

馬文經常在講話和撰文時提到公司的價值觀，它們已經融入實際行動了，因此發揮經常提醒的作用。我在美國運通比較不常這樣做。我不是寫備忘錄來宣布決策，而是用它解釋決策。不僅僅是內容，也包括理由、制定過程及我的想法。我把公司內部期刊改名為《背景》（*Context*），正是為了向大家提供決策的背景。這樣一來，員工們不僅可以了解決策的內容，而且還可以了解決策的出發點。他們可能仍然反對，但會了解為什麼我們做出這樣的決策。[20]

哈維明白，公司的價值觀絕對不是掛在口頭上的陳腔濫調，因此他在美國運通選擇價值觀或原則時非常謹慎。哈維在一九九五年寫給馬文的一封信中這樣說：

你可能會對我們所做的其他一些事情感興趣……我們正在像制定公司策略一樣嚴格地確定我們的組織特性。[21]

哈維為美國運通確立的價值觀和原則簡潔有力：

我們只提供為客戶帶來高價值的產品。我們以世界級的經濟效益水準經營公司。我們提升品牌，一切行動都必須對品牌發揮支持作用，並吻合客戶對我們品牌的理解。如果無法達成這些要求，我們就不能去做。我已經說明，上述三條決定與公司的經營原則是一脈相承。[22]

哈維指出，當公司的價值觀和原則確立以後，關鍵是要採取行動和決策將它們真正落實到日常工作中。這一點也是從馬文身上學到的道理。此外，一套明確的價值觀確立後，就可以用簡單的行動指南取代繁雜的程序，進而促進公司的經營效率：

其實馬文採取非常直接而巧妙的方式貫徹公司的原則。他很重視這些原則，它們是關於雄心壯志的宣言，但完全不是陳腔濫調，它們有意義、有內涵。馬文的成功就在於他為這些原則注入活力。這也是我努力想要做到的目標。這使決策變得容易多了。[23]

哈維發現，在美國運通遇到最大的困難是，他要在整家公司並非完全支持的情況下，做出自己認為正確和關鍵的決定。不過，一旦指導性的價值觀確立以後，決策也就自然水到渠成了：

有好幾次，我得在整家公司並非完全支持的情況下做出決定。比如：我決定發行在美國運通和銀行網路下經營的信用卡，但這沒有得到公司的全力支持。而我決意如此，我們也就這麼放手去做。當我就改革公司做出第一項決策，並拿出十億美元作為預算，大家明白勢在必行只是不怎麼支持。當我決定全面開通美國運通卡，而不僅僅局限在旅遊和娛樂場所時，這是非常艱難的決策。許多各式各樣的商業決策都是艱難的。但……我們的原則是那麼明晰，所以，決策自然也就跟著原則走。[24]

哈維為了創造「來自公司員工隊伍的競爭優勢」，進行了另一項重要改革，即引進一套業績評鑑流程，調整包括自己在內每位高階主管的部分獎金評估機制，讓它與員工價值的相關調查掛鉤；而且員工價值並不完全取決於財務業績：

我們公司有一項原則……必須創造來自公司員工隊伍的競爭優勢。為了實現這個目標，每位高階主管獎金的百分之二十五，要依年度員工價值調查的結果而定，我本人也不例外。因此，一段時間下來，我們就有了三百六十度全方位的數據。我們將這些在部門層面調查的結果換算為薪酬。這樣做的結果是幾乎所有員工的價值都達到世界一流的滿意程度，消除了所有不同種族和性別之間的差異。

舉例來說，每年我們要評估各部門的業績以確定獎金，而我會發布完整的評估情況給所有被納入獎金體系的人。我們在公司的內部刊物《背景》中公布所有部門的評分，使所有員工都能一目了然。比如第一個部門得了A，第二個部門得了C⁻，同時會附上對評分情況的說明，好讓員工了解評估結果是如何產生，為什麼它們可能與財務成績有差異。

如果有人提出申訴，我會了解相關訊息。我會請當事人發表意見，以確保我的想法盡可能全面。然後，當天下班前他會看到評語，合理地判定其績效為A⁻、B⁺等等。我要讓大家知道的是，如果我給誰打了B⁺，那我對其他人也會用同樣的標準。[25]

採用標準化的業績評鑑，會帶給員工公平的感覺，這正是馬文當初在麥肯錫堅持建立的制度。哈維花了八年轉變美國運通的觀念，在此期間他做了一些艱難卻有創造性的管理決策。他加入美國運通幫助IDS轉虧為盈的十五年後，採取了酷似馬文的作風讓出領導大位。他如此描述這段經歷：

有時候即將離任的執行長，會過於努力地想創造任期最好、最後的一年，而不是幫助繼任者實現更好的第一年。有些執行長在交接前不願意擴大繼任者的權責，這就使得繼任者沒有機會得到一定的指導。讓前任執行長留下來協助繼任執行長一段時間幾乎總是一句空話。這會帶來兩個問題：繼任者可能不願意改變什麼，因為他不想傷害前任者的感情；而前任如果發現有什麼改變，可能也會因此感到不高興。所以，前任執行長應該離開，如果繼任者有什麼問題，可以打電話給他或者與他共進午餐討論。[26]

在美國運通二〇〇〇年的年度報告中，現任執行長肯尼斯．錢諾特（Kenneth I. Chenault）如此描述哈維的影響：

在這十五年中，哈維對公司的業務、文化、員工和共同的價值觀，產生無與倫比的影響，不論是在一九八〇年代入主ＩＤＳ，一九九〇年代初掌管旅遊業務部，還是最近八年職掌母公司期間，他總是運通品牌堅決的擁護者。同時，他還充分利用品牌和員工的力量，徹底改變了公司。

……哈維為公司帶來的影響，將持續遠超過他在公司任職這段期間。他鼓舞當初士氣低落的員工，現在他們是以勝利者的姿態工作，而且公司在市場中也獲得新生的力量。他確立公司的價值觀，並使這些價值觀在我們全世界的員工當中變得更具體、重要，他把自己深切關愛的公司託付給了我們。[27]

哈維離開麥肯錫後，經常寫信給馬文，匯報他在IDS和美國運通的工作情況。他會在信中稱讚馬文和他建設麥肯錫的方法，為他領導美國運通塑造了架構。下面這封充滿感情的信是哈維從美國運通退休後，在二〇〇一年一月寫給馬文的部分內容：

經常有人問我，職業生涯中誰對我影響最深。答案有兩個人：家父與您。我曾經無數次引用「馬文的故事」來說明我的觀點。

您按照創業原則建立公司，然後又堅持恪守這些原則，即使在不這麼做對您自己更有利的情況下也始終不渝。這是建立一家公司、激勵人才的創造性和活力的有力作法，對麥肯錫如此，對IDS和美國運通也如此。它為形成良好的傳統和保持優秀的業績，奠定堅實的基礎。

我始終堅信，如果說我有什麼確保成功的法寶，那就是吸引、培養和留住優秀人才，而不是我個人的競爭力。那樣做才能使公司保持經營適應、調節和領導的靈活性與能力。培養人才的祕訣其實很簡單，也就是要把工資、福利和工作條件等基本保障做好，給他們有意義、有挑戰性的任務，然後做好領導工作。

這些您都做到了。我永遠對您懷有深切的謝意，並以能與您共事而深感自豪。[28]

蓋瑞．麥克杜格

蓋瑞．麥克杜格於一九六三至一九六九年任職麥肯錫洛杉磯分公司。一九六九年，他離開麥肯錫，擔任馬克控制公司執行長；一九九二年，他領導伊利諾州福利體系大改革，獲得巨大成功。

我離開麥肯錫之後遇到最令人欣喜的事情是，馬文成了馬克控制公司的股東。我每星期都會看一下股東名單，有一天突然發現馬文買了一千股馬克控制公司的股票。而且他不是透過那斯達克系統購買，而是透過場外交易機制購買。這種粉單交易（pink sheet）在當時風險相當高。當下我就像被教皇授予紅衣主教的冠帽，我得到了難以想像的認同。馬文投資我的公司。這是一家九年中有七年虧損的閥門製造商，而且還地處中西部。這真是太棒了。

——蓋瑞．麥克杜格29

蓋瑞的想像力非常豐富，而且人際關係良好。那些和他合作過的客戶都很喜歡他。我覺得他影響優比速公司（UPS）董事會很大……當他在馬克控制公司春風得意時，我原以為他可能會失去謙虛的作風，但事實上並未如此。他仍然謙虛自持。他深諳領導之道，工作主動性極強。

——馬文．鮑爾30

蓋瑞加入麥肯錫時，馬文是公司的董事總經理。在工作期間，他經常和馬文交流：

馬文和華倫．坎農是公司的核心人物。馬文的影響無所不在。他發布的藍色備忘錄內容多樣，從猶太教與基督教的道德規範到他所介入的偶然事件，不一而足……當涉及道德規範的問題，公司中總是有這麼一股決不妥協的中堅力量。[31]

蓋瑞在麥肯錫工作的最後一年中領導金融服務顧問業務部，得到很多機會從馬文身上學習領導和經營之道：

馬文．鮑爾是我心目中的大英雄。我剛從商學院畢業，他就出現了。當時我甚至不知道如何操作按鍵電話上的按鍵。在此之前我當過海軍、讀過工程學，對商業卻一無所知。在我像海綿一樣吸取領導楷模和經營之道時，馬文出現在我的生活中了，從第一天參加公司的新諮詢顧問培訓開始，就能感受到他的存在。你知道那是實實在在的。馬文是一道實實在在的影響力。[32]

馬克控制公司

蓋瑞在一九六九年離開麥肯錫，擔任馬克控制公司執行長，從此開始長達十七年的奮鬥歷程，將一家不賺錢的小型閥門製造商，發展成為《財星》雜誌的電子和工程控制公司一千大中利潤豐厚的代表。這段乍聽之下像灰姑娘的故事，實際上得來不易。首先，要大膽構思未來發展，然後還要堅持不懈地與五千名員工充分溝通，因為需要他們參與發展的每個步驟。簡而言之，蓋瑞的「魔法棒」，就是他與馬文共事時得到的豐富知識和經驗：

在馬克公司，我第一次親自面對這樣的挑戰，向五千名員工傳達我的信念。我記得當時有多麼提心吊膽，一想到馬克公司每天二十四小時都在全世界的某個角落經營著，可能是新加坡的工廠，或是德國的銷售據點，這麼多員工因各自的運作狀況而很可能正在損害或促進公司發展。我知道無法事必躬親，所以我必須將自己認為重要的思想灌輸到員工心中。[33]

蓋瑞成功地與世界各地的眾多員工溝通，他把這一點直接歸功於馬文的教誨：

我學到的一點就是，很多東西都要行諸文字。很多領導者都有一個通病：公司的事情只是先找幾個管事的人坐下來，口頭說說達成共識，然後任由它們以某種方式在公司內部傳播開來。馬文則是透過發布藍色備忘錄、舉辦培訓課程，並走訪世界各地的分公司，確保公司的價值觀不只是高階合夥人坐下來談談，而要廣泛在公司內部流傳。所以，我對手下的五千名員工也採取一樣作法，每到一處就在那裡舉行餐會。比如我去到新加坡、蘇格蘭或其他地方的工廠時，會跨部門找一幫生產、銷售和管理人員，大家出去吃吃披薩、喝喝啤酒，一起談談公司的情況，我也順便回答一些問題。每次訪問回來，我都會寫短信給見過面的員工，因此從來就不會有「他們」這種說法，因為我就屬於「他們」，所以會說「我們」。不要說「他們這麼認為」。要試著用這樣的問題打開話匣子：「你是怎麼想的？這樣好嗎？這樣不好嗎？你擔心什麼？」[34]

談話必須是雙向的，這樣才能使員工充分參與其中，並發揮培養人才的作用。

我們會進行匿名的意見調查，包括道德方面的內容。我們盡力使員工感覺到他們可以表達真實的感受，感覺到高階主管會傾聽他們的意見。[35]

蓋瑞意識到，馬克公司聲望的高低、公司能否不僅僅被視為一家閥門或控制器生產商，很大程度取決於公司的員工：

你要隨時保持警醒。因為你所派出去代表你的人應當體現出價值觀，其中包括努力工作並為客戶提供一流服務。[36]

在馬克公司，樹立榜樣對於塑造公司所追求的文化至關重要：

一定程度的謙虛有其必要。我過去常在馬克公司的管理大會上講授領導力課程，這種大會通常有來自世界各地二百多名員工參加。我會鉅細靡遺地講授很多東西，比如：當有人來到你的辦公室，你應當從辦公桌後面走出來，和客人坐在一起，這樣你就不會給人一種居高臨下的感覺；還有，聽取別人的意見有多重要；在公司經營狀況不佳的年份，自己要做出表率，不拿獎金、不加薪等。在公司經營狀況不佳的許多年間，我都是這樣做。[37]

蓋瑞把時間都用在確保公司的價值觀得到貫徹，像是努力工作、為客戶提供一流服務、傾聽他人意見和尊重他人等，並展示自己對公司的忠誠度。套句他的話，前面談的這些都只是為了說明：「與公司溝通想法有各式各樣的方式，我從馬文身上學到了很多。」[38]

蓋瑞堅持不懈和努力工作的精神得到回報。他在執掌馬克公司十七年後，取得人們幾乎無法想像的成就：一九八七年，各分公司加在一起的價值，幾乎是公司在紐約證券交易所交易的股票價值的三倍。[39]

事實上，蓋瑞獲得巨大的成功，以至於他可以功成身退：

> 我決定將公司分拆出售，因為公司的長期投資者應該得到這樣的收益，不然華爾街的敵意收購者遲早也會替我這麼做。《芝加哥論壇報》（*Chicago Tribune*）的報導用了這個標題：「公司先發制人對付敵意收購者，執行長順勢功成身退。」整套策略取得非常好的效果，公司的股票上升到每股一百六十美元，而我剛接下執行長職位時才十美元。[40]

伊利諾州福利體系

蓋瑞離開馬克公司後，開始尋找另一個他可以再展身手的地方。這次他進入屬於公共部門的伊利諾州福利體系。在這裡，人力資產指的是政府機構僱員、福利提供者和顧客（公共服務的接受者）。這一個體系的成功與否，只能用服務接受者的成功與否來衡量，也就是說，「顧客」應該愈來愈少，而不是愈來愈多。

蓋瑞從一九九二年開始參與這個公眾服務體系，當時他主動為自己確定另一個角色：

這是一個自下而上揭示全國現行體系缺陷的過程，它是依據接受福利救濟者的看法，而不是理論家或學者的觀點……在我的建議下，伊利諾州州長決定就改革公共服務體系成立一支工作小組，並指派我成為負責人……在龐大的官僚機構中出現改革的擁護者……改革措施開始改變人們的生活，主要是藉由更合理地使用納稅人的錢。[41]

這裡與馬克公司不同，它產出的不是機器設備，而是要從根本上改善人們的生活，提高他們的經濟自給能力。針對這一產出，蓋瑞採取馬文式的解決問題方式，為了將現行體系改造成高效率、切合實際的新體系，他直接深入第一線（在這裡是指受助者、州政府僱員和福利提供者）調查實際情況。他會見過「後院婦女」（The ladies in the Backyard）、囚犯、政府僱員和監管者。

這個調查過程提供蓋瑞素材，進而為伊利諾州福利體系確定新的思路。這一方面是建立在受助者的現實基礎上，另一方面則相對為政府和官員建立多做假設、多想方案的心態。

蓋瑞在二〇〇〇年出版的《改變》（*Make a Difference*）中，[42]談到這段他領導伊利諾州州長成立的工作小組，推行公眾服務改革的歷程。下面摘錄的片段，講述他對受助者（即「後院婦女」）和福利提供者（如政府僱員和立法者）的調查。

後院婦女

赫伯特・馬丁（Herbert Martin）牧師安排我會見一些非裔美國婦女……她們是接受福利救濟者，被我們稱作「後院婦女」……因為她們大多數下午都聚集在馬丁居住公寓樓下的小小後院裡。馬丁牧師說：「這套改革措施唯有照顧到這群人，使她們的行為有所改變，才算成功。」

我知道，除非和她們面對面詳談，否則我們很難理解這一點。

我安排了一個下午與瑪克欣（Maxine）和樂芳（Lavon）分別面談。前者是年僅二十歲性格抑鬱的重罪犯，已經當了母親，最近剛從獄中獲釋；後者是二十四、五歲性格活潑的妓女，也已經當了母親。

我先發問：「如果妳是州長，妳會怎麼做？」

瑪克欣回答：「我要找一份工作。我應徵了好多工作，但他們總是要求工作經驗。如果我找不到工作，哪裡來的工作經驗呢？」

她坐在這個客廳裡，面對的是她知道不願意僱用她的世界。一個重罪犯，沒有工作經驗，有兩名兒女，連中學都沒念完（在第九年為了照顧兒女而輟學）。在這間房裡幾乎所有女人都這樣，僅一例外。

「妳有沒有想過先拿到一個普通教育水準的文憑呢？」我問。

瑪克欣看起來若有所思的樣子，然後回答：「唯一的普通教育課程是在道森的夜校（一所社區大學）。那裡很不安全，有強姦犯出沒。」

凱西是一名三十多歲的婦女，她和別人不同的地方是有一點工作經驗。她做過家政服務，有一段時間還在辦公室工作。我問她為什麼沒有繼續做辦公室的工作。

「那個工作地點是在郊區，一位朋友幫我介紹的。我去那裡上班要先搭公車到環線，然後坐火車到德斯普雷恩（Des Plaines），接著還要和別人約好來接我，或是乘坐計程車到公司。單程就要花去兩個多小時，而且也要花很多錢。如果有一輛車，我可以只花一個小時，但是我又買不起車。每天我要花五個小時趕路，還要照顧三名兒女，實在是吃不消。」[43]

蓋瑞訪談了很多受助者，了解他們的情況和真實需求：

這些接受福利救濟、處於貧困狀態的女人和男人訴說的經歷，使我更深入了解福利和公眾服務體系中的客戶和所遇到的情況。我身為「在場唯一白人」，與「後院婦女」及這些人近距離接觸。這種經歷時常提醒我，接受福利救濟的族群和其他人有很大的個體差異。「一體適用」的思維方式往往是錯誤的。[44]

而且，他們也和別人一樣，希望得到發揮所長的機會：

處於這一切核心位置的都是有血有肉的人，我們大多數人，包括決策者，卻很少了解他們。我堅信，接受福利救濟的絕大多數人，也都是像你、我一樣的普通美國人，都有工作的願望，有個人和家庭方面的熱切期望。我們對那些願意上進的人，應該為他們搭建機會的階梯。[45]

政府僱員

蓋瑞的情況調查工作還包括走訪大批相關政府機構，以了解他們的時間如何分配、取得什麼成果，以及他們認為哪裡有改進工作的機會。

蓋瑞的調查有一個很重要的目的，即畫出一幅顯示決策與資金在各個相關部門之間流動情況的組織和流程圖。他說，這個圖完全是「魯比．高堡（Rube Goldberg，漫畫家）式的沒事找事」。他發現的是一個規畫和程序繁雜的體系，卻沒有衡量成敗的評價標準：

> 我看到的大多是管理混亂或即將失控的現象。我下決心要搞清楚這究竟是怎麼一回事。
>
> 對於那些身處高位者，尤其是規章制定者，評價標準就是將機構的法律風險降到最低，讓聯邦檢查員滿意，不讓州長難堪。由於很少對實際結果進行衡量，如人們的生活是否得到改善、是否實現自給自足，結果導致盲目的宏觀管理和繁雜的規章制度肆意滋長。
>
> 我去參觀一個稱為機會工程（Project Chance）的專案，問其中一位參加者去那裡的原因。他回答：「參加才能領錢，這是我第二次來了。」
>
> 「你認為你能找到工作嗎？」我問他。
>
> 他給我的回答是：「哪有什麼工作啊？」[46]

蓋瑞發現，那些專案的經歷者和受助者一樣意識到專案有缺陷，但正像在其他過度官僚化的組織一樣，人們的建議得到實施（甚至是聽取）的機會十分渺茫。當蓋瑞問起專案管理人佛瑞德·柯林（Fred Collins），如果這是花他自己的錢，他會怎麼做時，柯林不假思索、實實在在地回答：

「簡單得要命。我會花錢開一輛麵包車，穿梭在那些人居住的羅伯特·泰勒住宅區和有很多工作機會的麋鹿林村之間。」我要做的包括建立「成果衡量標準」。想像一下，我們花了幾百萬美元，卻不知道除了提供講師和社會福利碩士就業機會外，究竟得到什麼回報。我要做的還包括實現「因地制宜」，不這樣的話，我們哪有機會試試這個「麵包車計畫」？[47]

然而，按照當時對那項專案的使命闡述，柯林的計畫根本不可行：「我們從事的是公眾服務，不提供運輸服務。」

成果

蓋瑞在五個地區進行試點工作。在進行試點的新環境中，流程始自第一線。決策得到整合和統一，以可行的方向（符合受助者實際情況的方式）幫助人們重新就業，並採用有意義的新衡量體系。這意味著試點要設在靠近這些人居住區的地方，而且需要各個政府機構通力合作。

這五個地區的試點工作都獲得成功。一九九六年七月三日，伊利諾州州長簽署一項法令，他稱之為「伊利諾州自世紀之交以來最大規模的改組」。六個獨立部門大部分被合併成單一的公眾服務部。根據該部門的組織法令明確規定，應實行綜合化服務，聯繫服務與作為服務對象的相關社區，並評鑑該州所有公眾服務支出的成果。蓋瑞在這裡的成果不適於用華爾街的股票價格衡量，但它們與蓋瑞在馬克公司取得的成就一樣巨大。到了二〇〇二年九月，伊利諾州接受福利救濟的人數驟降百分之八十二，這是各州自一九九六年以來的最佳紀錄，當時該州接受福利救濟的人數為二萬五千人。[48]多娜．莎拉拉（Donna Shalala）稱伊利諾州為「第一個擁有特大城市，卻做得非常出色的州」。[49]正如蓋瑞在他的書中所指出，在這些數字背後最重要的是，許多人恢復了經濟自給和自尊：

賈妮絲．麥卡爾（Janice McGrae）曾經長期失業，靠福利救濟生活了十三年，如今她找到合適的工作。賈妮絲住在芝加哥南部的林蔭大道社區，這裡被稱為全美國最貧窮的城區。在伊利諾州的努力下，她已經在優比速公司（United Parcel Service，UPS）的分揀中心兼職兩年分揀工，享受全部公司福利，公司目前正考慮提拔她做全職工。她現在三十一歲，育有兩名兒子，分別為九歲與十四歲；還有一名十二歲的女兒。她住在臭名昭彰的「羅伯特．泰勒住宅」專案開發的住宅內，搭公車半小時內就可以抵達公司。[50]

蓋瑞的成果還在繼續擴大。[51]二〇〇三年，布希總統（George Walker Bush）來到位於芝加哥南部的優比速公司，祝賀擺脫了福利救濟的員工所取得的成功。[52]與達利市長（Mayor Daley）、優比速公司執行長麥克．艾斯裘（Mike Eskew）及布希總統一起站在臺上的人群中，有位女子名叫薇薇安．基蒙斯（Vivian Kimmons），她是第四位發言者，講述自己的經歷：她是九名孩子的母親，曾依靠福利救濟生活了九年；如今她是優比速公司的員工，年資已達三年，也是公司的管理者和股東。很多人聽了都感動得熱淚盈眶。

在馬文．鮑爾的一生中，始終非常重視回饋社會。蓋瑞．麥克杜格也幫助重組伊利諾州福利體系，使之成為高效率的公眾服務提供機構，貢獻自己的商業才幹和技巧，為社會謀利益，並且創造出一種無法用價值衡量的產品，即人們的自尊和自信。

馬文在二〇〇二年時指出：「蓋瑞取得了出色成就。」蓋瑞至今依然非常尊重馬文，他說：「馬文是那種毫不動搖地堅守誠信和為他人奉獻的人。」[53]

大衛．奧格威

大衛．奧格威是奧美公司創辦人，具有傳奇色彩的廣告業龍頭，與馬文保持長期的關係。他和馬文一樣，有著勝任領導工作的閱歷背景。他早先做過業務員，銷售伊加陶瓷（Aga）鍋爐，由於業績出色，被指派編寫業務員手冊。[54]隨後又為喬治．蓋洛普（George Gallup）工作，因此從未或忘有關觀點和偏好確實性，以及科學數據有多麼重要。後來他在阿米希（Amish）社區農場工作。第二次世界大戰時間，他效力英國情報部門，因此懂得搞清楚前線情況和使用事實材料的重要性。奧格威和馬文是貢獻工業革命的人士當中最後去世的幾位，他們同樣也貢獻了當今的領導文化。

我從自己的失誤、合作夥伴的忠告、文學作品中學到很多東西，也從喬治．蓋洛普、廣告同業雷蒙．盧畢康（Raymond Rubicam）和馬文．鮑爾身上學到很多東西。[55]

我對馬文的景仰幾乎到了個人崇拜的程度。我總是告誡合夥人，要學麥肯錫公司那樣經營我們的業務，他們聽得耳朵都要長繭了。[56]

我所知道的偉大領導者，都是複雜得出奇的人，麻省理工學院前院長霍華德・強森（Howard Johnson）描述這種複雜是「一種為領導力帶來神祕色彩的內在精神力量」。我在麥肯錫公司的馬文・鮑爾身上看到這種神祕的力量。

——大衛・奧格威[57]

大衛・奧格威是一位偉大的領導者，從根本上改變人們對廣告的看法。他懂得並重視建立一個組織的要求。我們從來沒有深交過，但我將他視為親密的朋友。

——馬文・鮑爾[58]

共同價值觀的聯繫

一九五〇年代，馬文・鮑爾、奧美公司的大衛・奧格威、安達信公司的李奧納多・史派西克（Leonard Spacek）和高盛公司（Goldman Sachs）的古斯・李維（Gus Levy），都獨自嘗試建立結合理論和實際的專業服務公司。他們經常在大學俱樂部共進午餐，就共同理想交流想法。馬文常常在合夥人面前講述，安達信是如何統一全國各地辦公室大門（使大門上的彫刻一模一樣），高盛公司如何投資培訓和工具，以提供統一的服務。馬文・鮑爾和大衛・奧格威關係尤其親密。他們的理念和基本性格有不少共同點，因此有時候很難說他們倆是誰影響誰、誰支持誰。但顯而易見的是，他們談話撰文時常把對方視為典範，還經常討論重大決策。他們互相鼓勵對方不斷開闢新天地，再造偉大的服務公司。

更重要的是，他們都有一種事事追求完美的持久動力，並有堅持實事求是的精神。對他們來說，任何不完美的東西都不能算好，而任何不真實的東西也都不可容忍。馬文．鮑爾和大衛．奧格威分別在不同場合指出，追求完美的關鍵就是招募比你更出色的人才，並留住他們。[59]他們的公司經常名列最佳僱主公司排行榜。一九六五年，奧美公司和麥肯錫公司實行當時美國最慷慨的退休計畫，這兩項計畫都有大衛和馬文的簽名。

在奧美公司和麥肯錫公司，從董事會會議室到郵件收發室的每一名員工都知道並了解公司的價值觀、使命和「這裡做事的方式」。在這兩家公司裡，每一名員工都有提出異議的義務。

前奧美公司董事長肯．羅曼（Ken Roman）如此描述奧美文化：「奧美的理念是建立在四大支柱之上，即研究、成效、創造性的才華和專業紀律。奧美注重學習先例，把經驗整理轉化成原則，把廣告視為知識性的專業。」[60]

研究

在蓋洛普公司多年嚴格的培訓使大衛明白，必須像馬文對待每一位諮詢顧問那樣要求大家做到兩點：調查實際情況，尊重第一線員工。大衛認為，他的成功在很大程度上要歸功於在蓋洛普公司工作時，訪談各個領域眾多美國人的經歷。他尊重消費者，始終告誡員工「消費者不是傻子」。[61]

成果

奧格威和馬文一樣，認為服務好客戶就能取得輝煌成果。他在自傳中說：

我們所擁有最寶貴的資產就是尊重客戶……當客戶聘請奧美或麥肯錫時，他期待得到最滿意的結果。如果你不能讓他滿意，那就是欺騙他。他就再也不會回來了。[62]

創造性的才華

「要鼓勵激情和創新。在廣告業裡，與眾不同是成功的開始，而雷同平庸則是失敗的前奏。」[63]

「什麼是人才呢？人才不一定要有高智商，但要有好奇心、常識、智慧、想像力和文化修養。」[64]

專業紀律

大衛．奧格威的專業紀律有很多與馬文的專業紀律相似，特別體現在其導向和他的投入與承諾上。大衛寫道：

要提供客戶優秀的服務，就必須讓我們的員工全力以赴。要給他們充滿挑戰的機會，讚揚他們的工作成績，充實他們的工作內容，盡可能地委以重任。要把員工視為成熟的個體對待，這樣他們才會成熟。在他們遇到困難時要給予幫助，實施感情化和人性化管理。

鼓勵下屬坦誠面對你，徵求並傾聽他們的意見。奧美公司的組織架構，不能像軍隊那樣分成有特權的上級和唯命是從的下屬。動腦筋絕不只是領導的事。

我會審查我們五十五家分公司的廣告創作，讚揚好的，咒罵糟的。如果領導拒絕將權力與下屬分享，那對公司沒有一點好處。公司中的權力中心愈多，就會愈強大。這就是奧美公司變得強大的原因。[65]

大衛．奧格威在領導奧美公司的過程中，也像馬文一樣做了一些重要決策，像設立國際分公司，端出嚴格反對裙帶關係的政策，開放女性擔任主管等。他經常在正式場合提到馬文．鮑爾：

我在奧美的領導風格深受馬文．鮑爾影響。他經常幫助我，並提醒我要闡明自己的理念，使公司按照這些理念經營。他對如何建設一家優秀的服務公司，甚至是任何公司，都有比別人更精闢的見解。[66]

他也經常在非正式場合提到馬文：

據說，就算你把一封雕版刻印的婚禮請柬交給馬文，那位麥肯錫的偉人都會把它修改後還給你。[67]

大衛．奧格威經常把馬文．鮑爾引為楷模，而馬文也經常在不同場合把大衛視為麥肯錫的榜樣。比如，馬文在一九六一年的一份藍色備忘錄裡，就引用了大衛的至理名言：

在我開始講述未來之前，要老生常談地再次強調一下行為這個問題。我希望公司的新員工知道，在公司裡什麼樣的行為會得到讚賞，什麼樣的行為會受到批評：

一、首先，我們欣賞勤奮工作的人，不喜歡敷衍了事的人。

二、我們欣賞有一流頭腦的人，因為一家偉大的廣告公司，少了他們就無法運轉了。

三、我們欣賞「不搞政治的人」，此處我所指的是辦公室政治。

四、我們鄙視那些喜歡拍上司馬屁的人，這些人通常會恃強凌弱地對待他們的下屬。

五、我們欣賞高專業水準的人，而且我們發現，他們總是很尊重其他部門同事的專業技能。

六、我們欣賞那些敢僱用潛力超越自己的人，對那些僱用能力低下的人，我們感到可憐。

七、我們欣賞能培養和發展下屬的人，因為只有這樣我們才能從內部選拔人才。我們不喜歡在公司外部尋找人才來充實重要職位，希望有一天我們不必再這樣做。

八、我們欣賞授權他人的人。你授權他人愈多，承擔的責任也就愈多。

九、我們欣賞溫文有禮、與人為善的人，特別是對待那些賣東西給我們的人。我們討厭那些爭吵不休、愛打筆仗、推卸責任和不說實話的人。

十、我們欣賞把辦公室整理得井然有序，工作按時完成，條理分明的人。

十一、我們欣賞社區裡的好公民，即那些為本地醫院、教堂、家長教師協會、社區福利基金工作的人。關於這一點，我為一些同事們在一年來樹立的榜樣感到自豪。[68]

唐・高戈

唐・高戈於一九七六至一九八五年任職麥肯錫紐約分公司。當時馬文在公司仍是一股非常活躍的力量，唐有幸和他一起參與幾項客戶專案。一九八五年，唐來到基得・皮博帝公司，在兼併和收購業務方面與亞伯特・高登共事了十二年。一九八九年，他加入克萊頓・杜比利・萊斯投資公司，並在一九九九年成為執行長。這家公司非常適合他，因為馬文的理念在其中已是根深柢固。公司創辦人之一馬丁・杜比利（Martin Dubilier）和後來的合夥人，都是「馬文領導力學校」的「畢業生」。唐經常談及馬文、高登和喬伊・萊斯（Joe Rice）對他所加入的公司類型、他建立在價值觀基礎上的領導風格，和他所做出重大領導決策的影響。

我覺得大多數人都知道一些關於馬文的片段，因為它們令人非常難忘。在這些年裡，他是給我印象最深刻的人。他確實是一位傳奇人物。

在一九八〇年代末那幾年，我經常看到馬文在布朗克斯維爾的火車站等候開往曼哈頓的火車。這樣與他相逢總是一件樂事，如果能起得像他那樣早去趕火車的話。

——唐・高戈[69]

唐和喬琪亞搬到布朗克斯維爾。如果他錯過了早班火車，我們就一起走。聽唐對時下的事情發表看法總是讓我很開心。他不局限於所讀到的東西，對那些內容總有自己的思考。

——馬文．鮑爾[70]

唐說，他是受到馬文的直接影響，才決定加入克萊頓．杜比利．萊斯投資公司：

我和馬文一起討論領導力的問題時，他建議我讀的一本書是約翰．加納（John Gardner）的《僕役式領導人》（*The Leader As Servant*）。那本書對我的影響很大。我認為它經常體現在我的領導風格中。領導風格各式各樣，其中有一種是更注重達成共識，更常聽取意見，並且更加信奉領導就是要為別人創造成功的機會。我認為這恰恰就是馬文一直努力在做的事情。他領導公司就是在為別人造就成功的機會。我覺得這也影響到我在這裡的領導風格，以及我的職業生涯道路。對於命令加控制的領導風格，我真的沒有什麼興趣。

我實在不太喜歡經營大企業，所以我來到這裡，在這個小一點的公司裡，我的工作實際上就是激勵和領導一群非常優秀的合夥人。公司一共有十四位合夥人和十位經理，所以這是一個領導者的公司。這是我向馬文學習的自然產物。[71]

強勁、明確的價值觀，以及嚴格遵守價值觀，這是克萊頓．杜比利．萊斯投資公司的精髓。唐述說馬文在這方面的影響：

馬文理所當然引起我的共鳴，喬伊．萊斯亦然。這不是偶然事件，萊斯也是律師出身，他建立公司的原則和馬文十分相似……喬伊制定的很多專業標準，和馬文創立公司時在道德規範中加入的內容是一致的。我們可能是唯一一家擁有正式政策手冊，並在其中包含道德規範的私募公司。我們是一家由價值觀驅動的公司，我認為價值觀已經深入公司的根本……曾飽受馬文薰陶的查克．艾姆斯（克萊頓．杜比利．萊斯投資公司的合夥人，曾於一九五七至一九七二年任職麥肯錫）和我，在這裡將價值觀發揚光大。毫無疑問，我們在麥肯錫所受的培訓，使我們決心盡一步加強公司的價值觀管理。[72]

由於擁有共同價值觀，唐實現一種所有合夥人平等參與的領導風格：

談到為別人創造機會，我們公司確實就是這樣。合夥人可以去找他真正喜歡、了解和把握的投資機會。因此，我的工作就是讓每一名合夥人去找他們喜歡開發的投資機會，而不是我自己把機會據為己有。令我驚訝的是，我成了相當不錯的談判專家。因為在我進公司後的八、九年間，就是做談判工作。我要會見執行長，進行價格談判。我很喜歡做這項工作，但在一家公司裡你不可能只讓自己做這項工作，卻不讓別的合夥人做。所以六年前我開始正式擔任領導工作後，就漸漸抽離出這項工作，讓別人接手了。不過有時這會有點困難。[73]

儘管授權他人可能會遇到困難，但是唐意識到，如果只讓領導唱獨角戲，不為其他合夥人創造平等機會和潛在回報，公司就無法永續發展。克萊頓．杜比利．萊斯投資公司做了一系列重大決策以確保公司持續成長，其中，一些決策與馬文在麥肯錫以身作則的作風直接相關：

毫無疑問，那正是建設一家公司的正確方式。在這方面我經常想起馬文，因為喬伊．萊斯很像馬文，希望公司能在他或我離開之後繼續發展，成為不斷進取的公司。因為它是奠基在價值觀上，所以我們認為它確實有價值。它不僅對那些在這裡工作的人有價值，而且我們覺得我們是在做好事，因為我們將一間間疲弱的公司轉變成成功的公司，使它們恢復活力，創造就業、財富和其他很多美好的東西。

但是要將價值觀制度化……絕對不是一件容易的事。到目前為止，投資公司還沒能證明價值觀是可以被制度化的，因為它們才只有二十五年歷史，沒有體現出創辦人離去後繼續發展的能力。不過我們正在努力。我們做了很多嘗試去實現制度化。

喬伊認為，最重要的是世代交替。很有意思的是，他對世代交替的看法，在某些方面與馬文極為類似，因為他和馬丁．杜比利把他們在公司的很大一部分經濟利益，讓給了公司的下一代。他們不是即將離任時才這麼做，而是早早就這麼做了。他們說，這是一種更好的經營之道。

喬伊在引入合夥人之後就開始這麼做……這裡的薪酬制度很簡單。你剛加入公司時是一點（one-point）合夥人，如果你在公司發展順利，就成了兩點（two-point）合夥人。喬伊是兩點合夥人，我剛加入公司時是一點合夥人，在我證明自己的價值後，與喬伊、馬丁一樣都是兩點合夥人。可以說，喬伊、馬丁沒有因為是創業者而比別人多拿一分錢。公司所有高階主管都有同樣高的薪酬，這顯然為公司帶來好處。

這與亨利・克拉維茨（Henry Kravits）、約翰・希克斯（John Hicks）、謬思（Muse）等其他大多數公司的作法截然不同。在那些公司，創辦人把一半利潤留給自己，然後合夥人平分剩下一半，哪怕公司有十五位合夥人也一樣。我們從來不那麼做，因為我覺得那實在有點不可思議。

我在思考公司的建設時總會想起馬文，同樣也會想起喬伊。當馬文讓出他很大一部分股份時，我很驚訝，感到有點難以想像。當我來到這裡以後，看到喬伊也這麼做，我又大吃了一驚。[74]

唐像馬文和喬伊・萊斯一樣，為了公司能夠永續發展，也願意放棄個人的利益：

……這是一段我們公司的濃縮史。我加入公司時，公司募集的基金有十億美元，後來增加到十五億美元，大約三年前更籌集到三十五億美元。我們確實需要擴大合夥的規模。當時的架構大約是二比一，只有我、喬伊和查克・艾姆斯是兩點合夥人，我們三人經討論決定要改變這種架構，放棄一半的多餘股份。所以現在合夥架構是一・五比一，這樣似乎更有利於在避免矛盾的情況下，建設好我們這家合夥公司。

好笑的是，在我兩次對別人主動讓出利益感到驚訝後，我自己也開始這樣做……就好像很順理成章的事情一樣。但在別處我從來沒有聽說過這樣的事情。這倒不是說我有多偉大。如果你真的有志於像馬文那樣建立一家公司，你自然就會這樣做。如果不是想到馬文和那段經歷，我也不確定自己會自然而然地這樣做。[75]

唐還指出，克萊頓．杜比利．萊斯投資公司和馬文的麥肯錫公司，在經營風格和理念上有諸多相似之處：

> 馬文既能高瞻遠矚地提出策略構想，又能將其轉化為切實可行的執行計畫。我覺得這反映的是一種思維習慣。這種能力在公司文化制度化的過程中顯得十分重要。馬文的這種思維習慣是逐漸培養起來的。遇到大問題時，他會一步步推敲出明天早晨你該怎麼辦。這是典型的馬文式風格，也是麥肯錫傳承至今的精髓。
>
> 這也是我們這裡的投資風格。我還從來沒有這樣闡述過，但意思是一樣的。我們做出的投資決策也是麥肯錫式的，建立在早期調查分析、邏輯演繹與還原的基礎上，只不過我們所達成的結論是可以支持的、明智的、值得砸錢下去的投資標的。儘管與其他公司不同，我們是積極的行動者，極端的干涉主義者。公司的合夥人就是董事長，不是那種不用做事的角色，而是非常咄咄逼人的角色。所以，當我們決定進行一項投資時，會確定自己必須做的五、六件事。如果我們去做這些事情，投資就會成功，不然就會失敗。當然，這些事情也會隨著時間推移而變化。比如說，我們投資後的第五年，當初決定要做的事情中有兩件發生變化，此外還多了兩件新事情。由此可見，這是一個互動的過程。不過，投資的主題就是麥肯錫式的分析，外加這一個問題：我們既然進行這項投資，那麼又該如何實施策略呢？[76]

唐舉出收購卡夫公司（Kraft）的資產為例，闡述克萊頓．杜比利．萊斯投資公司以行動為導向的方式：

我們向卡夫公司收購一家為醫院和餐館服務的食品服務配送公司。這家公司的成本結構，相對於它百分之十八的毛利而言，簡直就是胡來。所以我們的一部分投資主題，就是要以與百分之十八的毛利相應的方式經營這家公司。這種方式肯定與毛利高達百分之七十的卡夫公司的經營方式截然不同。卡夫公司的利潤率高，所以你只要盡力銷售就好，不必太過擔心成本問題。然而，在一家毛利只有百分之十八的公司，你固然不能放著銷售不管，可也不能一味追求銷售而不管成本。

當初我們收購這家公司時，一方面它的銷售額保持每年百分之十七的成長率，另一方面虧損卻愈來愈嚴重，因為它以銷售為導向。我們認識到問題癥結後，決定改變公司導向，提高獲利能力。我們花了五年。首先，我們改革業務員的薪酬制度。業務員的薪酬不再取決於他們的銷售額，而是毛利。我們現在業務員明白這樣做是可能的了。不過我們發現，毛利不夠靈敏，因為毛利之下的成本相差很大。我們研究了幾個經典的麥肯錫客戶收益率分析後才明白。這樣一來，我們不得不再次改革薪酬制度，讓它真正以客戶收益率為基礎。這是因為食品服務配送是一條巨大的供應鏈，一不小心就會犯下追求數量的錯誤。[77]

唐至今仍擔任克萊頓．杜比利．萊斯投資公司總裁兼執行長，他一直十分推崇馬文的成就，認為馬文的方法對所有領導者仍然有很大的仿效價值：

如果我們能把這點裝進瓶子裡賣，一定能賣出好價錢。首先，他是一位以身作則的領導者。他獲得巨大成功，而且歷久彌新，堅持不懈。我就像朝聖一般認真向他學習。因為我深知他是多麼成功。他絕對不會高高在上地比手畫腳，不會說：「當然這不適用於我，但我覺得你應該如此。」他表裡如一，始終如此，而且非常成功。他執著的人生態度和對原則的堅持，無疑對我產生深遠影響。[78]

本章所講述「馬文學院」的「畢業生」，都表現出馬文所欣賞的領導風格：勇於大膽想像，並且把想像轉變為現實；喜歡調查實際情況；尊重人才，積極培養人才；謙虛聽取別人的意見；堅持明確的價值觀；總是尋求改善以面對瞬息萬變的世界，而不是取得一點小小成就後就止步不前。

其他還有許多人，也把領導力和知識從馬文的麥肯錫公司（見圖7－1）帶到新領域，略如下述。

2·6 BUSINESS

McKinsey mafia

The international management consultant does more than provide advice: its old boys wield power in boardrooms all over the world. But, say Rufus Olins and Matthew Lynn, the going is getting tougher

Alumni Directory 1995

圖7-1　麥肯錫幫（《週日泰晤士報》，一九九五年九月三日）

查克・艾姆斯

退休的艾克美・克里夫蘭公司董事長、克萊頓・杜比利・萊斯投資公司合夥人

如果你要堅持你的價值觀，必須放棄一些你喜歡的東西。但你必須堅持下去，不然你會一無所獲。我總能從馬文身上感受到他那一股堅持。[79]

約翰・班漢爵士

惠特貝瑞公司（Whitebread PLC）董事長

我在一九六九年加入麥肯錫公司，一直在那裡工作到一九八三年。當時公司所有的人無不受到馬文影響，從他對管理顧問這門專業性質的看法，他對將客戶利益放在第一位的重要性的看法，到他的一整套價值觀。我必須承認，這些東西影響我整個專業生涯。和馬文待在一起，你很快就會感受到他的影響力；如果我和馬文待在一起兩個小時，那就算是很長的時間了。在這兩個小時裡，他會告訴你他的想法，告訴你什麼是重要的，應該注重什麼，以及你應該問自己和客戶什麼樣的問題。雖然已經過去很久了，但是對於馬文所關心和感興趣的事情，我依然記憶猶新。

最值得注意的是，在我建立英國審計委員會（Audit Commission，相當於美國的國會預算辦公室）時，馬文的影響力指引著我。審計委員會是以非常接近公司的形式建立起來，監督審查幾乎所有的中央和地方政府開支，以及國民保健服務系統的開支，最後還得呈交報告。這些開支幾乎占了國民生產毛額的百分之二十。這個委員會是英國公共管理機構在上個世紀後半葉最出色的範本，直到二十年後還運行良好。我在建立這個委員會的過程中，套用馬文平時一直宣揚的紀律和原則。在這種

情況下，就是將英國的公眾視為客戶。儘管這個委員會多年來受到相當大的壓力（來自官僚機構和政治），但它一直堅持自己的原則，代表廣大的英國國民實施監督。

一九九四年，我寫了一本關於審計委員會的書，寄送一本給馬文。當時馬文已經九十一歲了，但他還是回覆我一篇長達八頁的評論，指出他對我的觀點有哪些贊同和反對之處。這真是讓我非常驚訝。馬文花時間閱讀並研究我對這個重要委員會的歷史記載，這體現他對自己信念的堅持。儘管我離開麥肯錫時，只是當時的四十位資深董事之一，而且此時我離開公司已有十年之久，但我確信，他非常了解我的狀況。他對我產生了巨大影響，我覺得他對幾乎所有和麥肯錫有關的人都有巨大影響。而實際上，我認為馬文在歐洲接觸的人和公司，比在大洋彼岸的人和公司更有影響力。

可以肯定的是，馬文的領導方式，以及關於領導是提供服務而非發號施令的理念，對我本人是巨大的影響力。我絕對相信，從那以後我所取得的任何成就，在很大程度上都應該歸功馬文。[80]

羅德瑞克．卡內基爵士（Sir Roderick Carnegie，就是羅德．卡內基）

TRA公司前主席

這些是我從馬文身上學到的：第一，不要只把賺錢當作人生目標。第二，不管從事什麼工作，心中都要有一個十年願景，並要明白為什麼用十年實現這個願景讓你產生成就感。第三，思維保持開放，不放過任何你過去從未想過的可能性。第四，牢記世界正不斷變化，你必須時時提高自身學養，始終保持警醒，因為很可能你需要新的可能性和新的思想。如果你的思維不夠開放，就會忘記它們或錯過它們。

當我回到澳洲經營一家大型礦業公司時，很清楚自己在接下來的十年裡要做些什麼。我要讓公司被視為一家負責任的礦業公司。因此，我要發掘新資源，這樣我們就不至於將世界上現有的資源消耗殆盡。所以我必須令人信服地闡明這道願景，因為若想成為一家負責任的礦業公司，有時需要在探勘方面花費大量金錢，而資金籌措可能非常困難，探勘工作也伴隨著風險。

我們必須知道如何明智而負責任地開採礦產，也就是說，不能浪費。一般情況下，開採出來的礦產中有很大一部分都被浪費掉了。我們公司不能接受這樣的經營方式。我們要創造最大價值，重新調整公司的活動，反週期經營（例如，利用良好的探勘價格獲利），並時時關注安全問題，因為採礦隨時有坍方的危險，我們必須不斷強調別做任何危及安全的事。

我們要盡可能合理地利用人才。這意味著必須信任他們，以他們滿意的方式最大限度地開發他們的潛能。

我們要在商業上具備生存發展能力，這並不是說一味追求利潤，而是要打好堅實的經濟基礎。最後，我們還要善於溝通。若想實現成為一家負責任的礦業公司願景，就得在制定和執行決策時，用這個願景驅動我們所有的員工，並且不斷宣傳和實現它。[81]

理查．卡瓦納

世界大型企業聯合會會長兼執行長

對我來說，馬文就像父親一樣。我剛剛加入麥肯錫時，對待人處世之道還一無所知。馬文關心他所建設和領導的公司。我覺得他真的是把公司當作一個大家庭。他是出色的導師，花很多時間教導我。他還會不嫌麻煩地幫助別人。在他退休時，促成我被任命為智庫布魯金斯（Brookings）董事會的董事。他是偉大的導師和領袖，改變了這個世界。[82]

榮恩．丹尼爾

退休的麥肯錫公司董事總經理

我從馬文身上學到這些東西：

一、共同的價值觀會產生巨大的力量。

二、領導者與下屬的溝通非常重要。

三、接受別人的建議和承認別人的成功也能帶來力量。[83]

喬治．戴夫利（已去世）

哈里斯圖形公司（Harris Graphics）董事長（一九三九～一九七二年）

我做每一個重大決定之前都要和馬文商量。[84]

羅傑．福格森（Roger Ferguson）

美國聯邦準備理事會（Federal Reserve）副主席

當我為未來的領導者演講時，每當提起領導力和偉大的領導者，總是以馬文為例。馬文之所以在被我視為典範的少數人當中非常突出，是因為：

● 他塑造麥肯錫文化的卓越能力；

- 他為了保持麥肯錫的非上市地位，在金錢方面自我犧牲；
- 他本可以用自己的名字命名公司，但出於精明和謙遜，他沒有這麼做；
- 他堅持不懈地利用一切機會向我們強調公司的價值觀，甚至對那些已經離開公司的人也是如此。人們有一種強烈的感覺，那就是他始終在員工身上，尋找並強化那些他認為並且被證明會為麥肯錫帶來成功的關鍵因素。

美國聯邦準備理事會有著濃厚的與公共服務緊密相關的文化和價值觀。我一直公開努力呼籲將表達意見納入我們的價值觀。不過我們不是那麼說的，而是把它說成一種根據分析提出獨立觀點，並將其置於最重要位置的義務。

我也希望我能給這裡的人留下一個關心他們的印象：關心他們如何工作、美國聯準會如何對待他們、他們如何對待美國聯準會、是否認為我們這家公共服務機構在履行自己的使命。然而，從一個非常真實和更加個人化的角度來說，我希望能以馬文採用的方式去做到這些事情。馬文會寫小紙條給員工，提醒他們該如何把工作做好。在這一點，我沒做到自己希望的那麼出色，但我希望至少能像他一樣擅長賞識員工取得的非凡成就，並努力注意到人的因素。

我在做的另一件事情，是努力使大家接受對我們最高層的主管也直呼其名。這是非常馬文式的觀念。這種觀念在這裡的效果不好，因為這裡人人都有自己的頭銜。真正重要的並非直呼其名這種作法本身，而是由此體現出來的沒有森嚴層級的文化環境。顯然在我們的機構中，有明確的層級區分，在麥肯錫也不例外。然而，在真正解決問題時，麥肯錫公司是沒有層級區分的。我覺得大家彼此直呼其名，就是有這樣一種象徵作用。說實話，我認為當美國聯邦準備理事會要著手應對國家所面臨的挑戰時，也應該沒有層級區分。正是出於這樣的想法，我在任何舉措和專案中，都會鼓勵那些恰好與我共事的基層員工直呼我的名字。如果沒有馬文的先例，我不會想到可以這樣做。允許別人直呼你的名字，等於發出一個清楚的訊息，即你不會濫用層級制度，實際上你歡迎別人批評你，至少是批評你的觀點，進而幫你找到更好的解決方案。[85]

麥克．傅雷舍（Michael Fleischer）

博根通訊公司（Bogen Communication）總裁

儘管我從未見過馬文，但他還是對我產生深遠影響。我在西點軍校時，他們教導我，一位將軍要讓他的部隊比自己先吃飽飯。在戰場上，這可是直截了當、生死攸關的事情。當我在麥肯錫公司看到同樣的價值觀，亦即把關心別人放在第一位，並且大家都說『馬文就是那樣做的』，我靜下來思考了一番。我把這個理念融入到公司領導，因而發現，這樣一來制定決策更容易了，更重要的是，建立積極、高效率和合乎道德的組織也變得容易多了。這就是馬文對我的影響。[86]

路易士．葛斯納

退休的ＩＢＭ董事長、卡萊爾集團（Carlyle Group）董事長

在商業方面：我認為馬文使我懂得確定一套指導員工行為原則的重要性。這比用一大堆程序和規章來領導要有效得多，特別是在像諮詢公司這樣的知識密集型公司裡。原則賦予員工一種正確意識，促使他們去遵守，並追隨遵守這些原則的領導者。這是我從馬文身上學到的。我把它帶到我工作過的每一家公司。ＩＢＭ是我施展所學最重要的地方，因為從某種意義上來講，它和麥肯錫一樣是一間知識型的公司。[87]

在社會方面：我記得三十五年前有一天，馬文來到我的辦公室問我：「你準備做點什麼回報社會呢？跟我來吧。」我們就公立學校改革的問題開了一場小會。至今我仍參與這項工作。[88]

亞伯特．高登

基得．皮博帝公司合夥人（一九三一～一九五七年）
基得．皮博帝公司董事長（一九五七～一九八六年）
基得．皮博帝公司榮譽董事長（一九八六～一九九四年）

馬文將與艾佛瑞德．史隆一起成為偉大的商業領袖，被人們所銘記。我們都從馬文身上獲益良多。我唯一勝過馬文之處就是多活了幾年。[89]

布魯斯．亨德森（Bruce Henderson，已去世）

波士頓諮詢集團創辦人

馬文促使我當初下定決心，最終完成了我的《亨德森論企業策略》（*Henderson on Corporate Strategy*）[90]

赫伯特．韓哲勒（Hurbert Henzler）

瑞士信貸銀行（Credits Suisse）副董事長

我正在嘗試把馬文對專業化的定義引入瑞士信貸銀行。[91]

瓊・卡然巴哈

卡然巴哈公司（Katzenbach and Associates）總裁

馬文像我的母親一樣對我影響巨大。[92]

史帝夫・考夫曼（Steve Kaufman）

退休的艾瑞電子（Arrow Electronics）董事長、哈佛商學院教授

馬文・鮑爾是麥肯錫公司偉大的創立者和領導者，當我在麥肯錫工作時，他能一口叫出我和內人的名字。我在麥肯錫擔任諮詢顧問的第三年，有一天馬文遞給我一封只有三句話的短信，對我為某一位客戶所做的工作表示滿意。我把短信拿回家給內人雪倫和只有三個月大的兒子傑瑞看，然後把它釘在牆上。它一直釘在那裡，直到八年後我們搬家時才被拿下來。馬文寫來短信、他能記住我的名字，以及這給我的感覺，讓我學到很多。

我努力嘗試在艾瑞公司的員工身上複製馬文對我的影響。我特地想了一些辦法記住員工的名字，或至少表面上如此。我在口袋裡放了一些三乘五大小的資料卡片，這樣就可以有備而來地叫出員工名字，提起一些個人化的事情。

我還虔誠地每個月在辦公室花上三十分鐘（我的助手確保為我安排下這段時間），寫短信給五到十名員工，對我聽說他們做出的成績或特別貢獻表示祝賀。

在一九九〇年代末，我即將離開艾瑞公司時，《紐約時報》登了一篇關於我的報導。之後的星期三，我收到馬文的來信，信中夾著他從報紙上剪下來的那篇報導，有的部分還加了圈點。信上說：

「《紐約時報》把你描述為高效率的管理者，這是不準確的說法，他們描述的是一位高效率的領導者，這比前者更難得、更寶貴。我為能在麥肯錫認識你而感到自豪。」

讀完信，我忍不住歡呼起來，打電話給雪倫，又把信貼在辦公室牆上。當時我年近六十歲，已經是一位大名鼎鼎的執行長，正處於事業顛峰，卻為了他的一封信得意忘形。[93]

我在艾瑞電子公司的目標是培養公司員工的自豪感，就像馬文在麥肯錫所做的那樣。這就是馬文．鮑爾帶給我的力量和餽贈。[94]

琳達．費恩．李文森（Linda Fayne Levinson）

GRP合夥公司高級合夥人

我是數家公司的董事會成員。過去一年中，我從馬文那裡學到的價值觀，幫我順利處理了一系列專業和公司治理方面的問題，而我的很多同事卻在困難時刻遇到很多麻煩。[95]

約翰．麥康柏

退休的塞拉尼斯公司董事長、退休的美國進出口銀行總裁

我覺得馬文對我和公司的每個人都產生深遠影響。我二十六歲開始在麥肯錫工作，如今已經快要七十五歲了，但還是能幾乎一字不差地用馬文的原話告訴你高層管理方式的涵義。他始終如一。他堅持公司一體經營的理念，並且始終把客戶的利益放在第一位。他就是那樣的人。[96]

李奧·穆林（Leo Mullin）

達美航空公司（Delta Air Lines）董事長兼執行長

羅夫·沃爾多·愛默生（Ralph Walso Emerson）說：「一家偉大的機構是一位偉大領導者的體現。」這在麥肯錫和馬文的例子中完全成立。[97]

安卓·皮爾森

百勝餐飲集團創辦人兼董事長

我從馬文身上學到的東西太多了。首先是領導者會對一家企業的工作氛圍產生巨大影響。儘管我在二十世紀初就從商學院畢業，但他們當時根本沒有教過有關工作氛圍、公司文化和公司經營情況的知識。馬文懂得公司文化的重要性，並將其上升到關係公司成敗的顯著高度。在麥肯錫，他努力營造一種吸引、激勵和留住人才的氛圍，這符合他的願景，亦即關於建設一家為《財星》五百大的高階主管提供服務的公司。麥肯錫的文化是建立在一整套價值觀的基礎上，特別是誠信和把客戶的利益放在第一位，絕不能為了做專案而做專案。

我想我從馬文身上學到的還有一點，那就是放心地將權力和責任移交給年輕人。我三十出頭就當上麥肯錫全球行銷顧問業務部領導人，和大多數大型消費品公司及零售商的執行長保持聯繫，馬文放心地把如此重大的責任交給我。

我還記得，有一次和馬文搭同一班火車，從我們的住處布朗克斯維爾，趕到通用食品公司所在地懷特普萊恩斯的情景。我對馬文說：「你希望扮演什麼樣的角色？」（他是公司的董事總經理，因此我不指望他事必躬親。）他說：「這完全取決於你啊。什麼是你不能做的就讓我來做吧。」他沒有食言。你不會感覺他提防你，或經常在事後批評你。如果你犯下一個錯誤，或是他發現你就要幹出蠢事，他會願意指明。如果他批評你，一開始你可能畏懼，但最終你會明白，他不是想為難你，而是希望你能有所進步。你會感到他信任你，不然他不會這樣委與重任。這在我多年的工作中對我幫助很大。當我離開百事公司時，不少三十多歲的人已經開始負責經營數億美元規模的業務，那可是意味著幾十億美元的決策和收入啊。[98]

約翰．索西爾（John Sawhill，已去世）

大自然保護協會（The Nature Conservancy）會長兼執行長

馬文使我相信合作的力量不容小覷。在大自然保護協會裡，我們的理念是以多方共贏的方式解決問題，絕不採取對抗的方式。[99]

馬文對我的影響，主要是強調組織價值觀的重要性。我始終認為，對一位組織領導人來說，至關重要的是要向組織內的人員明確告知組織所贊同和支持的價值觀。[100]

費德瑞克．雪佛（Frederick Schieffer，已去世）

安聯保險公司（The Allianz AG）董事長

馬文的影響力證明了，麥肯錫擁有融合或培養見多識廣的人才的巨大能力。這是透過工作、調派、自由交流、顧問業務部和委員會等手法多管齊下才得以實現。公司員工的言行舉止都各具特色。這正是我努力在安聯複製的特色。[101]

克勞斯・祖明克（Klaus Zumwinkel）

德國郵政公司（Deutsche Post AG）董事長

我十四年前來到德國郵政時，主要目標就是為每個人提供優質服務。我從馬文身上學到的是價值觀、始終如一和積極溝通所具有的強大力量。幾個星期後，當我和公司的五百位高階主管談到公司文化的重要性時，我講到我們的核心價值觀，它們是：

一、提供優質服務，我想馬文也肯定這麼說過。

二、幫助顧客取得更大成功，在麥肯錫顧客就是客戶，這條價值觀是我從馬文身上學到的。

三、營造開放的氛圍，在麥肯錫，馬文稱之為發表異見的義務。事實上，在解決問題時不應論資排輩。

四、工作時始終明確重點之所在，馬文稱之為「我們這裡做事的方式」。

五、企業家精神。馬文說過：「每一名合夥人都是領導者。」

六、不管在公司內部還是外部，都要誠信行事，馬文稱之為專業化。

七、承擔起社會責任，馬文稱之為「成為社區的一分子」。[102]

我認為，世界上的每個人都有一份責任，那就是要盡其所能地協助提高我們民營企業的實力、生產力和性格塑造能力。我覺得我有義務將自己經驗的精華部分與別人分享。

——馬文・鮑爾，一九六六年[103]

後記

我本人第一次聽說馬文．鮑爾是在一九六二年，那時我才八歲。家父是一位數學家，任普渡大學（Purdue University）教務長。當時他正與馬文合作一項通用汽車學院專案。父親提起馬文時，敬重之情溢於言表，一如約翰．馮．諾伊曼（John von Neumann）。這一點讓我很好奇。兩年後，十歲的我過早就對製造產生興趣，因此有幸和馬文碰面，從他口中了解到，商業也可以是一門受人尊敬的寶貴事業。雖然我是成長於一個重視學術高於商業的環境。

大約十四年後，馬文打電話到我位於麻省理工學院研究所的辦公室，歡迎我接下麥肯錫諮詢顧問的新工作，還問起我在學校裡的狀況。當我意識到自己正是接到馬文的電話，立刻站起身來。當時我的導師正好在辦公室裡，問我是誰來電，我回答是馬文。他說：「妳是應該站起來接。馬文．鮑爾就該得到妳這等尊重。」

我進入麥肯錫後，接到第一項任務，有幸成為馬文領導的小組成員。他鼓勵我們不要局限於蒐集並分析專案的基本訊息，這番話隨即打開我的思路，這種力量正是源於他尊重這個組織與它的成員。每一次和馬文交談之後，我都會感到自己渾身是勁。我親眼看到他運用這種力量，改變了底特律的一家機械工具公司，徹底翻轉它的基本定位和特性，朝積極方向發展。

幾年後，當我離開麥肯錫自行創業時，我發現，每遇到艱難抉擇時，自己都會這麼想：「如果是馬文，他會怎麼做？」必要時，我還會請教馬文。他總是樂於助人，見解深刻。

當我四十八歲時，馬文已是九十八歲高齡，我終於鼓起勇氣動手撰寫這本書。我打電話給他，探問能否一起寫作他的傳記。我解釋說，我覺得這件事非常重要，而且我已經醞釀了將近二十年。一開始，他有些猶豫，因為當時他正在寫自己的回憶錄，同時進行兩項專案他感到有些困難。不過，他還是邀請我到佛羅里達，商討寫作傳記的可能性。

我坐在南下的班機上，一想到終於有可能寫一本書（當時我還只寫過一些文章），向更多讀者介紹馬文．鮑爾的過人智慧和遠見卓識，既感忐忑不安，又感欣喜萬分，兩種矛盾感受交織在心頭。一方面，我覺得應該讓年輕人讀一讀馬文的故事，並透過這些故事認識他，因為他的專業精神和性格堪稱引人入勝的榜樣。另一方面，我不想因此影響馬文為家人撰寫的個人回憶錄（當時他已高齡九十八）。在整段航程中，我不斷深呼吸，前一刻想到馬文應該知道怎麼處理，心中頓感安慰。但這種寬慰無法持續太久，下一刻又開始擔心他的記憶力可能早就衰退，搞不好早就忘了我是誰，畢竟我們已經十多年未曾見面了。

我下了飛機，來到馬文的辦公室。這裡與他的公寓僅一街之隔。當我走進辦公室，發現他一如既往地穿戴整齊。我們互相致意時，他直視著我的雙眼。引起我注意的不是他的年齡和姿態，而是我很熟悉的凝視和他眼中閃爍的光芒。這實在太驚人了。辦公室牆上掛著他最喜愛的畫《運動的力量》（*Forces in Motion*），他看到我盯著那幅畫於是笑了，告訴我這幅畫是一九五〇年代他在倫敦花五十七美元買來的，因為他非常喜歡這幅畫的名字。

我們在書桌就座。我問他手上事情的進展，他說第二任夫人克蕾歐過世前，他曾經答應她要完成自己的回憶錄。我們一起看他的手稿，並討論還需要完成哪些地方。

然後我們就談到撰寫傳記的可行性。我對他解釋，第一步是採訪受他影響的人。從他們口中蒐集「馬文的故事」。挑戰在於，要把這些故事融合在一起，而不只是羅列一大堆獨立事件。它們將展現以誠信為基礎的商業價值觀，帶給讀者強烈的教育意義。我拿出一些蒐集到的故事讓他過目。

馬文看了幾則，並用藍筆批注幾處，然後就說該吃午飯了。他拄著枴杖，我們一同走出辦公室，穿過馬路到他家中。他先是帶我四處參觀，把家裡的每一樣東西都說是克蕾歐的功勞。馬文深愛第二任夫人克蕾歐與自豪之情溢於言表。然後，他又帶我參觀整棟公寓，詳細講解我根本就不曾注意到的各處風景。

午餐期間，有幾個人過來打招呼。喬治．戴夫利的遺孀茱麗葉．戴夫利也過來了。她和馬文都笑著說好久不見。馬文將我介紹給對方，說我正在替他寫傳記。因為稍早我們討論時，他並未給我明確肯定或否定的答案，所以一聽到他這番介紹，我當下又驚又喜。然後他問我是否知道喬治．戴夫利和茱麗葉．戴夫利，我驕傲地說：「當然知道。喬治是哈里斯打字機公司董事長，後來把公司改名為哈里斯圖形公司。您加入麥肯錫之前曾找他商量。茱麗葉將是我開始寫這本書時，需要採訪的關鍵重要人物。」馬文高興地笑開。我已經多年沒有聽到他的笑聲，但此刻感覺依然如此熟悉。吃完午餐，我們又回到他家，約好兩週後再見面討論這兩本書。至此，我們的合作旅程已經啟航。馬文積極參與並鼓勵我寫作他的傳記，而我則幫助他完成自己的回憶錄。

二〇〇二年大部分時間裡，我都有幸和馬文緊密合作，而他也再一次激勵並感動我。他總是那樣謙遜（「我想人們大概不太願意花時間與妳談論我」）和嚴謹（「那一年是一九六七，不是一九六六」）。他精力充沛，而且堅持有效利用時間（「我總是七點起床，因為有太多事情得做」）。

當我持續蒐集、編輯關於馬文口述和其他人說明的資料時，發現當今許多領導者都對他滿懷感激，因為他曾幫助他們認識到，最重要的是價值觀的力量。他們像我一樣，在遇到重大決策關頭時，總會想想：「如果是馬文，他會怎麼做？」

二〇〇二年四月至九月間，我完成大量訪談，拜會九十二名曾與馬文在麥肯錫公司或在客戶組織共事過的對象，直接深入了解他們的經歷，以及馬文如何影響他們。那段時間裡，我也常常和馬文碰面，討論訪談得到哪些資料、哪些人接受我的訪談。在我訪談某人之前，他會出示兩人之間的往返信件或文件，訪談完後又會閱讀我的訪談筆記。最終，一共有一百多位高階管理者和商界領袖在百忙中抽空一小時，甚至一天，接受我的訪問。每次我拜訪馬文時，同時也會花時間討論他的回憶錄寫作情況。

二〇〇二年九月至十二月，馬文一直在閱讀、批注本書的第一部分，並偶爾修改幾處。我們還花了一些時間討論第二部分的故事。他向我指出，在客戶案例研究和受他影響的領導者成功事例中，什麼因素才是關鍵。

十二月的最後兩週，我陪著馬文赴醫院就醫、在家中接待訪客，並讀信給他聽（商界名人幾乎全都寫信來了）。誰知道，這是我們在一起度過的最後兩週。這期間，有一次我拜訪馬文時，他從病床上坐起身來，手裡握著這本書的草稿並看著我說：「它一定得是原汁原味，而且一定要產生影響力。」一剎那間，我感覺到肩上的責任很重，不禁自問，我會不會讓馬文失望。我思索片刻，回望著馬文，肩上的壓力消失了。我說：「馬文，這是關於你的書，肯定是原汁原味，而且肯定有影響力。」他笑著閉上雙眼。

許多受馬文影響的人，都認為他見識非凡。對於我們這些有幸結識他的人來說，他的商業價值觀、誠信和對人的尊重，都會被永遠銘記在心。對於沒有機會直接接觸馬文的未來領導者而言，本書提供了來自曾與馬文共事的領導者的第一手資料。我衷心希望，本書記錄了馬文永恆的智慧與洞察力，能完整呈現在讀者眼前。

〔附錄一〕年表

	馬文．鮑爾	世界大事
一九〇三	出生於辛辛那提，搬家到克里夫蘭	福特汽車公司成立
一九〇六	大弟威廉．鮑爾出生	第一次世界大戰結束；伍德羅．威爾遜（Woodrow Wilson）總統宣布成立國際聯盟
一九一五		蒙大拿州選出第一位女性參議員
一九一八	與海倫．麥克勞琳相識	
一九二〇		愛因斯坦（Albert Einstein）獲得諾貝爾物理學獎；哈波（Hubble）發現星系不斷相互遠離
一九二五	畢業於布朗大學，獲得經濟學和心理學學士學位	
一九二六	母親卡洛妲．鮑爾去世	

一九二七	與海倫結婚	
一九二八	畢業於哈佛法學院，獲法學學士學位；獲俄亥俄州和麻薩諸塞州的律師執業資格	
一九二九	海倫・鮑爾當選該年度校長；馬文為約翰・戴維斯律師事務所（John W. Davis）工作	
一九三〇	畢業於哈佛商學院，獲ＭＢＡ學位；一九三〇～一九三三年在眾達律師事務所執業；彼得・鮑爾出生	華爾街股市崩盤，經濟大蕭條開始
一九三三	加入詹姆士・奧斯卡・麥肯錫會計與管理工程事務所	阿道夫・希特勒（Adolf Hitler）出任德國總理；禁酒令解除；羅斯福實行新政
一九三四	理查・鮑爾出生	
一九三五	出任詹姆士・奧斯卡・麥肯錫紐約分公司經理	
一九三八	詹姆士・麥肯錫・鮑爾出生	
一九三九	領導從麥肯錫—威靈頓公司收購麥肯錫公司；同意加入哈佛商學院訪問學者委員會；擔任哈佛商學院院長顧問委員會成員	第二次世界大戰在歐洲爆發；西考斯基（Sikorsky）造出第一架實用的直升機
一九四二	成立諮詢管理工程師協會；當選哈佛商學院協會會長	

一九四五	擔任布朗克斯維爾學校管理委員會成員（一九四五～一九四八年）	歐洲宣布第二次世界大戰勝利；聯合國成立
一九四九	父親威廉・鮑爾去世	
一九五〇	當選麥肯錫董事總經理	第一架使用噴氣式飛機的定期客運航班出現；沙克（Salk）研製出沙克疫苗
一九五七	第一個孫女麗莎・鮑爾出生	
一九六〇		五千名MBA畢業生
一九六二	獲任布朗克斯維爾計畫委員會成員；擔任通用汽車學院訪問學者委員會成員（一九六二～一九六五年）；擔任布魯金斯研究院商業專案顧問委員會成員（一九六二～一九六五年）	約翰・格倫（John Glenn）搭乘太空船環繞地球飛行；古巴飛彈危機
一九六七	交出董事總經理大位；出版《管理的意志》；擔任經濟學教育聯合會主席（一九六七～一九六八年）	
一九六八	擔任凱斯西儲大學校董會董事長（一九六七～一九七一年）；當選布朗大學校董會董事（一九六七～一九七三年）；當選紐約醫學院校董會董事；出任管理顧問協會會長	

一九七〇	當選經濟發展委員會理事（一九七〇～一九八五年）	IBM公司發明軟碟機
一九七四	出任佛羅倫斯．V．波頓基金會會長	發明電腦分層造影掃描技術；微軟公司成立
一九八〇	擔任耶魯大學經濟成長中心顧問委員會委員	催生網際網路的通訊協議出現，泰德．透納（Ted Turner）建立美國有線新聞網
一九八四	在哈佛設立鮑爾獎學金專案	
一九八五	擔任美國生活宗教與哈佛商學院協會理事	
一九八五	海倫．鮑爾去世	
一九八八	與克蕾歐結婚	
一九八九	入選商業名人堂	柏林圍牆倒塌
一九九二	從麥肯錫公司正式退休	
一九九四	當選國際管理學會會員	
一九九五	哈佛商學院設立馬文．鮑爾講座	
一九九七	出版《領導的意志》；當選Harbor's Edge董事	
一九九九	彼得．鮑爾去世；克蕾歐去世	歐元成為新的歐洲通用貨幣
二〇〇〇		十萬名MBA畢業生
二〇〇三	馬文．鮑爾去世	

哈佛商學院	
一九〇六	經濟學家艾德恩・蓋伊（Edwin Gay）建議成立一所公共服務與商業學院
一九〇七	A・勞倫斯・洛厄爾（A. Lawrence Lowell）和F・W・陶西格（F.W. Taussig）贊助成立一所商學院
一九〇八	公司投票決定成立一所企業管理研究學院，艾德恩・蓋伊被任命為院長；學院將商業正式定義為製造商品以出售獲利的活動；為一年級學生規畫的課程包括會計、商業合約、美國經濟資源和選修課程（例如鐵路管理等）；由約翰・洛克斐勒（John D. Rockefeller）創立的紐約公共教育委員會（General Education Board of New York），答應每年出資一萬二千五百美元 一九〇八～一九一八年：成立商業研究中心
一九〇九	商學院訪問學者委員會組成，其中包括歐文（Owen Young）、通用電氣和林肯・法林（Lincoln Filene）
一九一一	開設第一門有關印刷業的課程
一九一三	學校獲得獨立管理權
一九一六	開設第一門有關木材業的課程
一九一九	波士頓銀行家華萊士・唐漢出任院長，他是哈佛法學院畢業生；第一次世界大戰結束後入學人數大增

一九二〇	商業研究中心開始蒐集案例；唐漢院長和教職員尋找出版商出版「問題書系」（problem books）
一九二二	設立博士學程；發行《哈佛商業評論》
一九二四	喬治・貝克捐資五百萬美元，在查爾斯河的波士頓側興建哈佛商學院新校區；案例教學法成為首要教學方法
一九二五	唐漢敦促教職員做出更好的案例分析
一九二七	新校區落成；貝克圖書館完工
一九二八	新增一門商業倫理選修課；授與第一個商學博士學位
一九二九	哈佛和梅堯（Mayo）教授的工業研究部與西部電氣（Western Electric）合作，在霍索恩工廠進行測試
一九三五	盧修斯・N・李特爾（Lucius N. Littauer）捐資二百萬美元成立公共管理學院
一九三六	在哈佛建校三百週年之際，普利茅斯汽車公司（Plymouth Motor Company）捐贈了一座該公司製造設施的立體模型，喬治・杜洛特（George F. Doriot）接受此贈禮
一九四一	哈佛商學院為政府工作人員和國防相關人員開設工業管理課程
一九四二	唐納・大衛被任命為院長
一九四三	哈佛商學院提供戰時培訓；哈佛商學院邁爾斯・梅斯（Myles Mace）教授和羅伯特・麥納瑪拉（Robert McNamara）教授，開始為空軍到歐洲巡迴教授統計學；由於第二次世界大戰，所有常規教學暫停（一九四三～一九四五年）

一九五〇	依照科目而非專業重新編排課程
一九五五	史丹利・蒂爾被任命為院長，奧德里奇與奎斯吉禮堂（Aldrich and Kresge Hall）落成
一九六二	喬治・貝克被任命為院長
一九六三	女性被允許攻讀企業管理碩士一年級課程
一九六四	學院安裝第一臺電腦
一九七〇	勞倫斯・佛雷克被任命為院長
一九七八	艾佛瑞德・錢德勒（Alfred Chandler）所著《看得見的手》（*The Visible Hand*）獲普立茲獎和歷史學班克洛夫特獎（Bancroft Prize）
一九八〇	約翰・麥克阿瑟被任命為院長
一九八五	湯瑪斯・麥格勞（Thomas McGraw）所著《規律的先知》（*Prophets of Regulation*）獲普立茲獎
一九九三	哈佛商學院出版社成立
一九九五	金・克拉克（Kim Clark）被任命為院長
一九九六	首次使用電子案例
一九九九	在香港和布宜諾斯艾利斯設立國際研究辦事處
二〇〇三	亞瑟・洛克企業家中心（Arthur Rock Center of Entrepreneurship）成立

麥肯錫公司

一九二六	詹姆士・奧斯卡・麥肯錫建立一家會計與管理工程事務所；阿莫爾公司（Armour and Company）成為第一位客戶
一九二九	湯姆・科尼加入麥肯錫，成為第一位合夥人；詹姆士・奧斯卡・麥肯錫出版《會計原理》（*Accounting Principles*）
一九三三	馬文・鮑爾加入麥肯錫
一九三五	馬文・鮑爾成為麥肯錫紐約分公司經理；詹姆士・奧斯卡・麥肯錫加入馬歇爾・菲爾德，擔任執行長；詹姆士・奧斯卡・麥肯錫與威靈頓公司合併
一九三七	詹姆士・奧斯卡・麥肯錫去世；美國鋼鐵公司專案結束（占公司收入百分之五十以上）；馬文・鮑爾撰寫《基本培訓指南》
一九三九	兩家合夥企業建立：麥肯錫公司（紐約和波士頓）；麥肯錫—科尼公司（芝加哥）
一九四二	公司成員入伍參戰，由超過徵兵年齡的員工替代
一九四四	舊金山分公司成立；第一項交叉培訓專案啟動
一九四七	科尼公司同意改名為Ａ・Ｔ・科尼公司；馬文和合夥人一起買下「麥肯錫公司」名稱在全世界的所有權；芝加哥分公司成立
一九四九	洛杉磯分公司成立
一九五〇	馬文・鮑爾擔任董事總經理

一九五一	華盛頓分公司成立
一九五二	麥肯錫公司為艾森豪總統完成有關白宮幕僚人員配置的諮詢專案；討論成立麥肯錫基金會
一九五三	開始召募ＭＢＡ
一九五四	實施諮詢顧問「不晉升就出局」政策；入門培訓專案啟動
一九五五	麥肯錫公司成立管理研究基金會，推出哥倫比亞系列講座
一九五六	第一次進行國際性諮詢專案
一九五九	倫敦分公司成立
一九六一	歐洲大陸分公司成立
一九六二	任職四年的諮詢顧問開辦墨爾本分公司
一九六三	克里夫蘭分公司成立
一九六四	阿姆斯特丹、杜塞朵夫和巴黎分公司成立；招募第一位女性諮詢顧問；招募第一位溝通專家
一九六六	歐洲大陸分公司關閉；蘇黎世分公司成立
一九六七	馬文．鮑爾退位；吉爾．克里獲選董事總經理
一九六八	吉爾．克里去世；李．華頓當選董事總經理
一九六九	研究多種與客戶合作的模式；啟動太空總署專案；米蘭分公司成立

一九七〇	墨西哥分公司成立；收購一家技術公司
一九七一	東京和雪梨分公司成立；提出BIPI（bold, imaginative, professional, initiative，大膽、想像、專業、主動）
一九七二	哥本哈根分公司成立
一九七三	阿爾・麥克唐納（Al McDonald）當選董事總經理；史丹佛分公司成立；關注新的成本重點；公司退出諮詢管理工程師協會
一九七四	加拉加斯和達拉斯分公司成立
一九七五	慕尼黑和聖保羅分公司成立；加拉加斯分公司關閉
一九七六	榮恩・丹尼爾當選董事總經理；阿爾・麥克唐納加入卡特政府，成為白宮幕僚長；休士頓分公司成立
一九七七	漢堡和馬德里分公司成立；聖保羅分公司成立；大力推動人才培訓
一九七八	亞特蘭大分公司成立；選出第一位女性合夥人
一九七九	法蘭克福、布魯塞爾和斯德哥爾摩分公司成立
一九八一	大阪分公司成立；提出價值觀
一九八二	加拉加斯分公司成立；湯姆・畢德士（Tom Peters）和鮑伯・華特曼出版《追求卓越》
一九八三	匹茲堡分公司成立

一九八四	奧斯陸分公司成立
一九八五	香港和里斯本分公司成立
一九八六	日內瓦和斯圖加特分公司成立
一九八八	佛瑞德·格魯克當選董事總經理；羅馬、明尼阿波利斯、聖保羅和聖荷西分公司成立
一九八九	選出第一位女性董事；強化專注顧問業務和專門行業；收購一家技術公司；維也納分公司成立
一九九〇	一九九〇～一九九九年，共有三十五家分公司成立
一九九二	馬文·鮑爾正式退休
一九九四	顧磊傑當選董事總經理
一九九五	公司內部舉行顧問業務奧運會
一九九七	成立商業技術部
二〇〇〇	專注推動人類使命；二〇〇〇～二〇〇三年：新成立二家分公司
二〇〇三	伊恩·戴維斯（Ian Davis）當選董事總經理

〔附錄二〕

生平簡介

出生

一九〇三年八月一日，俄亥俄州辛辛那堤。

教育

- 布朗大學，學士，一九二五年。
- 哈佛法學院，法學學士，一九二八年。
- 哈佛商學院，企業管理碩士，一九三〇年。

一九二七年與海倫・麥克勞琳結婚；海倫・鮑爾於一九八五年一月去世。

一九八八年與克蕾歐・德・維茨・史都華結婚；克蕾歐・鮑爾於一九九九年八月去世。

三個孩子

- 彼得・杭亭頓・鮑爾（已去世）。

- 理查・漢彌爾頓・鮑爾。
- 詹姆士・麥肯錫・鮑爾。

六個孫子，十個曾孫（他逝世時是九個）。

逝世

二〇〇二年一月二十二日，佛羅里達州德拉海灘。

職業生涯

- 一九三〇～一九三三：在俄亥俄州克里夫蘭的眾達律師事務所擔任公司法執業律師，擁有俄亥俄州和麻薩諸塞州的律師執業資格。
- 一九三三：加入詹姆士・奧斯卡・麥肯錫新成立的會計與管理工程事務所，當時只有兩處分公司和十五名員工。馬文於一九三五～一九五〇年擔任紐約分公司經理，一九五〇～一九六七年擔任公司董事總經理，之後應合夥人要求繼續為客戶和公司服務，直到一九九二年正式退休。

其他職務

- 凱斯西儲大學校董會董事、董事長（一九六八～一九七一）
- 布朗大學校董會董事（一九六八～一九七三）
- 經濟學教育聯合會主席（任期最長的主席）（一九六七～一九八六）

- 經濟發展委員會理事、副主席和執行委員
- 通用汽車學院訪問學者委員會委員（一九六二～一九六五）
- 耶魯大學經濟成長中心顧問委員會委員
- 紐約布朗克斯維爾學校管理委員會委員（一九四五～一九四八）
- 布魯金斯學院商業專案顧問委員會委員
- 佛羅倫斯．V．波頓基金會會長
- 美國生活宗教與哈佛商學院協會理事
- 國際管理學會會員
- 哈佛商學院協會理事
- 哈佛商學院訪問學者委員會委員、主席
- 哈佛商學院院長管理顧問委員會主席

所獲榮譽

- 獲得哈佛商學院頒贈「傑出服務獎」（一九六八）
- 美國管理顧問協會的創立會員與首任會長（一九六九）
- 哈佛大學三百五十週年校慶時獲頒哈佛獎章（一九八六）
- 入選《財星》雜誌商業名人堂（一九八九）
- 哈佛商學院設立馬文．鮑爾領導力培養專業講座（一九九五）

●入選布朗大學「改變一個世紀的校友」（二〇〇〇）
●著作《管理的意志》於一九六六年出版，二〇〇二年獲《商業辭海》選入歷史上最重要的七十部商業著作

著作

●《管理的意志》（麥格羅．希爾出版，一九六六年），已有德語、法語、瑞典、芬蘭、西班牙與日語等多國版本
●《認識麥肯錫》（*Perspective on McKinsey*，麥肯錫公司出版，一九七九年）
●《領導的意志》（哈佛商學院出版，一九九七年）
●《回憶錄》（*Memoirs*，自費印刷，二〇〇三年）
●為數眾多有關行銷和一般管理的文章

〔附錄三〕

馬文在一九六四年麥肯錫合夥人大會的發言

演講人：馬文．鮑爾

年度會議

紐約，塔利頓

一九六四年十月十六、十七日

馬文．鮑爾：從上次開會大家歡聚一堂至今，我們已經因為死亡而痛失兩位資深董事。一位是霍華德．史密斯（Howard Smith，也就是艾力克斯），在他的事業接近尾聲時，癌症奪去他的生命；另一位是鮑伯．霍爾（Bob Hall），在事業如日中天之際卻突然早逝。這兩位都曾經為我們今天的成就付出巨大貢獻，本人謹在此對他們表達由衷敬意。我會具體說明他們的貢獻，使大家能更真切地了解。

多年來，在我參與的各場討論中，一直努力將所有會議濃縮為一個主題，即公司和個人所扮演的角色，以及公司的計畫之於個人有何意義。多年前我這麼做時，會事先做好非常充分的準備，除了寫下具體內容，還會牢牢記在腦中。但是我開了這麼多年的會議之後發現，人人對我想表達的內容早已耳熟能詳，所以我也學聰明，不再準備長篇講稿了。我所做的就是一些筆記。如果你們看到我所做的那一大堆筆記，肯定下巴都要掉下來。我試著總結以前說過的話，濃縮成「公司對於個人的意義」這個大方向，我發現這麼做的效果反而更好。當然，總會有些事情不能完全概括，但是我今天就打算這麼做，努力圍繞著上述主題，依照這個方式開這場會議。

第一代畢肯斯菲爾德伯爵（Earl of Beaconsfield），也就是眾所熟知的班傑明・迪斯雷利、偉大的英國首相，曾說過，成功的祕訣在於不易其志。我們公司長期以來一直把這句話當作指引明燈，永遠堅持我們的目標。所以我的主題就是：人人身為公司的一分子，應該如何更強烈地堅持公司目標。

當然，公司目標已經在此討論過了。過去幾天，我們已經確立了未來的兩大目標：第一個最主要的目標是以高明的手法解決組織問題。請留意，我指的不是公司，也不是企業，而是更廣泛的指涉對象。潛在客戶以公司企業為主，並不意味它們就是我們唯一的目標。約翰・嘉拉格（John Gallagher）指出我們的弱點在於關係面，因此我們的目標不只是服務公司企業，還要服務政府部門和其他組織機構。第二個目標是持續提升規模、水準和獲利。我想，我們為了吸引、留住實現目標所需要的人才，前述的三個方面都要做到。因此，這兩個目標是相關聯的，我們該做的事正如迪斯雷利所說，堅持目標。

我們的第一位發言人談到跨國公司，在此我也想簡要回顧一下我們這家跨國公司的經營狀況。我們在美國已經有六家分公司，在英國一家，這一點各位應該已經從分公司領導人的發言中得知。另外，我們在日內瓦、阿姆斯特丹、巴黎及最近在杜塞朵夫也設立分公司。有人問我，杜塞朵夫分公司什麼時候開業，我說，一旦準備好辦公設備就會盡快開業。現在他們已經租好地點，我們也打電報告知我們的選擇，所以開業指日可待。巴黎的辦公室正在興建中，團隊即將進駐，阿姆斯特丹可說是一塊寶地，今年夏天這兩處我都去過了。當然，日內瓦的人手減少了，因為被調派到其他分公司去。這就是老話所說，按照既定計畫行事。

如今，我們這家跨國企業有一個非常顯著的特點，那就是一體化經營。整家公司不僅在目標、態度和理念凝聚一體，在法人實體上也是一體。這一點頗讓那些法律和稅務專家驚訝。他們不明白我們究竟是如何實現這個概念。其實，正是賴瑞和我們在各個國家的律師和稅務專家們，將這個可能性化為事實，而且很重要的一點是：只要我們能走到這一步，就會希望繼續保持這種單一實體狀態。或許有時候我們進軍某些國家時，有必要設立子公司，但同時也希望這些子公司不至於妨礙我們成為一體化的跨國公司。我們將努力忽視法人實體這個說法，將它歸諸於法律語言的問題。我們目前還不需要走到那一步，而且正因擁有共同標記而欣喜。但是，比起法律上的安排，更重要的是，事實上大家對公司一體化也都有志一同。我認為這是卓越非凡的發展，是巨大的實力來源。

回想一下這幾天的經過，我想大家很少聽到，舉例來說：這家分公司的利潤和那家分公司的利潤誰高誰低、這家分公司做了某件有損那家分公司的事等等。這就是一家跨國公司巨大實力的體現，是我們希望保持，而且必須發揚的精神。我想，我們做到了目標一致和公司團結，值得大大讚揚。而且這並不是偶發事件，而是許多人的努力。艾力克斯．史密斯就是其中一位，他付出偌大的努力。艾力克斯是紐約分公司經理，他的同仁不斷被調派到其他分公司，但艾力克斯沒有反對，因為他體認到，這種作法對於跨國企業而言具備何等價值。艾力克斯身為分公司經理，並未擔心自己執掌單位的利潤，這種氣度對整家公司都有很大影響。艾力克斯的行為正是我們的典範。

那麼，正在努力實現這兩大目標的我們，是一群什麼樣的人呢？我這裡有各式各樣的數據可以說明。這些可都是統計到昨晚的最新數據呢（笑）。比爾・華茲（Bill Watts）可能是海外最新加入公司的一位夥伴，而那個職缺也有好幾名競爭者角逐。我手上的數據顯示，我們有二百五十名諮詢顧問，淨增二十四名，有五十名全職行政管人員，二百六十三名營運人員。也就是說，整家公司共有五百三十八名員工。現在，我們的員工遍布全球，而且是來自各個國家。我這裡只有諮詢顧問的國籍，包括二十三名英國人、四名瑞士人、二名法國人、三名澳洲人、二名義大利人、一名德國人、一名瑞典人、三名荷蘭人、一名紐西蘭人、一名加拿大人，還有一名即將加入美國籍的南斯拉夫人。在一共二百五十名諮詢顧問中，這四十二名屬於境外國籍，剩下的則都是美國人。由此看來，可見得人員比率正在迅速變化，正如修所說，未來可能還將繼續迅速變化。

除此之外，我們這群正努力實現這兩大目標的人，還可以如何描述自己？這裡我還有一些關於教育背景的數據。教育之所以重要，不僅是因為它塑造我們大腦的品質，也因為它證明了我們擁有動力、主動性、雄心、決心以及其他因素。正是這些因素使我們這群人獲得這麼多學位。我手上沒有行政管理和經營人員的教育背景，他們其實也獲得很多學位。在高等教育層面，我們一共獲得二百四十七個學位，十四個博士、九個法學學士、十五個文學碩士、二十三個理學碩士，以及一百四十八個來自各個商學院的企業管理碩士（笑），包括哥倫比亞二個，華頓九個，史丹佛十個，哈佛九十九個，其他二十八個。從哈佛大學畢業的九十九人當中，有三十九人直接來自哈佛商學院。

我想，如果你抽取上述二個、九個或十個人做一次統計，比率也都大致一樣。可能華頓這個比率是百分之百，我還沒有具體算過，不過我不這麼認為。無論如何，正在努力實現兩大目標的我們，如今共獲得四百六十一個學位，這個數字比學位本身還具有說服力。

我們在實現這兩大目標的過程中，正在服務哪些客戶呢？接下來我還是告訴大家截至十月八日為止的數據。至十月八日為止，我們一共有一百四十七位客戶。現在我們的客戶可能更多了，因為列舉的數字尚未包括可口可樂。不過，可口可樂公司的專案我們還沒正式開始，你們可能會想到其他即將開始的專案。我不想談過去的客戶和將來可能會服務的客戶，我要談的只是截至十月八日為止，我們正在服務的客戶。這是我們在實現兩大目標的過程中，正接受服務的客戶簡要分析。

我們最大、最重要，也可能是最艱難的專案，就是服務空軍系統司令部（Air Force Systems Command）。說它大，是因為這是一項龐大的工程，參與者眾多；說它重要，是因為這關係到自由世界的優勢，以及美國政府的償付能力（笑）。如果中國人向我們發射導彈，而我們自己的導彈卻尚未準備好的話，那我們就真的遭殃了。而且，如果我們不能幫助空軍部隊以更低廉的成本購買導彈，那我們也會完蛋。因此，這兩方面都要注意。請記住，赫魯雪夫（Khrushchev）說過他將葬送我們的經濟，但現在經濟發展卻在葬送赫魯雪夫。我們必須控制成本，同時還要使導彈部署就位。這項任務意義非凡，我們在其中承擔著重要的責任。

我們最不尋常的專案是為國際勞工組織（International Labor Organization）服務，它的成員不僅包括自由世界的國家，也包括共產國家。我們已經做了一個關於組織結構的專案，案子本身還在進行，也在實施當中。這是最不尋常的專案，也是聲譽極佳的專案。

在企業界，我們也有許多客戶，現在我按產業分門別類，稍微說明一下。有些在前面已經提過，但是我想有必要看看，如今我們是在為誰努力實現這些目標。在石油業，有德士古公司、紐約標準石油公司（Standard Oil Company of New York，Socony）、殼牌麥克斯英國石油公司（Shell Mex B.P.）、印第安納標準石油公司（Standard of Indiana）、美國潮帶公司（Union Tidewater），還有其他許多公司，在此就不一一列舉。在化工業，有美國聯合碳化物公司、富美實（FMC Corp.）塞拉尼斯公司、嘉基化學公司、孟山都公司（Monsanto）、諾貝爾炸藥公司（Dynamit Nobel）等。在食品業，有通用食品公司、萊爾公司（Lever）、聯合利華公司（Unilver），這兩家沒有關係，各有各的發展方向。還有亨氏公司。在鋼鐵業，有內陸公司（Inland）、惠林公司（Wheeling）、英吉利公司（English）以及史都華與洛依公司（Stuart & Lloyd）。在製紙業，有國際公司（International）、聯合紙袋公司（Union Bag）、史古脫公司（Scott）、金水公司（Goldwater）。在航空業，有美國公司（American）、皇家荷蘭公司（K L M）。在鐵路公司，有C&O鐵路公司、B&O鐵路公司、南方鐵路公司（Southern）、雷丁鐵路公司（Reading）、南太平洋鐵路公司（Southern Pacific）、波士頓緬因鐵路公司（Boston & Maine）。在保險領域，有大都會公司（Metropolitan）、紐約人壽公司（New York Life）、維吉尼亞人壽公司（Life Insurance of Virginia）、愛荷華公平人壽公司（Equitable of Iowa）、全州公司（Allstate）、明尼蘇達公司（Minnesota）、英國保險協會（British Insurance Association）等。在銀行業，有摩根擔保信託公司（Morgan Guaranty）、第一花旗銀行（First National City）、納許維爾商業聯合公司（Commerce Union of Nashville）、西北銀行（Northwest Bank Corporation）、西雅圖第一國民銀行（Seattle First National）等。接下來是其他五花八門的客戶，請聽聽他們的名字有多麼複雜吧！ＩＢＭ、國際收割機公司（International Harvester）、麥西・福格森公司（Massey Ferguson）、鄧洛普兄弟公司（Dunlop Brothers）、巴利鞋業（Bally Shoe）、福斯汽車公司（Volkswagen）、卡特彼勒曳引機（Caterpillar Tractor）與嬌生公司（Johnson & Johnson）。

對於我們這些正努力實現那兩大目標的人來說，他們都是非常優秀的客戶，當然我們也盡力提供他們完善的服務。

我們的員工和客戶都已經遍布全球，那麼，該如何堅持我們的目標？首先，要訂定一項宗旨、一系列信念和策略理念。其次，制定一套與宗旨相符的管理體系。如果什麼時候這個管理體系看起來不太像一個體系，那只是因為它看起來不像，實際上我們規畫完善，並努力按照規畫行事。

不久前，不管老鳥或新兵，大家都有收到一份題為〈專業成長的策略〉（The Strategy for Professional Growth）的備忘錄。這是一份總結公司理念、信仰和宗旨的文件，其中還有一些對未來的思考。它是在執行委員會的領導下起草，經過管理委員會和所有分公司七次修訂才完成。其間我們做了許多修改，並匯集我們在世界各地許多員工的意見。在這份二十頁的文件中，我們說明公司的任務，說明是什麼將我們這些分布於世界各地的員工凝聚在一起，服務同樣分布於世界各地的客戶們，協助它們解決問題。在此，我鄭重向大家推薦，這是一份很重要的文件，它對公司的一體化經營、有效服務客戶、提高對客戶和我們自身的效能，並使公司在規模、水準和獲利方面成長茁壯，意義重大。

因此，我們要帶著這套信念出發。在此，我想朗讀幾句ＩＢＭ的湯瑪斯・華森的話，摘自《麥肯錫基金會選集》（*The McKinsey Foundation Book*）。這本書是麥肯錫管理研究基金會在哥倫比亞主辦的系列講座輯錄而成。他說：「我相信，一家企業成敗的真正原因，常常可以追溯到這一個問題，就是它激發員工力量和才幹的能力有多大？它做了什麼事情，幫助員工找到彼此之間的共同事業？它如何使這些存在競爭和差異的員工，始終邁向正確的方向？它如何才能使這些共同事業和正確方向，在歷經世代變遷後仍始終維持不變？這些問題並不單單只是公司的問題，也是所有大型組織、政治和宗教團體的問題。想想那些存在許多年的偉大組織，我想你會發現，它們的活力並不在於它們的組織型態和管理技巧，而在於它們所擁有的信念力量，以及這些信念對組織成員的感召力。因此，我的主題就呼之欲出：我堅信，任何一個組織為了追求生存、成功，都必須建立一套健全的信念，並以此為基礎，決定它的所有政策和行動。」

現在，我們有了一套經過多年錘鍊而成的信念，就記錄在這份策略備忘錄中。我不想詳談備忘錄的內容，我想做的是展望未來，而非現在。不過，我想利用這份備忘錄來談談，實現公司規模、水準和獲利繼續成長的六個基本需求。我所說的這些要求都在備忘錄裡，在此我僅隨機擇要概述，總結這些日子以來我們談過的內容，以形成更嚴謹的形式。足供我們思考。

要努力貫徹策略、理念和宗旨以期達到要求，只有兩種途徑：一是鼓勵人們放手去做，二是要求人們聽命行事。多年來我們主要使用鼓勵的方法。我指的不是勉勵性的言語，而是人們的領導和獻身，主要來自於工作。它並非來自辦公室，也不是聚會，而是來自實際工作，從那些真正獻身工作、使命必達的人身上得到鼓勵。這就要求人們堅信共同的信念，始終堅持目標。

第二種方法就是要求人們聽命行事。我們一直要求人們達到某種標準，遵守某些紀律。多年以來，這種方法很少派上用場，所以我們希望採取鼓勵，而非要求。大家首先能盡責完成工作和公司訂定的目標，然後最終能達到為之奉獻的境界。我們也希望，當他們被提升到管理階層之後，仍能這樣盡責和奉獻。其實在奉獻自己的同時，他們也是從更好的位置去激勵而非要求他人。

下面我們就逐一檢視這六項基本需求，看看我們若想鼓勵、要求人們達到這六項基本需求，會存在哪些問題。

第一項需求是要帶著信念與道德價值觀。這對專業工作不可或缺，對吸引、留住並激發開展顧問業務所必須的人才也至關重要。在這方面，艾力克斯．史密斯有巨大的貢獻。艾力克斯加入公司時，管理顧問還稱不上一門專業，事實上，當時這門專業非常新穎，尚未形成系統，人們也在質疑它究竟是不是江湖術士的伎倆。艾力克斯在許多年前就加入公司，而且我相信，在座各位有些人之所以能坐在這裡，之所以會加入公司，就是因為艾力克斯出色耀眼的人格與優秀的品質。我也相信，有些人會留在公司打拚，也是因為他的領導，因為他以自己的感召力要求你們留下。

對於你們當中有些不了解他的人來說，這一點聽起來可能有些費解，但是我在此所說有關艾力克斯的事蹟，都是千真萬確的事實。信念和道德價值觀，是你從培訓和家庭背景中得來的，只能由別人帶給你，艾力克斯就是這麼做。

我們在堅守道德價值觀方面有一定的要求。多年以來，我們的員工在遵守高標準方面極少出現問題，因為員工都是我們精挑細選的人才。但是，如果有人不願遵守，我們就必須快刀斬亂麻請他離開。有一次我們甚至直接把一個人從辦公室趕出去，不給他機會做任何事，只要求他收拾私人物品離開。這是等式的另一端；我們並不常被迫使出這一招。

我們所堅持崇高道德價值中的一項，就是彼此之間要互相支持。如果這個部門不支持那個部門、這個人不支持那個人，我們就會分崩離析。因為我們本來就分散在世界各地，服務眾多客戶，而且還來自多元國家，我們的共同點必須是相互支持，不能貶低同事、挑剔同事，也不能把事情變得更難搞，而是要互相幫助，以便成功實現共同目標。這是道德價值的一個方面。

談論道德價值觀聽起來總會有些難以理解。我們希望，員工具有這種特性。他們從家庭、教堂、學校和大學所接受的教育，都要求他們培養出崇高的道德價值觀。這是我們公司的策略理念之一，我想為大家展示一下有多麼實際。我們有一大群人待在這個大廳裡，有來自澳洲，也有來自德國。如果我們互相信任對方，信任對方的工作品質和他對專業標準的堅持，再想想，當我們面對客戶時力量會多麼強大？這裡的人就可以安排他人在別處進行的工作，知道對方可能在判斷上會出差錯、在技術上可能會不合格，可能由於多種原因失敗，但是不會因為偷工減料或背離道德價值觀而失敗。這是我們的一大優點，而且這一點對我們的客戶和公司都有極大價值。它絕對是我們必須始終堅持的底線。

我研究過各個專業的歷史——醫生、律師和其他所有專業，都是出於自私的目的而遵守專業標準。這是一個觀念問題，具體而言當是如此：假設有一位醫生，他樹立起卓著聲譽，亦即，他只有在非必要不可時才會動手術，只在非必要不可時才會讓病人前來複診，而另付十美元、十五美元、二十五美元或三十五美元診療費，而且只有他才能做出這個決定。你想想，這位醫生的價值有多高！他做出的決定是主觀決定，但人們認定他就是已經達到這樣的標準，於是放心大膽地請他看病。

你想想，這位醫生的價值有多高！這就是專業標準存在的原因。儘管乍看之下無關自私，但事實上就是自私。我們支持專業標準就是出於自私的目的，如果揭開表象來看的話。所以，對於這個由個人組成的群體所堅持的崇高道德價值，也可以這樣去看待它，只要你願意，就用非常自私的角度去檢視：如果我們當中有人在執行專業工作的過程中，背離了崇高的道德價值觀，他就會損害我們所代表的事物的核心部分。你也可以說，他降低了我們的水準，縮小了我們的規模，減損了我們的利潤。因為我們吸引客戶的原因和那位醫生一樣，是客戶願意把自己託付給我們，知道我們會為他們著想。這就是崇高的價值觀可貴之處。我們公司一直努力扮演這樣的角色，每一個人都有責任堅持這項目標。這也是艾力克斯付出最大貢獻之處。

接下來第二項需求是設定高標準，並願意為了執行高標準付出代價。特別重要的幾點是：專業的方法、客戶工作的品質標準、諮詢顧問素質和業績標準，以及收益成長的專業標準。這兩天，我們聽了很多這方面的發言，有一些很好的討論和簡報。羅傑・莫里森與阿爾・麥克唐納（馬文戲稱他們是M&M雙人組）講解的解決問題流程非常好，對於他們的簡報我只想補充一點，那就是修或公司其他人告訴我的一句話：「我們解決問題的流程有什麼特點？那就是我們會全面考慮問題。」這個想法不錯。我們會採用各種方法，而不是聽信客戶告訴我們問題是什麼。當我們為鄧洛普公司進行專案時，他們希望解決辦公室布局的問題，以便明白是否需要更大空間。但我們並未受這一點局限。我們全面考慮問題，羅傑和艾爾已經告訴我們解決方案了。

關於專業方法，我們聽得夠多了，在此我將用一個具體例子說明專業的方法有何價值。我分享一下我們受聘諾貝爾炸藥公司的過程，希望我的記憶和事實沒有出入：

它是一家德國大型爆炸物生產商，在德國化工界的地位很高，隸屬於德國一個非常重要的集團，算是德國十五家最適合我們開展業務的公司之一。他們聽說我們和帝國化工有限公司合作，也就是眾所周知的ＩＣＩ公司。我不知道他們是從對方口中得知的，還是從產業期刊，或者一般報章媒體，總之，他們去找ＩＣＩ的高階管理者討論此事。後者肯定我們工作成果出色，於是他們就聯繫我們。我們派約翰．麥克唐納和彼得．霍賓斯（Peter Hobbins）拜會對方。對方要求我們協助完成一項削減辦公費用的專案。

這兩位同事確實很想在德國開展諮詢業務，他們得到這項削減辦公費用的專案，原本是一件再好不過的消息，但是他們卻說：「我們能確定，這就是最佳的切入點嗎？」於是他們要求對方給三天時間了解實際情況。三天後，他們說：「這不是最佳切入點。」因為他們發現，公司內部有些組織概念會阻礙削減辦公費用，或者至少會使得削減工程不划算。如果能改變組織方式，反而可以削減更多成本，而且這會影響辦事員的費用。因此，他們冒著失去這項專案的風險，回頭告知對方，應該採取後者作法。

結果，高階管理層批准這項工作了，於是他們又去向董事會報告，解說這三天裡所做的工作，並且表示已準備好簽訂合約。因為這家公司以前曾有與其他管理顧問公司合作失敗的經驗，一談到簽合約就顯得謹慎行事。所以我們的同事告訴對方：「您與麥肯錫公司合作，毋須簽合約。」這句話把對方嚇了一大跳，不過吃驚的程度遠比不上聽到我們的諮詢費用（笑）。彼得精通德語，因此還偷聽到其中一位董事轉過頭對另一位董事說：「雖然我料想收費會很高，但以前我真的不知道居然是天價。」（笑）

最後對方還是決定把自己託付給我們，可見得專業真是無價之寶。首先，我們對專案本身很感興趣，而對方也覺得很重要，我們提出高昂價碼接下專案，卻沒有簽訂合約，這也符合雙方的意願。因為，如果我們採用專業的方式行事，他們卻對我們信心全失，或是我們認為對方並不會接納我們的建議行事，那麼，雙方都希望能擁有隨時喊卡的自由。

對我來說，未來取得成功的第三項需求是：我們要有感性和理性的思維，能發現客戶的機會和需求，發現內部和外部因素。昨晚各位都看過有關這些影響因素的示意圖，我希望大家能開發改良的新服務、更完善的企業管理方法論及方案，然後妥善運用這些因素。進行這些工作是本次會議的主要內容之一，我們應該感謝華倫．坎農所做的安排。我覺得，這次會議經過精心構思，因為我參加的每一部分都準備得很充分，發表得很精采，所以，一定有助於我們改進現有服務，提供新穎服務。

我們公司有一套理念和信念，正如湯瑪斯．華森所言，應該力保它們絕不改變。但是如果我們死板地以為，什麼事都應該一成不變，必然會陷入桎梏。這一項需求的內容就是，我們必須感知周遭發生的變化、公司內部的形勢，根據外部因素調整我們服務客戶的內容，順應公司內部的形勢調整我們的政策、程式、領導方案、人員和其他所有方面。唯有當我們的員工具備高度效能，並為每項工作安排合適的人員，才能為客戶提供完善服務。

我們一直對外部因素變化保持敏感。剛才你們聽到了，現有的一百四十七位客戶中有一些是新客戶。在保險領域，你們聽到一些資產龐大的企業名稱，這一切都得歸功於狄克．諾切爾和約翰．蓋瑞堤（John Garrity）的領導，是他們在非常偶然的機會下，為我們靈敏地抓住第一項保險領域的專案。我們也敏察到鐵路領域的機會，這部分是鮑伯．霍爾的功勞，他還專心致志地參與幾項鐵路方面的專案，包括南方鐵路、雷丁鐵路、B＆O和C＆O公司的專案。他原有的職業生涯突然中止後，還繼續在鐵路領域發揮有力的領導作用。後來，菲爾．巴布（Phil Babb）接手他的領導工作。不過，我想再為大家講述一件有關鮑伯．霍爾非常有意思的趣聞。

這是一份我在鮑伯去世次日收到的備忘錄。從日期判斷，應該是他從機場寄出，內容顯示他對鐵路領域的持久興趣。只有短短一頁的手寫內容，所以我想是在機場寫的。我來念給大家聽。他說：「馬文，關於雷丁鐵路公司的報告正獲得愈來愈正面的反應。」這份報告是在鮑伯．霍爾的領導下完成，強力推進了我們的鐵路諮詢業務。「迄今，鐵路方面已經發出大約一百份報告，還要求我們繼續提供。我們也計畫把之前完成的公共交通委員會報告，寄給一些鐵路公司和公共機構。委員會成員們很欣賞這份報告。」

當時，他可能是坐在機場裡，準備去拜訪下一位客戶，心裡正想著自己在某一項顧問業務中的領導作用。他還附上一本名為《雷丁鐵路公司通勤者》（*The Reading Commuter*）的小手冊，顯然，雷丁鐵路公司已經在提供自家乘客的手冊裡，融入麥肯錫公司專案報告的內容。鮑伯拿筆在小手冊中畫出八至十處參考麥肯錫報告的內容。我想，雷丁鐵路公司發給通勤乘客的小手冊，是因為這項專案涉及它們公司的通勤業務。這是一個具體而微的例子，從中可以窺見，在發展業務的前線上，鮑伯．霍爾是準備充裕的領導人。沒有人要求或告訴他要這樣做，是他自己掌握住機會，直到辭世之前都追求不懈。

未來取得成功的第四項需求是：始終留意要在公司維持一種良好工作氛圍，這樣才能吸引、留住並充分激勵我們開展諮詢業務所需要的優質人才。反覆叮嚀「吸引、留住並充分激勵」似乎有些囉唆，但我們確實必須這麼做。我們必須吸引最優質人才，我想你們也看得到我們確實這麼做。你們每個人都無法否認這一點。（笑）我想，這次會議的目的之一就是要把我們所有人視為一個整體，並開始信任這個整體。我們已經吸引到最優質的人才。在這次大會召開前一天，負責招聘工作的人員已經先開過一次會，討論相關事宜。如果你覺得自己的工作很困難，那麼，請想想這些可憐的招聘人員吧。他們得面試七十五～一百名應徵者。我們有些人也做過這項工作，因為這樣才能精挑細選出一名人選。所以說，吸引人才是一份代價高昂的工作。

接下來，我們若想留住並激勵人才效能，必須營造他們所喜歡的工作環境。大家要知道，每一名員工都是我們按照自己的標準從七十五～一百名應徵者中揀選出來的，這些人可都是隨時能找到別的工作。我們很清楚這一點，你也是，所有人都是。所以說，我們必須面對現實：唯有當一個人覺得自己的工作有趣、收入滿意，各方面都有豐富收穫時，他才會繼續做這項工作，也繼續為公司的共同事業付出奉獻。如果這個人感到環境不利於他做好工作，例如感覺不得不提防別人，不得不揣度這種情形有何意味，是不是代表有人想要陷害我、排擠我等，當他努力想做好要求嚴格的工作，同時還要提防種種他厭惡的事情，必然會無以為繼。一群優質人才的士氣是非常難以捉摸的事情，它得是令人振奮、生氣勃勃的。所以，這件事不僅要採取鼓勵態度，更要明言要求。這件事攸關我們的凝聚力，我們確實時時關注。這時我要老生常談一句：「讓我們表現出互相支持的態度吧。」這是鼓舞優質人才全體士氣的最佳之道。

我們的第五項需求是：在服務客戶和管理公司的過程中，請抱持發展、創新和前瞻的觀點，看待那些向前邁進、冒取風險的問題。可能有些人不認為我們是善於冒險的一群人，但是我們在美國本土設立分公司的同時，也在國際上不斷迅速發展，派出人員為許多重量級企業處理關鍵問題。就我們有限的經驗而言，這就是冒險，是端出我們最重要的資產、聲譽和客戶心目中的地位奮力一搏。

我想，我們在創新方面的確是慢了一點。我們沒有盡快進入經營研究的領域，但我想至少我們還有一項特點，那就是，一旦去做一件事，我們就會試圖把它做好。我確信，在座的各位如果聽過我們如何簡報經營研究的課題，其中一件是為嬌生公司報告專案，另一件是將經營研究應用於高層管理，肯定會覺得我們根本就是行家了。套一句戴夫・赫茲（Dave Hurtz）的話，我們必須走出去獲得業界的領導地位。我們已經拿下這種地位了。我們正從中獲利，有一大群人擅長此道。我們確實未能盡快採取行動，但如今行動早已展開，而且正融入我們所有的工作裡，並不斷激勵我們在其他許多方面創造出種種想法。我確信，聽過這些簡報的人應該能想像得到，如果我們集中幾十家企業總裁，對他們講解我們為嬌生公司完成的專案報告，他們就一定能理解何謂經營研究了。不過這麼做會惹來一點麻煩，那就是希望我們提供幫助的要求會有如潮水般湧入。我們暫時還不敢放手去做。

所以，我們這群人有些惰性。我想這是因為我們太善於分析，太具批判性，因此我們總是會發現錯誤、發現困難，所以我們在許多方面善於冒險，但是其他方面卻又有些跟不上。我希望，隨著我們向前邁進，創新會比現在快一些。當然，隨著人們找到做事情的新方法，小處的創新肯定是隨時都會出現。這些創新都是現在式，但我所說的創新是一種宏觀規模。如果我們更能仔細地體認到一件事情可能值得做，那我相信我們在宏觀規模的創新步伐也會加快速度。

我們的第六項需求，也就是最後一項，我認為是：要始終注意改善內部的管理和領導。就我們現在和將來的規模而言，每一項工作都需要有效的管理和領導。在一家專業機構內部，領導應該是由親力而為的人來做的特殊工作，也就是具體專案的負責人。做這件事情是他的責任。他不僅要責成員工做好分內工作，圓滿完成客戶交代的任務，還要將確實為專業負責並付出最終貢獻視為職志。

關於我們公司管理體系的發展，在我聽取羅斯．艾可夫（Russ Aycoff）的描述後，忍不住覺得也許我們公司的體系並不像有時報告的那樣糟糕，因為我們在公司的管理中總能達到那些要求。不過，我們確實有些缺點，應該正視它們、克服它們，其中一個就是我們公司所稱的「專才」的角色問題，或許這個稱呼不太好。我曾經和吉姆．費雪（Jim Frischer）共進午餐，記下他說的一些話。他告訴我可以有其他的處理方式，我準備努力解決這個問題，因為在他看來，這是一種跨諮詢業務的深入經驗，是我們所需要的那種專業。我們如果沒有專才，不可能達到現在的規模，不可能擁有一百四十七位客戶，也不能解決那些複雜的問題。你們有誰要是參加過兩次經營研究的會議就會知道這一點。所以，我們在這方面存在一些惰性。我們打算這樣做，而且我們正在這樣做，但我們的這種觀念肯定會遇到一些阻力。我們認為公司的進步不僅需要通才，也需要專才。我們不能鼓勵專才都變成通才，也不能這樣破壞我們的資產，因為這樣會讓他們無法累積深入的經驗，無法解決複雜的問題。上述問題我們都必須解決，因為我們擁有共同的事業，我們要堅持這些目標，解決的方法就是確保我們所有人都認識到，在我們公司往前邁進的共同事業中，每一個人都有其價值。

因此，我們若想達到上述六項需求，最終問題是，我們要確信所有這些需求的價值，還有我們工作的價值。如果你想成為專門為企業、政府和其他類型組織解決問題的專業人士，我想你停下來分析自己正在做的事情時，並不會質疑它們的價值。唯有你確信自己的專業方式對客戶有價值，才會願意參與其中。你得確信自己為客戶做的事情有價值，不僅因為它創造利潤，因此對客戶有價值，還因為它使人們的生活更美好，因而對整體經濟有價值。

我曾經與吉爾的朋友戴夫．摩斯（Dave Morse）交談，他是國際勞工組織首長。那次是吉爾安排我們兩人共進午餐。午餐會之前兩、三週，他才從鐵幕國家訪問歸來。他說：「我和鐵幕背後的國際勞工組織成員交談，他們遇到麻煩了。而且他們承認這一點。」他曾經與赫魯雪夫共進晚餐，我認為，赫魯雪夫可不會承認這一點，但是他周遭的人都告訴戴夫．摩斯說他們遇到麻煩了。這次午餐過後沒幾天，就在這次會議召開期間傳來消息說，他們已經換掉最高領導人了。

所以，我們要做的工作就是，使人們的生活更美好，使我們所服務的政府成為更能完善服務人民的政府。對我而言，我們在從事共同事業的過程中，可以先做到盡責，然後付出貢獻。今天我們提出兩位最佳範例就說明這一點，他們是為公司鞠躬盡瘁、死而後已的同仁：艾力克斯，一生都努力貢獻所長；鮑伯．霍爾，他到華盛頓支援當地分公司，後來接掌這家分公司，而且還領導我們的鐵路顧問業務。許許多多的男女同仁都付出這樣的貢獻，他們將為我們創造出實現這些目標的共同事業。

最後，我想用一位英國經濟學家的話總結。我曾經問過兩、三位英國人，這位經濟學家的名字該怎麼拼，但他們都不太確定，結果我得到兩種拼法。我就姑且採用其中一種吧。英國經濟學家華特．白芝特（Walter Badgett）說過：「堅定的信念會讓人變得更堅強，而且會使他們更強大。」我想再追加一句：「當我們的信念變得更強大，我們的奉獻變得更深刻，也將更積極堅定地去實現我們的兩大目標。」（鼓掌）

主席：再過幾分鐘，我們這次會議就要結束了，得等到兩年後才會再次相聚。對於馬文的講話，我想，任何補充都是畫蛇添足，所以我就不多說了。但是，我想我們可以在會議結束之際，向馬文．鮑爾的領導致上最高謝意。

在座有些人是第一次參加年度會議，以後我們就要改成兩年一次了。我自己是第十四次參加年度會議，有些人是第十九次、第二十次，或甚至更多次。但是，馬文．鮑爾不僅是對我，而是對著大會演講二十七次了。在我自己參加過的十四次會議中，有些很好，有些非常好，有些不怎麼好，有些記不得了，也有些感覺是無關痛癢。不過，每一次會議都有一個共同點，無一例外，那就是馬文．鮑爾所發表的閉幕演講都非常精采。

我一直非常認真地思考，為什麼在這二十七年裡，有人能夠年年給我們發表這麼鼓舞人心的演講？現在看來，這個問題的答案可以用一個詞概括，那就是領導力。（鼓掌）

馬文．鮑爾：之前我就應該說，到了現在就不得不說了。我演講了二十七次，並不代表我才在公司待二十七年，其實更久。所有的公司都有一個問題，那就是，如果領導人在位時間像我這麼久，那麼世代交替就會出現問題。但是，我想告訴你們每一位，我公開對管理委員會宣布，我不僅準備好邁出世代交替的第一步，更準備好按照任何人的要求，迅速完成世代交替的所有步驟。這件事對我很重要，因為它對公司很重要。我想每一個人都應該明白，你們見過許多企業受到傷害，就是因為決定發展大計的人在位時間過長。所以，在你們覺得應該進行更換時，向管理委員會直言相告就是你們的責任。（鼓掌）

注釋

Part 1 化願景為事實

1. 馬文．鮑爾，個人檔案（備忘錄〈保護企業成功的基礎〉草稿，一九六九）；馬文．鮑爾，與作者討論，二〇〇一

1 價值觀的養成

1. 馬文．鮑爾，〈當代傳奇〉，全美商業名人堂（National Business Hall of Fame）專訪，由青年成就（Junior Achievement）與《財星》（好萊塢，策略認知公司，一九八八）贊助
2. John Byrne, "Goodbye to an Ethicist," *Business Week*, February 10, 2003.
3. 馬文．鮑爾，《回憶錄》（紐約，自費出版，二〇〇三）
4.～8. 同上注
9. Ibid; Marvin Bower, in discussion with the author, 2002.
10. 馬文．鮑爾，與作者討論，二〇〇一

11. Memoirs; Interviews for McKinsey's oral history conducted by Jessica Holland, 1986–1988.
12. Ibid.
13. *Memoirs*.
14. 麥肯錫口述歷史相關採訪，一九八六～一九八八
15. 馬文・鮑爾，個人檔案（剪貼簿）；與作者討論，二〇〇二
16. The Cleveland News, August 14, 1927.
17. 馬文・鮑爾，個人檔案（剪貼簿）
18. 馬文・鮑爾，個人檔案（一九六一～一九七二）；與作者討論，二〇〇二；採訪榮恩・丹尼爾
19. Marvin Bower, personal files (1930–1946).
20. Marvin Bower, personal files (note from Tom Dill, 1970).
21. *Business: The Ultimate Resource*, (Boston, MA, Perseus Publishing, 2002), p. 955.
22. 作者採訪約翰・史都華
23. 馬文・鮑爾，個人檔案（布朗克斯維爾報章剪貼）；與作者討論，二〇〇二
24. Marvin Bower, personal files (Bronxville, New York, The Reformed Church Bulletin, April 18, 1971).
25. 作者採訪吉姆・鮑爾
26. Marvin Bower, personal files (family correspondence, 1986).

2 願景

1. Herbert Simon, *The New Science of Management Decisions* (New York, Harper & Brothers, 1960).
2. John G. Neukom, *McKinsey Memoirs: A Personal Perspective* (privately published, McKinsey & Co., 1975).

3. 亞伯特・波洛維茲（Albert Borowitz），《眾達律師事務所：第一世紀》（*Jones, Day, Reavis & Pogue: The first century*，自費出版，一九九三）；馬文・鮑爾，與作者討論，二〇〇二
4. "Living Legends," National Business Hall of Fame interview, sponsored by Junior Achievement and *Fortune* (Hollywood, CA, Strategic Perceptions, Inc., 1988).
5. 作者採訪湯姆・布朗（Tom Brown），TB&CO.總裁，二〇〇三
6. 英國厄威克・奧爾合夥公司（Urwick, Orr & Partners U.K.）正在組建期，一九三四年正式成立；作者採訪彼得・杜拉克
7. Jim Bowman, *Booz Allen & Hamilton: Seventy Years of Client Service*, 1914–1984 (privately published, Booz_Allen & Hamilton Inc., 1984).
8. 史帝夫・華萊克筆記；作者採訪海倫・鮑爾，一九八三
9. Ibid.
10. *McKinsey Memoirs, p. 6 and 7.*
11. Marvin *Bower, Perspectives on McKinsey* (privately published, McKinsey & Co., 1979), p. 46.
12. Marvin Bower, *Memoirs* (New York, privately published, 2003).
13. 始自一九五〇年，馬文的職銜是董事總經理；在此之前，他是紐約分公司經理。
14. 《認識麥肯錫》，四十三～四十九頁；麥肯錫口述歷史相關採訪，一九八六～一九八八
15. McKinsey Wellington & Co., management engineers, history, 1936.
16. 四位原始合夥人中，尤恩・「吉普」・萊利來自金融機構高盛，當初是以投資人及新進顧問的身分加入，而非合夥人，因此只投資了一筆資金，並未投入全部身家。

3 管理顧問專業與麥肯錫公司

1. Marvin Bower, personal files-speech on leadership, 1957.
2. *McKinsey: A Scrapbook* (privately published, McKinsey & Co., 1997), p. 8.
3. 馬文・鮑爾，與作者討論，二〇〇二
4. Marvin Bower, *Perspectives on McKinsey* (privately published, McKinsey & Co., 1979), p. 5 and 6.
5. Ibid, p. 16.
6. 作者採訪約翰・史都華
7. 馬文・鮑爾，與作者討論，二〇〇二
8. 麥肯錫口述歷史相關採訪，一九八六～一九八八
9. Marvin Bower, personal files (speech to McKinsey staff titled "Development of the Firm's Personality: Looking Back Twenty Years and Ahead Twenty," October 30 and 31, 1953).
10. 麥肯錫口述歷史相關採訪，一九八六～一九八八，六十九頁、二百三十七頁；馬文・鮑爾，個人檔案（電腦中的筆記）
11. 作者採訪查克・艾姆斯與約翰・史都華
12. Marvin Bower, personal files (1953).
13. 作者採訪蓋瑞・麥克杜格
14. Marvin Bower, personal files ("Beating the Executive Market," *The Harvard Business School Alumni Bulletin*, May 1940); "Unleashing the Department Store—A Practical Concept of Department Store Organization" (reprinted from speech at Annual Convention of National Retail Goods Association, January 18, 1939); "The Management Viewpoint

in Credit Extension" (reprinted from *The Bankers Magazine*, August 1938); "Untangling the Corporate Harness" (reprinted from presentation at the Annual Meeting of the American Society of Mechanical Engineers, December 5–9, 1938).

15. Marvin Bower, personal files (speech, 1951).
16. 作者採訪華倫・坎農
17. 麥肯錫口述歷史相關採訪，一九八六～一九八八
18. Marvin Bower, personal files (speech, 1953).
19. Ibid.
20. Marvin Bower, personal files (1974).
21. 作者採訪唐・高戈
22. 作者採訪安迪・皮爾森
23. 作者採訪約翰・班漢爵士
24. 作者採訪喬伊・康納
25. 安頓・魯伯特（Anton Rupert），《領導人談領導風範》（*Leaders on Leadership*，南非普瑞托利亞大學 University of Pretoria，自費出版，一九六七）；作者採訪修・帕克、哈利・藍斯提夫（Harry Langstaff）與李・華頓；馬文・鮑爾，個人檔案
26. 作者採訪哈維・葛魯伯
27. 作者採訪亞伯特・高登
28. 作者採訪昆西・漢希克
29. Marvin Bower, personal files (speech titled "Strengthening the Firm's Long-Term Position," 1953).

30. 作者採訪華倫・坎農
31. 作者採訪查克・艾姆斯
32. 作者採訪榮恩・丹尼爾
33. 麥肯錫口述歷史相關採訪，一九八六～一九八八
34. 作者採訪傑克・鄧普西
35. John Dewey, *Ethics* (New York, Henry Holt and Company, 1908).
36. Marvin Bower, personal files (memo titled "Sharpening Firm Objectives," 1941).
37. 馬文・鮑爾，與作者討論，二〇〇二
38. *Perspectives on McKinsey*.
39. Marvin Bower, personal files ("The Challenge of the Next Fifty Years," October, 1960).
40. Marvin Bower, personal files (speech quoting Sir Charles Snow's *The Two Cultures and the Scientific Revolution*, 1950).
41. Marvin Bower, personal files, concept derived from James O. McKinsey's book, *Budgetary Control* (New York, Ronald Press, June 20, 1922).
42. Lyndall F. Urwick, *The Golden Book of Management* (London, Newman Neame Limited, 1956).
43. 麥肯錫口述歷史相關採訪，一九八六～一九八八
44. 作者採訪哈維・葛魯伯
45. Marvin Bower, personal files (annual conference, 1953).
46. Marvin Bower, personal files (programmed management for McKinsey & Co., 1954).
47. 作者採訪約翰・史都華

48. 作者採訪佛瑞德・格魯克
49. 作者採訪麥克・史都華
50. 作者採訪昆西・漢希克
51. 作者採訪大衛・赫茲
52. 麥肯錫口述歷史相關採訪，一九八六～一九八八
53. Marvin Bower, personal files (1941).
54. 作者採訪哈維・葛魯伯
55. Edgar H. Schein, 1967 McGregor Lecture referenced in Marvin Bower personal files ("Why McKinsey," undated).
56. 作者採訪卡雷爾・鮑維
57. Ibid.
58. 馬文・鮑爾，與作者討論，二〇〇二
59. 麥肯錫口述歷史相關採訪，一九八六～一九八八
60. 作者採訪
61. 作者採訪彼得・杜拉克
62. 馬文・鮑爾，與作者討論，二〇〇一
63. 作者採訪佛瑞德・格魯克
64. 作者採訪諾曼・布萊威爾勛爵
65. 作者採訪史帝夫・華萊克
66. 麥肯錫口述歷史相關採訪，一九八六～一九八八
67. 作者採訪約翰・史都華

68. 作者採訪唐・高戈
69. David Ogilvy, *Ogilvy on Advertising* (New York, Vintage Books, 1983), p. 54.
70. Marvin Bower, personal files ("The Challenge of the Next Fifty Years," October 1960).
71. 作者採訪克雷・多奇
72. 作者採訪鮑伯・華特曼
73. Marvin Bower, personal files (talk at Fiftieth Anniversary Conference, 1960).
74. Marvin Bower, personal files (article for *The Harvard Business Review*, "Nurturing High Talent Manpower," 1957); McKinsey's oral history, 1986–1988.
75. 作者採訪唐・高戈
76. Marvin Bower, personal files (speech to American Boiler Manufacturers Association Annual Meeting, "Running a Business Well," June 1955).
77. Marvin Bower, personal files ("Preparing for the Next Stage of Firm Growth," October, 1958, draft of The Challenge Speech, 1959).
78. 作者採訪麥克・史都華
79. 二〇〇二年，當馬文被問及「領導公司期間，從旁輔助的最關鍵人士是哪一位」，他回答：「艾佛特・史密斯。」
80. 作者採訪麥克・史都華
81. *The Harvard Business Review*, September 1, 1975.
82. 作者採訪希奧多・李維特

4 影響深遠的關鍵九大決策

1. 所謂五十九年包含馬文在一九三九年入主麥肯錫公司之前，他為這家公司效命的年歲。
2. 作者採訪華倫·坎農
3. 作者採訪昆西·漢希克
4. Ibid.
5. 小湯瑪斯·華森，《解讀IBM的企業DNA：活用經營信念，打造長青基業》（*Business and Its Beliefs*，紐約，麥格羅·希爾，一九六三）；作者採訪馬文·鮑爾
6. 作者採訪羅傑·莫里森；麥肯錫口述歷史相關採訪，一九八六～一九八八
7. 麥肯錫口述歷史相關採訪，一九八六～一九八八
8. 馬文·鮑爾，與作者討論，二〇〇二
9. 紐約諮詢合夥公司合夥人鮑伯·艾倫（Bob Allen），與作者討論，一九九五
10. 作者採訪佛瑞德·格魯克
11. 作者採訪華倫·坎農
12. 馬文·鮑爾，與作者討論，一九八七
13. 麥肯錫口述歷史相關採訪，一九八六～一九八八
14. Ibid.
15. Marvin Bower, *Perspectives on McKinsey* (privately published, McKinsey & Co., 1979), p. 80–81.
16. Ibid, p. 66–67.
17. 麥肯錫口述歷史相關採訪，一九八六～一九八八

18. 作者採訪華倫・坎農；麥肯錫口述歷史相關採訪，一九八六～一九八八
19. 作者採訪約翰・麥康柏
20. 作者採訪羅傑・莫里森
21.～22.同上注
23. 麥肯錫口述歷史相關採訪，一九八六～一九八八
24. 作者採訪亨利・史查吉
25. Ibid.
26. 作者採訪約翰・史都華
27. 作者採訪榮恩・丹尼爾
28. Marvin Bower, personal files (McKinsey Partners' Conference, 1992).
29. Ewing W. Reilley and Eli Ginsberg, *Effecting Change in Large Organizations* (New York, Columbia University Press, 1957).
30. McKinsey & Co. internal files (foundation records reports, 1960–1972).
31. Marvin Bower, personal files (McKinsey Partners' Conference, 1992).
32. 麥肯錫口述歷史相關採訪，一九八六～一九八八
33. Ibid.
34. 作者採訪李・華頓
35. *McKinsey Memoirs*, p. 10.
36. 作者採訪吉姆・巴朗
37. 麥肯錫口述歷史相關採訪，一九八六～一九八八

38. Ibid.
39. Gil Clee, quoted from speech to McKinsey management, 1954.
40. Gil Clee, "Expanding World Enterprise" (*The Harvard Business Review*, 1959).
41. 作者採訪麥克・史都華
42. 麥肯錫口述歷史相關採訪，一九八六～一九八八
43. 作者採訪華倫・坎農
44. "Selling U.S. Advice to Europe" (*Business Week, December* 21, 1957).
45. *McKinsey: A Scrapbook* (privately published, McKinsey & Co., 1997), p. 29.
46. 以合夥人職階而言，薪資水準大同小異，而入門等級的職階也會比照市場水準。
47. 作者採訪李・華頓
48. 麥肯錫口述歷史相關採訪，一九八六～一九八八
49. Ibid.
50. John Loudon, quote from article in The Director, 1959.
51. 作者採訪修・帕克
52. 作者採訪約翰・麥康柏
53. 麥肯錫口述歷史相關採訪，一九八六～一九八八
54. 《麥肯錫：一本剪貼簿》（*McKinsey: A Scrapbook*），三十四頁；作者採訪愛爾康・柯比薩羅爵士
55. 作者採訪李・華頓
56. 作者採訪麥克・史都華
57. 作者採訪約翰・麥康柏

58. Harvard Business School Web site.
59. 作者採訪哈維・葛魯伯
60. 作者採訪瑪莉・法爾維
61. Ibid.
62. Marvin Bower, quoted in "McKinsey & Co. is Marvin Bower" (*Investors Business Daily,* January 7, 1999).
63. 作者採訪琳達・李文森
64. 《回憶錄》;麥肯錫口述歷史相關採訪,一九八六~一九八八
65. 麥肯錫口述歷史相關採訪,一九八六~一九八八
66. Jim Bowman, *Booz・Allen & Hamilton: Seventy Years of Client Service, 1914–1984* (privately published, Booz_Allen & Hamilton Inc., 1984).
67. 作者採訪馬文・鮑爾與華特・李斯頓
68. 作者採訪約翰・富比士
69. 作者採訪彼得・福伊
70. 作者採訪亨利・史查吉
71. Marvin Bower in conversation with Bill Price, retired McKinsey communications department, 2001.
72. 作者採訪修・帕克
73. 作者採訪麥克・史都華
74. Ibid.
75. Marvin Bower, quoted in Geraldine Hines, "Step Down and Let Younger Men Lead" (*International Management,* 1968).

76. Jeffrey Sonnenfeld, *The Hero's Farewell: What Happens When CEOs Retire* (Oxford, UK, New York, Oxford University Press, 1988).
77. 作者採訪榮恩・丹尼爾與雷格・瓊斯
78. Marvin Bower, quoted in BBC Interview, 1988.
79. *The Will to Lead*, (Boston, MA, Harvard Business School Press, 1997).
80. 馬文・鮑爾，個人檔案（《領導的意志》前言草稿，一九六九）；與作者討論
81. 作者採訪華倫・坎農
82. Ibid.
83. 作者採訪約翰・麥康柏

Part 2 領導者中的領導者

1. John W. Gardner, *Self-Renewal The Individual and the Innovative Society* (New York, Harper & Row, 1963).
2. Marvin Bower, personal files (*Every McKinsey Partner a Leader*, 1996).

5 領袖特質

1. *McKinsey Alumni Directory* (privately published, McKinsey & Co., 1966).
2. 作者採訪榮恩・丹尼爾
3. 作者採訪約翰・麥克阿瑟
4. 作者採訪金恩・澤拉茲尼（Gene Zelazny）

5. Andrew Jackson.
6. Marvin Bower, *Memoirs* (New York, privately published, 2003).
7. 作者採訪馬文・鮑爾，一九七九
8. 作者採訪泰瑞・威廉斯
9. *Memoirs*.
10. 作者採訪查克・艾姆斯
11. 《回憶錄》；麥肯錫口述歷史相關採訪，一九八六～一九八八
12. 《回憶錄》；馬文・鮑爾，與作者討論，二〇〇二
13. Ibid.
14. Ibid; notes from Steve Walleck.
15. 馬文・鮑爾，與作者討論，二〇〇二
16. Marvin Bower, personal files.
17. Marvin Bower, personal files (draft foreword for *The Will to Lead*).

6 激勵客戶勇於改變

1. 作者採訪榮恩・丹尼爾
2. 麥肯錫口述歷史相關採訪，一九八六～一九八八
3. Ibid.
4. 作者採訪榮恩・丹尼爾
5. 作者採訪史帝夫・華萊克；作者與佛瑞德・希爾比的討論紀錄

6.〜7.同上注

8. *McKinsey: A Scrapbook* (privately published, McKinsey & Co., 1997).

9. 作者採訪修・帕克

10. 作者採訪李・華頓；麥肯錫口述歷史相關採訪，一九八六〜一九八八

11. 麥肯錫口述歷史相關採訪，一九八六〜一九八八

12. Ibid.

13. 作者採訪修・帕克

14. 麥肯錫口述歷史相關採訪，一九八六〜一九八八

15. 作者採訪李・華頓

16. 作者採訪修・帕克

17.〜18.同上注

19. 作者採訪約翰・麥康柏

20. Marvin Bower, *The Will to Lead* (Boston, MA, Harvard Business School Press, 1997).

21. 作者採訪湯姆・斯希科

22. 作者採訪約翰・麥康柏與李・華頓

23. Marvin Bower, personal files (letters); *McKinsey: A Scrapbook*.

24. 作者採訪修・帕克

25. "Organizing for Global Competitiveness: The Matrix Design" (Conference Board Report, 1983).

26. 作者採訪喬伊・康納

27.〜30.同上注

31. 作者採訪喬・克凡斯基
32. 作者採訪喬伊・康納
33. 作者採訪羅伯特・歐布洛克
34. 作者採訪唐・高戈
35. 作者採訪喬伊・康納
36. Ibid.
37. "As Many of the Big Eight Centralize, Price Waterhouse Bucks the Trend" (*Business Week*, October 24, 1983).
38. 作者採訪喬伊・康納
39. ～42.同上注
43. 作者採訪唐・高戈
44. 作者採訪羅伯特・歐布洛克
45. 作者採訪亞伯特・高登
46. Derek Bok, Annual Report to Harvard Board of Overseers, 1979.
47. ～48.同上注
49. 作者採訪亞伯特・高登
50. Marvin Bower, Memoirs (New York, privately published, 2003).
51. Ibid.
52. Jeffrey L. Cruikshank, *A Delicate Experiment* (Boston, MA, Harvard Business School Press, 1987).
53. Marvin Bower, personal files (1968).
54. 早在幾年前，約翰和亞伯特就已經交過手。當時，賓夕法尼亞中央鐵路公司（Penn Central Railroad）破產倒閉，資產遭扣押，約翰正是受託管理人之一。他們向基得・皮博帝提供擔保後，成功獲得紓困金，讓這家公司起死回生。

55. 作者採訪亞伯特・高登

56. Ibid.

57. 作者採訪理查・卡瓦納

58. 作者採訪史帝夫・華萊克；史帝夫・華萊克筆記

59. ～60. 同上注

61. 作者採訪亞伯特・高登

62. ～63. 同上注

64. Marvin Bower and Albert Gordon, "The Success of a Strategy" (Board of Direc-tors, The Associates of Harvard Business School Task Force Report, December, 1979).

65. ～68. 同上注

69. 馬文・鮑爾，與作者討論，二〇〇二

70. 作者採訪泰德・李維特

71. 作者採訪約翰・麥克阿瑟

72. ～75. 同上注

76. Joan Margretta and Nan Stone, *What Management Is* (New York, London, Tokyo, Sydney, Singapore, The Free Press, 2002) p. 15.

7 培育下一代領導者

1. Theodore Roosevelt, *Theodore Roosevelt on Leadership: Excellent Lessons from the Bully Pulpit* (Roseville, CA, Forum, 2001).
2. 作者採訪哈維・葛魯伯
3. 馬文・鮑爾，與作者討論，二〇〇二
4. 作者採訪哈維・葛魯伯
5. ～20.同上注
21. Marvin Bower, personal files (letter from Harvey Golub, March 7, 1995).
22. 作者採訪哈維・葛魯伯
23. ～26.同上注
27. Kenneth I. Chenault, *American Express Annual Report* (2000).
28. Marvin Bower, personal files (letter from Harvey Golub, January 2001).
29. 作者採訪蓋瑞・麥克杜格
30. 馬文・鮑爾，與作者討論，二〇〇一
31. 作者採訪蓋瑞・麥克杜格
32. ～41.同上注
42. *Make a Difference*, (New York,Truman Talley Books, St. Martin's Press, 2000).
43. ～47.同上注
48. Department of Health and Human Services Administration for Children and Families, December 2002; Daniel J.

Miller, Assistant Secretary, Illinois Department of Human Resources.

49. David Broder, "Welfare Reform Can Work" (*The Cincinnati Post*, January 27, 2000).
50. *Make a Difference*.
51. 作者採訪蓋瑞．麥克杜格
52. Ibid.
53. 馬文．鮑爾，與作者討論，二〇〇二
54. David Ogilvy, *Blood, Brains & Beer: The Autobiography of David Ogilvy* (New York, Atheneum, 1978), p. 61.
55. David Ogilvy, *The Unpublished David Ogilvy* (New York, privately published,The Ogilvy Group, 1986), p. 55.
56. Ibid., p. 99.
57. David Ogilvy, *Ogilvy on Advertising* (New York, Vintage Books, 1985), p. 52.
58. 馬文．鮑爾，與作者討論，二〇〇一、二〇〇二
59. David Ogilvy, *An Autobiography* (New York: John Wiley & Sons, Inc., 1997), p. 117, 130; Marvin Bower, personal files (memorandum).
60. Kenneth Roman and Jane Maas, *How to Advertise* (New York, St. Martin's Press, 2003); interview with Ken Roman by author.
61. David Ogilvy, *Confessions of An Advertising Man* (New York, Dell, 1964).
62. *An Autobiography*, p. 131; The Unpublished David Ogilvy.
63. *Blood, Brains & Beer.*
64. *Ogilvy on Advertising,* p. 48.
65. Ibid., p. 53; *Confessions of an Advertising Man*, p. 106.

66. David Ogilvy, quoted at McKinsey Training Program, 1987.
67. 作者採訪肯・羅曼；肯・羅曼書信公文檔案，一九七三年十一月
68. Marvin Bower, personal files (memorandum to consulting staff, "David Ogilvy—Personnel Program," November 16, 1961).
69. 作者採訪唐・高戈，二〇〇二
70. 馬文・鮑爾，與作者討論，二〇〇一
71. 作者採訪唐・高戈
72. ～78. 同上注
79. 作者採訪查克・艾姆斯
80. 作者採訪約翰・班漢爵士
81. 作者採訪羅德瑞克・卡內基爵士
82. 作者採訪理查・卡瓦納
83. 作者採訪榮恩・丹尼爾
84. 作者採訪茱麗葉・戴夫利
85. 作者採訪羅傑・福格森
86. 作者採訪麥克・傅雷舍
87. 路易士・葛斯納，語出二〇〇三年三月《管理顧問》（*Consulting Magazine*）雜誌〈我們與馬文在一起的日子〉（Our Days with Marvin）；作者採訪路易士・葛斯納
88. Lou Gerstner quote from John A. Byrne, "Goodbye to an Ethicist" (*Business Week*, February 10, 2003).
89. 作者採訪亞伯特・高登

90. Bruce D. *Henderson, Henderson on Corporate Strategy* (Cambridge, Abt Books, 1979).
91. 作者採訪赫伯特・韓哲勒
92. 作者採訪瓊・卡然巴哈
93. Rob Spiegel, "Steve Kaufman: A Look Back" (*Electronic News*, February 27, 2002).
94. 作者採訪史帝夫・考夫曼；史帝夫・考夫曼在二〇〇三年十月的演講
95. 作者採訪琳達・費恩・李文森
96. 作者採訪約翰・麥康柏
97. Leo Mullin, quote from "Our Days with Marvin" (*Consulting Magazine*, February/ March 2003).
98. 作者採訪安卓・皮爾森
99. 作者採訪約翰・索西爾，一九九八
100. 作者採訪伊莎貝爾・索西爾（Isabel Sawhill），二〇〇三
101. 麥肯錫口述歷史相關採訪，一九八六～一九八八
102. 作者採訪克勞斯・祖明克
103. Marvin Bower, *The Will to Manage*.

國家圖書館出版品預行編目資料

遠見者：麥肯錫之父馬文·鮑爾的領導風範 / 伊麗莎白.哈斯.伊德善(Elizabeth Hass Edersheim)著；吳慕書譯. -- 初版. -- 臺北市：商周出版：家庭傳媒城邦分公司發行，2014.12
面： 公分. --（ICON人物；BP1047）
譯自：McKinsey's Marvin Bower : vision, leadership, and the creation of management consulting
ISBN 978-986-272-707-2（平裝）

1.麥肯錫公司（McKinsey and Company） 2.企管顧問業 3.企業領導

489.17 103022972

ICON人物　BP1047

遠見者

麥肯錫之父馬文・鮑爾的領導風範

原 文 書 名／McKinsey's Marvin Bower: Vision, Leadership, and the Creation of Management Consulting
作　　　者／伊莉莎白・哈斯・伊德善（Elizabeth Haas Edersheim）
譯　　　者／吳慕書
編 輯 協 力／黃建勳
責 任 編 輯／鄭凱達
企 劃 選 書／鄭凱達
版　　　權／黃淑敏
行 銷 業 務／周佑潔、張倚禎
總　編　輯／陳美靜
總　經　理／彭之琬
發　行　人／何飛鵬

法 律 顧 問／台英國際商務法律事務所　羅明通律師
出　　　版／商周出版　城邦文化事業股份有限公司
台北市104民生東路二段141號9樓
電話：(02) 25007008　傳真：(02)25007759
E-mail：bwp.service@cite.com.tw
發　　　行／英屬蓋曼群島商家庭傳媒股份有限公司　城邦分公司
台北市中山區民生東路二段141號2樓
電話：(02)2500-0888　傳真：(02)2500-1938
讀者服務專線：0800-020-299　24小時傳真服務：(02)2517-0999
讀者服務信箱：service@readingclub.com.tw
劃撥帳號：19833503
戶名：英屬蓋曼群島商家庭傳媒股份有限公司城邦分公司
訂 購 服 務／書虫股份有限公司客服專線：(02) 2500-7718；2500-7719
服務時間：週一至週五上午09:30-12:00；下午13:30-17:00
24小時傳真　專線：(02) 2500-1990；2500-1991
劃撥帳號：19863813　戶名：書虫股份有限公司
E-mail: service@readingclub.com.tw
香港發行所／城邦（香港）出版集團有限公司
香港灣仔駱克道193號東超商業中心1樓
電話：(825)2508-6231　傳真：(852)2578-9337
E-mail：hkcite@biznetvigator.com
馬新發行所／城邦（馬新）出版集團
Cite (M) Sdn. Bhd.
41, Jalan Radin Anum, Bandar Baru Sri Petaling, 57000 Kuala Lumpur, Malaysia
電話：(603) 9057-8822　傳真：(603) 9057-6622　E-mail: cite@cite.com.my

封 面 設 計／廖勁智　　內文排版／唯翔工作室
印　　　刷／韋懋實業有限公司
總　經　銷／高見文化行銷股份有限公司　新北市樹林區佳園路二段70-1號
電話：(02)2668-9005　傳真：(02)2668-9790　客服專線：0800-055-365

■ 2014年12月11日初版1刷
Printed in Taiwan

定價／380元
ISBN: 978-986-272-707-2

城邦讀書花園
www.cite.com.tw